全国工程专业学位研究生教育国家级规划教材

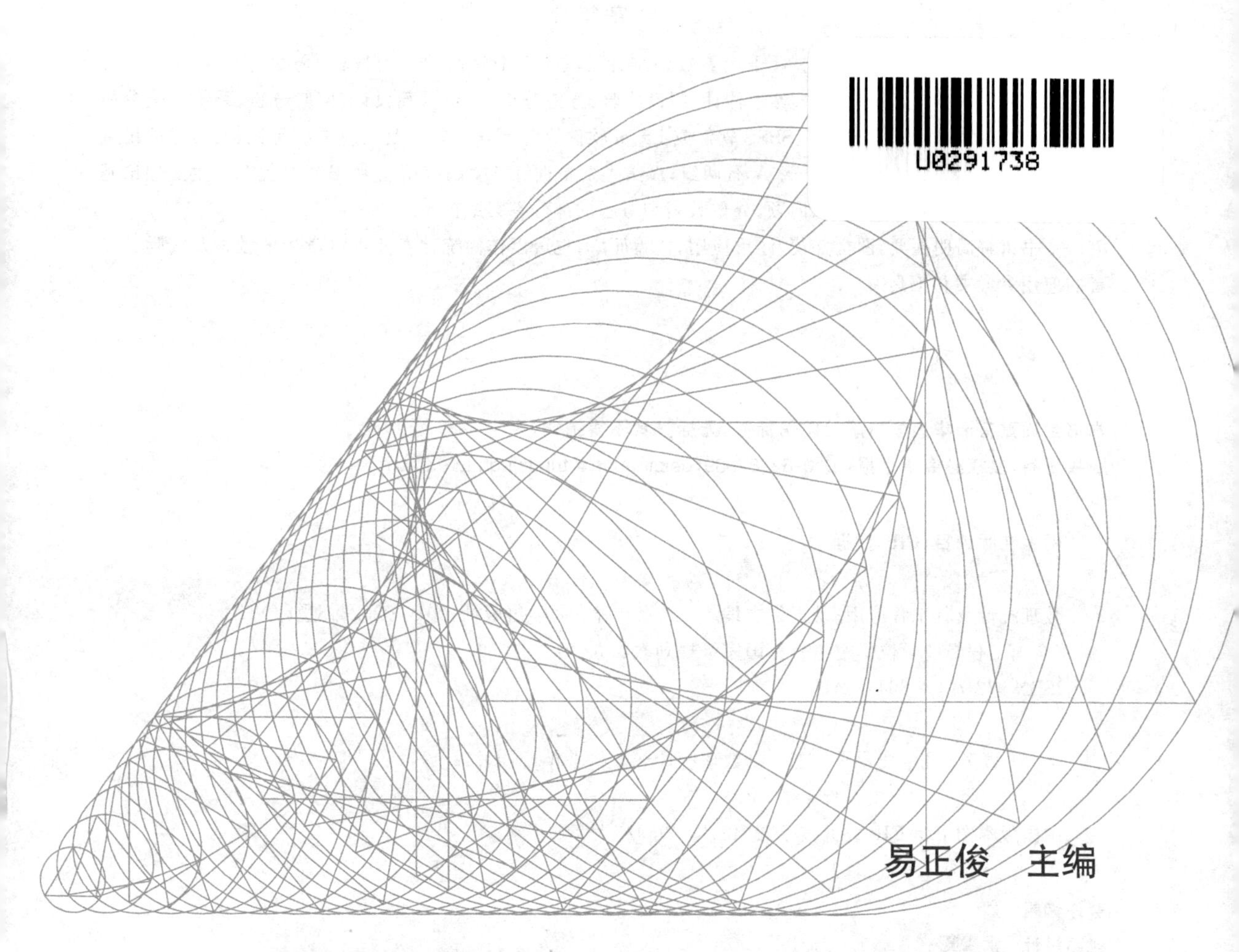

易正俊　主编

数理统计及其工程应用

清华大学出版社
北京

内 容 简 介

本书是专为工程硕士和专业硕士学习数理统计及其工程应用而编写的教材. 全书共 8 章，主要内容有：统计的基本概念及抽样分布、参数估计、假设检验、方差分析、正交试验设计、回归分析、系统聚类分析和主成分分析；每章配有 R 软件、SPSS 软件或 Excel 软件等统计分析软件及相应的训练案例；习题的设置依据培养学生不同能力的要求分为 A，B 两组，A 组主要是训练学生的应用能力，B 组是提升学生的理论基础水平，书后附有概率基础知识回顾、分位数表和习题的部分答案或提示.

本书讲解简明扼要，图文并茂，注重应用，覆盖面广，也可以作为统计专业本科学生的教材及实际工作者的应用参考书和工具书.

图书在版编目（CIP）数据

数理统计及其工程应用/易正俊主编. —北京：清华大学出版社，2014（2023.8重印）
（全国工程专业学位研究生教育国家级规划教材）
ISBN 978-7-302-36438-2

Ⅰ. ①数…　Ⅱ. ①易…　Ⅲ. ①数理统计—教材　Ⅳ. ①O212

中国版本图书馆 CIP 数据核字(2014)第 095923 号

责任编辑：刘　颖
封面设计：常雪影
责任校对：王淑云
责任印制：刘海龙

出版发行：清华大学出版社
网　　址：http://www.tup.com.cn，http://www.wqbook.com
地　　址：北京清华大学学研大厦 A 座　　**邮　　编**：100084
社 总 机：010-83470000　　**邮　　购**：010-62786544
投稿与读者服务：010-62776969，c-service@tup.tsinghua.edu.cn
质量反馈：010-62772015，zhiliang@tup.tsinghua.edu.cn
印 装 者：三河市君旺印务有限公司
经　　销：全国新华书店
开　　本：185mm×260mm　　**印　　张**：14.75　　**字　　数**：355 千字
版　　次：2014 年 7 月第 1 版　　**印　　次**：2023 年 8 月第 8 次印刷
定　　价：42.00 元

产品编号：057930-02

PERFACE

前言

编者从事数理统计课程教学二十几年，主要是讲授数理统计的原理和方法，偏重于理论方面的教学；学生学习这门课程也主要是应付期终考试，虽然学生取得了相当满意的成绩，但在实际应用中无法用所学的数理统计知识来解决实际问题，学生在工作中遇到数理统计的应用问题只有回到母校找老师请教解决的方法.出现这种情况主要是由于我们的教材和对学生的考核标准有问题，在实际中有用的内容老师没有讲，教材没有写(即便是写了也是打了 * 号)，不作为考核内容.这给学生一种错误的感觉：数理统计课程只是考试有用，在实际中没有用.

全国工程专业学位研究生教育指导委员会根据社会实际工程领域对人才的需求，提出了工程硕士课程教学改革设想和指导性意见，旨在服务于行业创新发展的需求，提升职业能力，注重解决实际问题，提高在实践中发现问题、分析问题和解决问题的能力，通过整理和提炼实践工作中的问题，综合运用所学知识分析并解决问题，培养在实际工作中发现问题的敏感性、分析问题的科学性、处理问题的有效性.

"数理统计及其工程应用"是工程硕士培养的一门重要公共基础课程，在工程领域有广泛的应用.全国工程专业学位研究生教育指导委员会指派重庆大学易正俊教授组织编写《数理统计及其工程应用》教材，紧扣解决工程实际问题能力这一核心目标，为工程硕士、专业硕士的现有职业或未来职业提供专业支持，培养具有竞争优势的应用型创新创业人才.教材初稿完成后，由全国工程专业学位研究生教育指导委员会副主任陈子辰教授（浙江大学）和秘书长沈岩（清华大学）组织专家组成员齐欢教授（华中科技大学）、周杰教授（清华大学）、李大美教授（武汉大学）、韩中庚教授（解放军信息工程大学）对教材初稿进行讨论与修改.

本教材是专为工程硕士和专业硕士而编写的，具有以下特色：

1. 注重质量提升，突出职业需求导向，加强案例教学.案例的选取参考了国内外优秀教材和学术论文，博采众家之长，体现案例的实用性和趣味性，激发学生学习的积极性.

2. 训练学生借助统计分析软件（如 Excel 软件、R 软件和 SPSS 软件等）解决工程领域的实际问题，培养学生工程应用的意识和素质，提高解决工程实际问题的能力.

3. 基本概念和基本理论尽可能从学生熟悉的背景知识引入，采用几何图形等方法加强学生对基本理论和基本方法的理解，淡化比较复杂的理论推导，增强教材的可读性和可接受性.

4. 重视反例在学生理解、掌握基本概念和基本理论中的重要作用.

5. 习题的设置依据培养学生不同能力的要求分为 A，B 两组，A 组主要是训练学生的应用能力，B 组是提升学生的理论基础水平.

本教材由易正俊教授担任主编，参加编写的作者还有颜军、刘朝林、荣腾中、彭智军、曹术存、袁玉兴和罗秀娟.

教材的编写得到教育部学位管理与研究生教育司、重庆大学研究生院、重庆大学数学与统计学院的资助；重庆大学数学与统计学院穆春来和西南大学原校长宋乃庆对教材的编写提出了宝贵的意见.编者在此深表感谢！

写好这样一本具有实际应用价值的教材，编者深感难度很大.由于编者学识有限，书中不妥之处真诚地欢迎读者批评指正.

编　者

2014 年 4 月

CONTENTS

目录

Chapter 1 第1章

统计的基本概念及抽样分布

1.1 统计的基本概念

1.1.1 总体、样本与统计量

总体(X)是指研究对象的全体;**个体**是组成总体的每个单元;**样本**是从总体中随机抽取的 n 个个体 $X_1,X_2,\cdots,X_n$,n 称为**样本容量**. 一旦抽取了一个样本 $X_1,X_2,\cdots,X_n$ 进行试验,抽取样本后得到一组数据($x_1,x_2,\cdots,x_n$),这组数据称为样本 $X_1,X_2,\cdots,X_n$ 的一组观察值,样本观察值是随着抽样的变化而变化的.

抽样的目的是用样本的特征去代表总体的特征. 在有些情况下,我们不可能对总体的每个个体进行逐一试验,特别是具有破坏性的试验. 如检验一批炮弹是否合格,检验办法是将抽取的炮弹进行试爆,这个检验就是破坏性的;对总体的量很大,个体比较小的检验,虽然检验可能不是破坏性的,但对总体的检验也不可能逐一进行. 如对豌豆种子的检验就是总体大、个体小. 抽样包括简单随机抽样、分群抽样和分层抽样. 本教材的抽样是指简单随机抽样,简单随机抽样所获得的样本 $X_1,X_2,\cdots,X_n$ 称为简单样本(simple sample). 它满足以下两点:

(1) 独立性: 要求样本 $X_1,X_2,\cdots,X_n$ 为相互独立的随机变量;

(2) 代表性: 要求每个样本 $X_i(i=1,2,\cdots,n)$与总体 X 具有相同的分布.

从简单样本的定义可以看出: 简单样本是有放回地抽取得到的样本. 在实际工作中,我们的抽样都是无放回地抽样,从理论上说就不再是简单样本. 但总体中个体的数目很大,从中抽取一些个体对总体成分没有太大的影响,可近似地看成有放回的抽样,其样本仍可看成是独立同分布的.

简单随机抽样有很多的益处: 抽样单元的随机选取排除了调查者的偏见,这种偏见可能调查者并没有意识到;与完全枚举相比,小样本减少很多成本,调查更省时;小样本的结论实际上可能比完全枚举更精确. 小样本的数据质量更容易监控,完全枚举需要更多的员工去实施;随机抽样技术使得抽样误差的估计变得可能;在抽样设计时,通常可以确定出满足预设误差水平的样本尺寸.

例 1.1 某灯泡厂进行技改并扩大了生产规模,要求生产的灯泡寿命在 1000h 以上才算合格品. 现从技改后生产的第一批灯泡中随机抽取 4 个,测得其使用寿命分别为 1200,1120,980,1350(单位: h),试叙述总体、样本、样本容量、样本观察值.

解 总体是灯泡的使用寿命 X 的取值全体;抽取 4 个个体 X_1,X_2,X_3,X_4 就是一个样本,样本容量是 4;1200,1120,980,1350 是一组样本观察值.

1.1.2 样本的联合分布函数和联合分布密度函数

设总体 X 的分布函数为 $F(x)$，$X_1,X_2,\cdots,X_n$ 是来自总体 X 的样本，则该样本的联合分布函数为

$$F(x_1,x_2,\cdots,x_n)=P(X_1\leqslant x_1,X_2\leqslant x_2,\cdots,X_n\leqslant x_n)=\prod_{i=1}^{n}F(x_i).$$

当总体 X 是连续型随机变量且具有密度函数 $f(x)$ 时，则样本的联合密度函数为

$$f(x_1,x_2,\cdots,x_n)=\prod_{i=1}^{n}f(x_i).$$

当总体 X 是离散型随机变量且具有分布律 $P(X=x_i)=p_i$ 时，则样本 $X_1,X_2,\cdots,X_n$ 的联合分布律为

$$P(X_1=x_1,X_2=x_2,\cdots,X_n=x_n)=\prod_{i=1}^{n}P(X=x_i).$$

例 1.2 假设总体 X 服从指数分布，密度函数为

$$f(x)=\begin{cases}\lambda e^{-\lambda x}, & x\geqslant 0,\\ 0, & x<0,\end{cases}$$

从总体中抽取容量为 n 的样本 $X_1,X_2,\cdots,X_n$，写出样本的联合分布密度函数.

解 X_i 的密度函数为

$$f(x_i)=\begin{cases}\lambda e^{-\lambda x_i}, & x_i\geqslant 0,\\ 0, & x_i<0,\end{cases}$$

$X_1,X_2,\cdots,X_n$ 是简单随机样本，且相互独立，所以 $X_1,X_2,\cdots,X_n$ 的联合密度函数等于边际密度函数的乘积，即

$$f(x_1,x_2,\cdots,x_n)=\prod_{i=1}^{n}f(x_i)=\lambda^n e^{-\sum\limits_{i=1}^{n}x_i},\quad x_i\geqslant 0,i=1,2,\cdots,n.$$

例 1.3 设总体 $X\sim B(1,p)$，$X_1,X_2,\cdots,X_n$ 是来自总体的一个样本，写出样本的联合密度函数.

解 总体 X 的概率函数可以写成

$$f(x)=p^x(1-p)^{1-x},\quad x=0,1.$$

X_i 的概率函数为

$$f(x_i)=p^{x_i}(1-p)^{1-x_i},\quad x_i=0,1.$$

样本 $X_1,X_2,\cdots,X_n$ 是相互独立的，所以联合概率函数等于边际密度函数的乘积，为

$$f(x_1,x_2,\cdots,x_n)=\prod_{i=1}^{n}f(x_i)=p^{\sum\limits_{i=1}^{n}x_i}(1-p)^{n-\sum\limits_{i=1}^{n}x_i},\quad x_i=0,1.$$

1.1.3 统计量

1. 统计量的定义

统计量是不含参数的样本 $X_1,X_2,\cdots,X_n$ 的函数或即便含参数，但参数是已知的，记为 $T=T(X_1,X_2,\cdots,X_n)$，一旦获得样本的观察值，代入统计量得到一个数值. 例如 X_1，$X_2,\cdots,X_n$ 为来自总体 X 的一个样本，$T=\sum\limits_{i=1}^{n}X_i$ 是一个统计量.

若 $X \sim N(\mu,\sigma^2)$，$X_1,X_2,\cdots,X_n$ 为 X 的一个样本，$\sum\limits_{i=1}^{n}\dfrac{X_i-\mu}{\sigma}$ 就不是统计量，因为含有未知的参数 μ 和 σ.

2. 常见统计量

(1) 样本均值：$\overline{X}=\dfrac{1}{n}\sum\limits_{i=1}^{n}X_i$.

(2) 样本方差：$S^2=\dfrac{1}{n-1}\sum\limits_{i=1}^{n}(X_i-\overline{X})^2=\dfrac{1}{n-1}\left(\sum\limits_{i=1}^{n}X_i^2-n\overline{X}^2\right)$.

(3) 样本标准差：$S=\sqrt{\dfrac{1}{n-1}\sum\limits_{i=1}^{n}(X_i-\overline{X})^2}$.

(4) 样本 k 阶原点矩：$M_k=\dfrac{1}{n}\sum\limits_{i=1}^{n}X_i^k$，$k=1,2,\cdots$

(5) 样本 k 阶中心矩：$M_k^*=\dfrac{1}{n}\sum\limits_{i=1}^{n}(X_i-\overline{X})^k$，$k=1,2,\cdots$

3. 样本均值 $\overline{X}$ 的性质

(1) $\sum\limits_{i=1}^{n}(X_i-\overline{X})=0$.

(2) 若总体 X 的均值、方差存在，且 $EX=\mu$，$DX=\sigma^2$，则

$$E\overline{X}=\mu,\quad D\overline{X}=\frac{\sigma^2}{n}.$$

(3) 当 $n\to\infty$ 时，$\overline{X}\xrightarrow{P}\mu$.

证明 (1) $\sum\limits_{i=1}^{n}(X_i-\overline{X})=\sum\limits_{i=1}^{n}X_i-n\overline{X}=n\dfrac{\sum\limits_{i=1}^{n}X_i}{n}-n\overline{X}=n\overline{X}-n\overline{X}=0$.

(2) $E\overline{X}=E\left(\dfrac{1}{n}\sum\limits_{i=1}^{n}X_i\right)=\dfrac{1}{n}\sum\limits_{i=1}^{n}EX_i=\dfrac{1}{n}\sum\limits_{i=1}^{n}EX=\mu$,

$$D\overline{X}=D\left(\frac{1}{n}\sum_{i=1}^{n}X_i\right)=\frac{1}{n^2}\sum_{i=1}^{n}DX_i=\frac{1}{n^2}\sum_{i=1}^{n}DX=\frac{1}{n^2}n\sigma^2=\frac{\sigma^2}{n}.$$

(3) 由概率论中的大数定律知，当 $n\to\infty$ 时，$\overline{X}\xrightarrow{P}\mu$.

4. 样本方差 S^2 的性质

(1) 如果 DX 存在，则 $ES^2=DX$，$EM_2^*=\dfrac{n-1}{n}DX$；

(2) 对任意实数 μ，有 $\sum\limits_{i=1}^{n}(X_i-\overline{X})^2\leqslant\sum\limits_{i=1}^{n}(X_i-\mu)^2$.

证明 (1) $ES^2=E\left[\dfrac{1}{n-1}\left(\sum\limits_{i=1}^{n}X_i^2-n\overline{X}^2\right)\right]=\dfrac{1}{n-1}\left(\sum\limits_{i=1}^{n}EX_i^2-nE\overline{X}^2\right)$

$$=\frac{n}{n-1}(EX^2-E\overline{X}^2)=\frac{n}{n-1}(DX+(EX)^2-D\overline{X}-(E\overline{X})^2)$$

$$=\frac{n}{n-1}\left(DX+(EX)^2-\frac{DX}{n}-(EX)^2\right)=DX,$$

$$M_2^* = \frac{1}{n}\sum_{i=1}^{n}(X_i-\overline{X})^2 = \frac{(n-1)S^2}{n},$$

$$EM_2^* = E\,\frac{(n-1)S^2}{n} = \frac{(n-1)ES^2}{n} = \frac{(n-1)DX}{n};$$

(2) $$\sum_{i=1}^{n}(X_i-\overline{X})^2 = \sum_{i=1}^{n}((X_i-\mu)+(\mu-\overline{X}))^2$$

$$= \sum_{i=1}^{n}(X_i-\mu)^2+n(\mu-\overline{X})^2+2(\mu-\overline{X})\sum_{i=1}^{n}(X_i-\mu)$$

$$= \sum_{i=1}^{n}(X_i-\mu)^2+n(\mu-\overline{X})^2-2(\mu-\overline{X})(n\mu-\sum_{i=1}^{n}X_i)$$

$$= \sum_{i=1}^{n}(X_i-\mu)^2-n(\mu-\overline{X})^2 \leqslant \sum_{i=1}^{n}(X_i-\mu)^2.$$

例 1.4 设总体 $X\sim U[0,\theta]$,$\theta>0$,$X_1,X_2,\cdots,X_n$ 为样本,求 $E\overline{X}$,$D\overline{X}$,EM_2^*.

解 $E\overline{X}=EX=\frac{\theta}{2}$,$D\overline{X}=\frac{1}{n}DX=\frac{1}{n}\frac{(\theta-0)^2}{12}=\frac{\theta^2}{12n}$,

$$EM_2^* = \frac{n-1}{n}DX = \frac{(n-1)\theta^2}{12n}.$$

1.2 顺序统计量、经验分布函数和直方图

1.2.1 顺序统计量

$X_1,X_2,\cdots,X_n$ 为总体 X 的样本,$x_1,x_2,\cdots,x_n$ 为样本观察值,将样本观察值 $x_1,x_2,\cdots,x_n$ 按从小到大的递增顺序进行排列:$x_{(1)}\leqslant x_{(2)}\leqslant\cdots\leqslant x_{(n)}$,$X_{(1)}$ 取最小观察值,$X_{(2)}$ 取次小值,$\cdots$,$X_{(n)}$ 取最大观察值,$X_{(1)},X_{(2)},\cdots,X_{(n)}$ 称为顺序统计量. $X_{(1)}$ 称为最小顺序统计量,$X_{(n)}$ 称为最大顺序统计量. $R=X_{(n)}-X_{(1)}$ 称为极差,极差在实际中用来衡量方差的大小,反映了随机变量 X 取值的分散程度.

$$\widetilde{X}=\begin{cases} X_{(\frac{n+1}{2})}, & n\text{ 为奇数},\\ \frac{1}{2}\left(X_{(\frac{n}{2})}+X_{(\frac{n}{2}+1)}\right), & n\text{ 为偶数}\end{cases}$$

为样本中位数. 样本中位数反映了随机变量 X 在实轴上分布的位置特征.

1.2.2 最大最小顺序统计量的分布

设 $F(x)$,$\varphi(x)$分别为总体 X 的分布函数和分布密度函数,$X_1,X_2,\cdots,X_n$ 为 X 的样本,$F_{X_{(n)}}(x)$,$\varphi_{X_{(n)}}(x)$分别为 $X_{(n)}$的分布函数和分布密度函数,$F_{X_{(1)}}(x)$,$\varphi_{X_{(1)}}(x)$分别为 $X_{(1)}$的分布函数和分布密度函数,则对任意的实数 x ,有

$$F_{X_{(n)}}(x) = P(X_{(n)}\leqslant x) = P(\max\{X_1,X_2,\cdots,X_n\}\leqslant x)$$

$$= P(X_1\leqslant x,X_2\leqslant x,\cdots,X_n\leqslant x) = \prod_{i=1}^{n}P(X_i\leqslant x) = F^n(x),$$

$$\varphi_{X_{(n)}}(x) = [F^n(x)]' = nF^{n-1}(x)\varphi(x),$$

$$\begin{aligned} F_{X_{(1)}}(x) &= P(X_{(1)} \leqslant x) = P(\min\{X_1, X_2, \cdots, X_n\} \leqslant x) \\ &= 1 - P(\min\{X_1, X_2, \cdots, X_n\} > x) \\ &= 1 - P(X_1 > x, X_2 > x, \cdots, X_n > x) \\ &= 1 - P(X_1 > x)P(X_2 > x)\cdots P(X_n > x) \\ &= 1 - [1 - F(x)]^n, \end{aligned}$$

$$\varphi_{X_{(1)}}(x) = -n[1 - F(x)]^{n-1}(-\varphi(x)) = n\varphi(x)[1 - F(x)]^{n-1}.$$

例 1.5 设总体 $X \sim U[0,\theta]$，$\theta>0$，$X_1, X_2, \cdots, X_5$ 为 X 的样本，分别求 $X_{(1)}$，$X_{(5)}$ 的密度函数 $\varphi_{X_{(1)}}(x)$，$\varphi_{X_{(5)}}(x)$.

解 因为 $X \sim U[0,\theta]$，$\theta>0$，所以 X 的密度函数与分布函数分别为

$$\varphi(x) = \begin{cases} \dfrac{1}{\theta}, & x \in [0,\theta], \\ 0, & x \notin [0,\theta], \end{cases} \quad F(x) = \begin{cases} 0, & x \leqslant 0, \\ \dfrac{x}{\theta}, & 0 < x \leqslant \theta, \\ 1, & x > \theta, \end{cases}$$

$$\varphi_{X_{(5)}}(x) = 5F^4(x)\varphi(x) = \begin{cases} \dfrac{5x^4}{\theta^5}, & x \in [0,\theta], \\ 0, & x \notin [0,\theta], \end{cases}$$

$$\varphi_{X_{(1)}}(x) = 5\varphi(x)[1 - F(x)]^4 = \begin{cases} \dfrac{5}{\theta}\left(1 - \dfrac{x}{\theta}\right)^4, & x \in [0,\theta], \\ 0, & x \notin [0,\theta]. \end{cases}$$

1.2.3 经验分布函数与直方图

样本是总体的代表和反映，总体 X 的分布函数 $F(x)$ 称为理论分布，往往是未知的，在实际工作中一般可用经验分布函数去推断总体的分布，用直方图去描述（推断）总体 X（连续）的密度函数.

1. 经验分布函数

设 $x_1, x_2, \cdots, x_n$ 为来自总体 X 的样本观察值，将这些值从小到大排序：

$$x_{(1)} \leqslant x_{(2)} \leqslant \cdots \leqslant x_{(n)},$$

对任意实数 x，有

$$F_n(x) = \begin{cases} 0, & x < x_{(1)}, \\ \dfrac{k}{n}, & x_{(k)} \leqslant x < x_{(k+1)}, \quad k = 1, 2, \cdots, n-1, \\ 1, & x \geqslant x_{(n)}, \end{cases}$$

则称 $F_n(x)$ 为总体 X 的经验分布函数. 经验分布函数具有下列性质：

(1) $0 \leqslant F_n(x) \leqslant 1$；

(2) $F_n(-\infty) = 0$，$F_n(+\infty) = 1$；

(3) $F_n(x+0) = F_n(x)$（右连续性）.

经验分布函数 $F_n(x)$ 同样满足总体分布函数 $F(x)$ 的三个基本性质，值得注意的是：对于样本的不同观察值 $x_1, x_2, \cdots, x_n$ 得到的经验分布函数 $F_n(x)$ 是不同的，在试验之前，对固

定的 x 值，$F_n(x)$是一个随机变量，当然也是一个统计量. 样本容量越大，用经验分布函数 $F_n(x)$作为分布函数$F(x)$的估计将会越精准. 图 1.1 给出了某正态总体 X 的理论分布函数 $F(x)$的曲线和经验分布函数 $F_n(x)$的曲线拟合情况，从此图形可以看出，经验分布函数可以近似代替总体的分布函数.

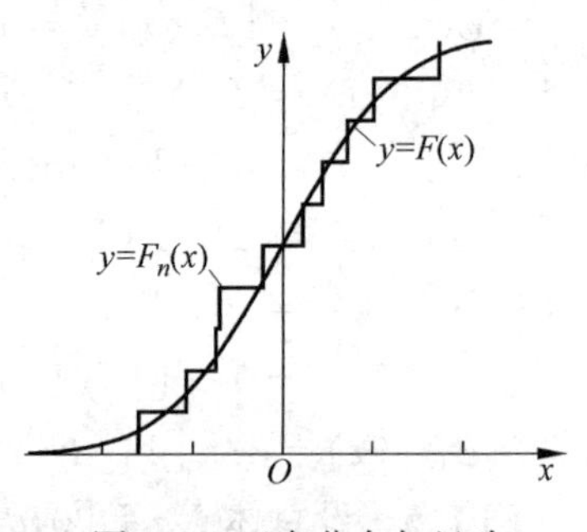

图 1.1 正态分布与经验分布拟合曲线

2. 直方图

直方图是用于近似连续型总体密度函数的曲线. 当样本容量 n 越大，且分组比较细时，近似程度也就越好.

假设 $x_1,x_2,\cdots,x_n$ 为连续型总体 X 的样本观察值. 构造直方图的步骤：

步骤 1 求出样本观察值 $x_1,x_2,\cdots,x_n$ 的极差 $x_{(n)}-x_{(1)}$.

步骤 2 确定组数与组距，将包含 $x_{(1)},x_{(n)}$ 的区间$[a,b]$分成 m 个小区间：$[t_{i-1},t_i)(i=1,2,\cdots,m)$，其中 a 略小于 $x_{(1)}$，b 略大于 $x_{(n)}$. 一般组数由经验公式 $m\approx1.87\,(n-1)^{0.4}$确定，组距$=\frac{b-a}{m}$. $t_i=t_{i-1}+\frac{b-a}{m},(i=1,2,\cdots,m,t_0=a,t_m=b)$.

步骤 3 计算落入各区间样品个数，记落入区间$[t_{i-1},t_i)$内的样品个数为 ν_i，称它为样本落入第 i 个区间的频数，称 $f_i=\frac{\nu_i}{n}$为样本落入区间$[t_{i-1},t_i)$内的频率.

步骤 4 作图. 在 xOy 平面上，以 x 轴上第 i 个小区间$[t_{i-1},t_i)$为底，以 $y_i=\frac{f_i}{t_i-t_{i-1}}$为高作第 i 个长方形，这样一排竖着的长方形所构成的图形就叫做直方图. 第 i 个长方形的面积为 f_i，所有长方形面积之和为 1. 沿直方图边缘的曲线就是连续型总体的密度函数曲线的近似曲线.

例 1.6 某轧钢厂生产一批同型号的钢材，为研究这批钢材的抗张力，从中随机抽取了 76 个样品做张力实验，测出数据见表 1.1.

表 1.1 钢材抗张力数据表 kg/cm²

41.0	37.0	33.0	44.2	30.5	27.0	45.0	28.5	31.2	33.5	38.5	41.5
42.0	45.5	42.5	39.0	38.8	35.5	32.5	29.6	32.6	34.5	37.5	39.5
42.8	45.1	42.8	45.8	39.8	37.2	33.8	31.2	29.0	35.2	37.8	41.2
43.8	48.0	43.6	41.8	36.6	34.8	31.0	32.0	33.5	37.4	40.8	44.7
40.2	41.3	38.8	34.1	31.8	34.6	38.3	41.3	30.0	35.2	37.5	40.5
38.1	37.3	37.1	41.5	29.5	29.1	27.5	34.8	36.5	44.2	40.0	44.5
40.6	36.2	35.8	31.5								

根据表中的数据，作出直方图.

解 根据作直方图的步骤，计算结果如表 1.2，其图形如图 1.2 所示.

表 1.2 直方图计算表

分组区间	频数 ν_i	频率 f_i	纵坐标值 y_i
[27,30)	8	0.105	0.035
[30,33)	10	0.132	0.044
[33,36)	12	0.158	0.053
[36,39)	17	0.224	0.074
[39,42)	14	0.184	0.061
[42,45)	11	0.145	0.048
[45,48)	4	0.053	0.018

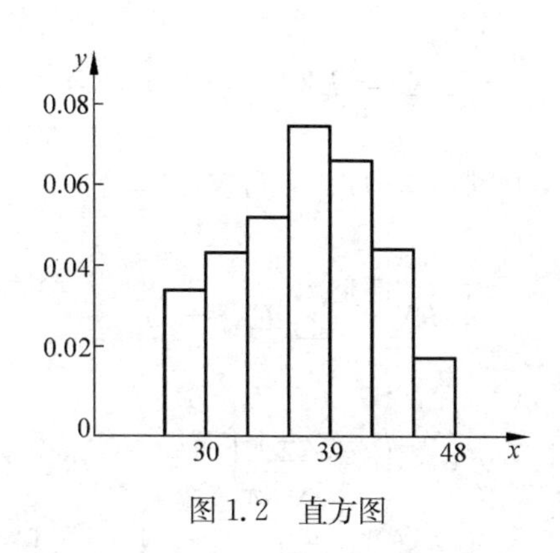

图 1.2 直方图

1.3 抽样分布及分位数

统计量是对总体分布和总体所含参数进行推断的基础，由于统计量是一个随机变量，称统计量的分布为抽样分布(sampling distribution). 一般确定一个统计量的分布是十分复杂的，要用到许多概率知识. 本节将讨论正态总体下一些常用的抽样分布.

1.3.1 正态分布的导出分布

1. χ^2(卡方)分布

(1) χ^2 分布的定义

设 $X_1,X_2,\cdots,X_n$ 相互独立，且 $X_i\sim N(0,1)(i=1,2,\cdots,n)$，则称 $\sum\limits_{i=1}^{n} X_i^2$ 为服从自由度为 n 的卡方分布. 记为 $\chi^2=\sum\limits_{i=1}^{n} X_i^2\sim\chi^2(n)$.

(2) χ^2 分布的密度函数及其图像

$\chi^2(n)$分布的密度函数为

$$f(x,n)=\begin{cases}\dfrac{1}{2^{\frac{n}{2}}\Gamma\left(\dfrac{n}{2}\right)}x^{\frac{n}{2}-1}\mathrm{e}^{-\frac{x}{2}}, & x>0,\\ 0, & x\leqslant 0.\end{cases}$$

密度函数图像在第一象限内是非负的，如图 1.3 所示.

(3) χ^2 分布的性质

① 若 $X\sim\chi^2(n)$，则 $EX=n,DX=2n$；

②(可加性)若 $X\sim\chi^2(n_1),Y\sim\chi^2(n_2)$，且 X,Y 相互独立，则 $X+Y\sim\chi^2(n_1+n_2)$.

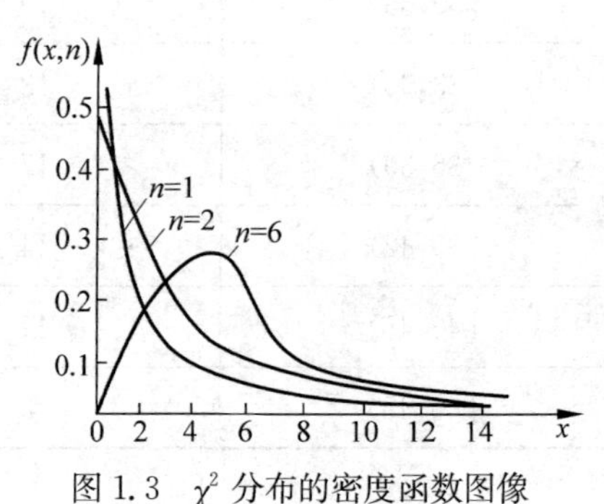

图 1.3 χ^2 分布的密度函数图像

证明 ①因为 $X=\sum\limits_{i=1}^{n}X_i^2$，$X_i\sim N(0,1)(i=1,2,\cdots,n)$，故

$$EX_i=0,DX_i=1.$$

又因为

$$DX_i=EX_i^2-(EX_i)^2,$$

故

$$EX_i^2=DX_i+(EX_i)^2=1,$$

所以

$$EX=\sum_{i=1}^{n}EX_i^2=n.$$

又因

$$\begin{aligned}EX_i^4&=\frac{1}{\sqrt{2\pi}}\int_{-\infty}^{+\infty}x^4\mathrm{e}^{-\frac{x^2}{2}}\mathrm{d}x=\frac{-1}{\sqrt{2\pi}}\int_{-\infty}^{+\infty}x^3(-x\mathrm{e}^{-\frac{x^2}{2}})\mathrm{d}x\\&=\frac{-1}{\sqrt{2\pi}}\int_{-\infty}^{+\infty}x^3\mathrm{d}\mathrm{e}^{-\frac{x^2}{2}}=\frac{-1}{\sqrt{2\pi}}\left(x^3\mathrm{e}^{-\frac{x^2}{2}}\Big|_{-\infty}^{+\infty}-3\int_{-\infty}^{+\infty}x^2\mathrm{e}^{-\frac{x^2}{2}}\mathrm{d}x\right)\\&=3\int_{-\infty}^{+\infty}x^2\frac{1}{\sqrt{2\pi}}\mathrm{e}^{-\frac{x^2}{2}}\mathrm{d}x=3EX_i^2=3,\end{aligned}$$

所以

$$DX_i^2=EX_i^4-(EX_i^2)^2=3-1=2,\quad 故\quad DX=\sum_{i=1}^{n}DX_i^2=\sum_{i=1}^{n}2=2n.$$

② 由于 X 是 n_1 个独立的标准正态分布的平方和，Y 是 n_2 个独立的标准正态分布的平方和，又因 X,Y 是相互独立的，所以 $X+Y$ 是 n_1+n_2 个独立的标准正态分布的平方和，根据定义有 $X+Y\sim\chi^2(n_1+n_2)$.

例 1.7 设 $X_1,X_2,\cdots,X_n$ 独立同分布于 $N(\mu,\sigma^2)$，求 $E\sum\limits_{i=1}^{n}(X_i-\mu)^2,D\sum\limits_{i=1}^{n}(X_i-\mu)^2$.

解 因为 $\sum\limits_{i=1}^{n}\left(\dfrac{X_i-\mu}{\sigma}\right)^2=\dfrac{\sum\limits_{i=1}^{n}(X_i-\mu)^2}{\sigma^2}\sim\chi^2(n)$，故

$$E\frac{\sum\limits_{i=1}^{n}(X_i-\mu)^2}{\sigma^2}=n,D\frac{\sum\limits_{i=1}^{n}(X_i-\mu)^2}{\sigma^2}=2n,$$

于是有

$$\frac{1}{\sigma^2}E\sum_{i=1}^{n}(X_i-\mu)^2=n,\frac{1}{\sigma^4}D\sum_{i=1}^{n}(X_i-\mu)^2=2n,$$

所以

$$E\sum_{i=1}^{n}(X_i-\mu)^2=n\sigma^2,\quad D\sum_{i=1}^{n}(X_i-\mu)^2=2n\sigma^4.$$

2. t 分布

(1) t 分布的定义

设 $X\sim N(0,1)$,$Y\sim\chi^2(n)$,X 与 Y 相互独立,则称 $T=\frac{X}{\sqrt{Y/n}}$服从自由度为 n 的 t 分布,记为 $T\sim t(n)$.

(2) t 分布的密度函数及图像

t 分布的密度函数为

$$f(x,n)=\frac{\Gamma\left(\frac{n+1}{2}\right)}{\sqrt{n\pi}\Gamma\left(\frac{n}{2}\right)}\left(1+\frac{x^2}{n}\right)^{-\frac{n+1}{2}},\quad x\in\mathbb{R}.$$

易知该密度函数是偶函数,其图像关于 y 轴对称. 密度函数中含有一个参数 n,$f(x,n)$的曲线如图 1.4 所示.

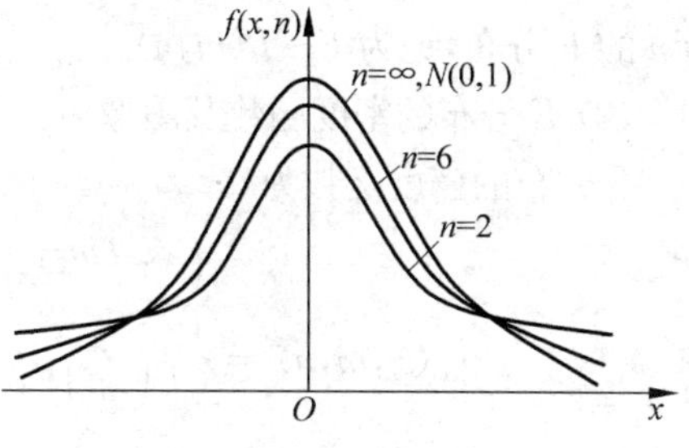

图 1.4 t 分布的密度函数图像

(3) t 分布的性质

① 当 $n>1$ 时,$ET=0$,密度函数曲线关于 y 轴对称;

② 当 $n>2$ 时,$DT=\frac{n}{n-2}$;

③ 当 $n=1$ 时,T 的密度函数为 $f(x)=\frac{1}{\pi}\frac{1}{1+x^2}$,$x\in\mathbb{R}$(柯西分布);

④ 当 $n\to\infty$时,$f(x,n)\to\frac{1}{\sqrt{2\pi}}e^{-\frac{x^2}{2}}$,$x\in\mathbb{R}$.

性质④说明当 n 充分大时,随机变量 T 近似服从标准正态分布.

例 1.8 设 X_1,X_2,X_3,X_4 独立同分布于 $N(0,2^2)$,求 Y_1,Y_2 所服从的分布,其中

$$Y_1=\frac{1}{20}(X_1-2X_2)^2+\frac{1}{100}(3X_3-4X_4)^2,\quad Y_2=\frac{X_1-X_2}{\sqrt{X_3^2+X_4^2}}.$$

解 (1) 因为正态分布的线性组合仍然服从正态分布,所以有

$$X_1-2X_2\sim N(E(X_1-2X_2),D(X_1-2X_2))=N(0,20).$$

同理 $3X_3-4X_4\sim N(0,100)$. 于是$\frac{X_1-2X_2}{\sqrt{20}}\sim N(0,1)$,$\frac{3X_3-4X_4}{10}\sim N(0,1)$;$\frac{X_1-2X_2}{\sqrt{20}}$,$\frac{3X_3-4X_4}{10}$相互独立,根据卡方分布的定义,有

$$\left(\frac{X_1-2X_2}{\sqrt{20}}\right)^2+\left(\frac{3X_3-4X_4}{10}\right)^2\sim\chi^2(2),$$

即

$$Y_1=\frac{1}{20}(X_1-2X_2)^2+\frac{1}{100}(3X_3-4X_4)^2\sim\chi^2(2).$$

(2) 因为 $X_i\sim N(0,2^2)(i=1,2)$所以

$$X_1-X_2\sim N(0,8),\frac{X_1-X_2}{\sqrt{8}}\sim N(0,1).$$

又因为 $X_i\sim N(0,2^2)(i=3,4)$，所以

$$\frac{X_i}{2}\sim N(0,1),\quad 故\quad \left(\frac{X_3}{2}\right)^2+\left(\frac{X_4}{2}\right)^2\sim\chi^2(2),$$

即$\frac{1}{2^2}(X_3^2+X_4^2)\sim\chi^2(2)$，由 t 分布的定义知

$$Y_2=\frac{\frac{X_1-X_2}{\sqrt{8}}}{\sqrt{\frac{X_3^2+X_4^2}{2\times 2^2}}}=\frac{X_1-X_2}{\sqrt{X_3^2+X_4^2}}\sim t(2).$$

3. *F* 分布

(1) F 分布的定义

若 $X\sim\chi^2(m)$，$Y\sim\chi^2(n)$，且 X 与 Y 独立，则称 $F=\frac{X/m}{Y/n}$服从第一自由度为 m，第二自由度为 n 的 F 分布，记为 $F\sim F(m,n)$.

(2) F 分布的密度函数及图像

F 分布的密度函数为

$$f(x,m,n)=\begin{cases}\dfrac{\Gamma\left(\frac{m+n}{2}\right)}{\Gamma\left(\frac{m}{2}\right)\Gamma\left(\frac{n}{2}\right)}\left(\frac{m}{n}\right)^{\frac{m}{2}}x^{\frac{m}{2}-1}\left(1+\frac{mx}{n}\right)^{-\frac{n+m}{2}}, & x>0,\\ 0, & x\leqslant 0.\end{cases}$$

该密度函数图像在第一象限内且非负，见图1.5.

(3) F 分布的性质

① 当 $F\sim F(m,n)$时，$\frac{1}{F}\sim F(n,m)$；

② 当 $T\sim t(n)$时，$T^2\sim F(1,n)$.

这两条性质直接根据分布的定义可以证明，请读者自证.

1.3.2 抽样分布定理

抽样分布定理1 （单正态总体的抽样分布定理）

设总体 $X\sim N(\mu,\sigma^2)$，$X_1,X_2,\cdots,X_n$ 为总体X 的样本，$\overline{X}$，S^2 分别为样本均值和样本方差，则：

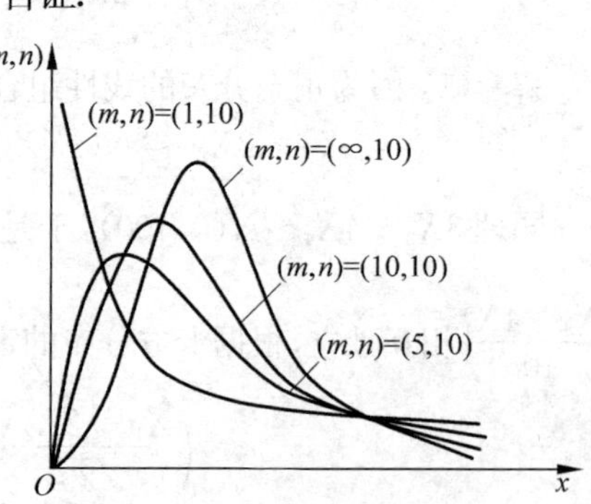

图1.5　F 分布的密度函数图像

(1) $\overline{X}\sim N\left(\mu,\frac{\sigma^2}{n}\right)$或 $u=\frac{\overline{X}-\mu}{\sigma/\sqrt{n}}\sim N(0,1)$；

(2) $\overline{X}$ 与 S^2 相互独立；

(3) $\dfrac{\sum\limits_{i=1}^{n}(X_i-\mu)^2}{\sigma^2}\sim\chi^2(n)$，$\dfrac{\sum\limits_{i=1}^{n}(X_i-\overline{X})^2}{\sigma^2}\sim\chi^2(n-1)$；

(4) $T=\dfrac{\overline{X}-\mu}{S/\sqrt{n}}\sim t(n-1)$.

证明 (1) 因为 $X\sim N(\mu,\sigma^2)$，所以 $X_i\sim N(\mu,\sigma^2)$，$EX_i=\mu$，$DX_i=\sigma^2$.

由于 $\overline{X}=\dfrac{1}{n}\sum\limits_{i=1}^{n}X_i$ 是正态分布的线性组合，所以 $\overline{X}$ 服从正态分布.

又因为

$$E\overline{X}=\frac{1}{n}\sum_{i=1}^{n}EX_i=\frac{1}{n}\times n\mu=\mu,\quad D\overline{X}=\frac{1}{n^2}\sum_{i=1}^{n}DX_i=\frac{1}{n^2}\times n\sigma^2=\frac{\sigma^2}{n},$$

所以 $\overline{X}\sim N\left(\mu,\dfrac{\sigma^2}{n}\right)$，从而有 $u=\dfrac{\overline{X}-\mu}{\sigma/\sqrt{n}}\sim N(0,1)$.

(2) 证明略.

(3) $X_i\sim N(\mu,\sigma^2)$，所以 $\dfrac{X_i-\mu}{\sigma}\sim N(0,1)$.

由于 $X_1,X_2,\cdots,X_n$ 为一个简单随机样本，彼此相互独立，因而 $\dfrac{X_1-\mu}{\sigma}$，$\dfrac{X_2-\mu}{\sigma}$，…，$\dfrac{X_n-\mu}{\sigma}$ 也是相互独立的. 根据定义有

$$\frac{\sum\limits_{i=1}^{n}(X_i-\mu)^2}{\sigma^2}\sim\chi^2(n).$$

$$\begin{aligned}\sum_{i=1}^{n}(X_i-\mu)^2&=\sum_{i=1}^{n}(X_i-\overline{X}+\overline{X}-\mu)^2=\sum_{i=1}^{n}[(X_i-\overline{X})+(\overline{X}-\mu)]^2\\&=\sum_{i=1}^{n}(X_i-\overline{X})^2+2\sum_{i=1}^{n}(X_i-\overline{X})(\overline{X}-\mu)+\sum_{i=1}^{n}(\overline{X}-\mu)^2\\&=\sum_{i=1}^{n}(X_i-\overline{X})^2+\sum_{i=1}^{n}(\overline{X}-\mu)^2,\end{aligned}$$

所以

$$\sum_{i=1}^{n}(X_i-\mu)^2=\sum_{i=1}^{n}(X_i-\overline{X})^2+n(\overline{X}-\mu)^2$$

$$\frac{\sum\limits_{i=1}^{n}(X_i-\mu)^2}{\sigma^2}=\frac{\sum\limits_{i=1}^{n}(X_i-\overline{X})^2}{\sigma^2}+\frac{n(\overline{X}-\mu)^2}{\sigma^2}=\frac{\sum\limits_{i=1}^{n}(X_i-\overline{X})^2}{\sigma^2}+\frac{(\overline{X}-\mu)^2}{\left(\frac{\sigma}{\sqrt{n}}\right)^2}.$$

因为 $\dfrac{\sum\limits_{i=1}^{n}(X_i-\mu)^2}{\sigma^2}\sim\chi^2(n)$，$\dfrac{(\overline{X}-\mu)^2}{\left(\frac{\sigma}{\sqrt{n}}\right)^2}\sim\chi^2(1)$，所以有

$$\frac{\sum_{i=1}^{n}(X_i-\overline{X})^2}{\sigma^2}\sim\chi^2(n-1),$$

或

$$\frac{\sum_{i=1}^{n}(X_i-\overline{X})^2}{\sigma^2}=\frac{(n-1)\sum_{i=1}^{n}(X_i-\overline{X})^2}{\sigma^2(n-1)}=\frac{(n-1)S^2}{\sigma^2}\sim\chi^2(n-1).$$

(4) 因为$\frac{\overline{X}-\mu}{\sigma/\sqrt{n}}\sim N(0,1)$，$\frac{(n-1)S^2}{\sigma^2}\sim\chi^2(n-1)$，根据$t$分布的定义可得

$$\frac{\frac{\overline{X}-\mu}{\frac{\sigma}{\sqrt{n}}}}{\sqrt{\frac{(n-1)S^2}{\sigma^2(n-1)}}}=\frac{\overline{X}-\mu}{S/\sqrt{n}}\sim t(n-1).$$

抽样分布定理2 （双正态总体的抽样分布定理）

设$X_1,X_2,\cdots,X_{n_1}$来自总体$X\sim N(\mu_1,\sigma^2)$，$Y_1,Y_2,\cdots,Y_{n_2}$来自正态总体$Y\sim N(\mu_2,\sigma^2)$，且X,Y相互独立，记$S_x^2=\frac{1}{n_1-1}\sum_{i=1}^{n_1}(X_i-\overline{X})^2$，$S_y^2=\frac{1}{n_2-1}\sum_{i=1}^{n_2}(Y_i-\overline{Y})^2$，则：

(1) $T=\frac{(\overline{X}-\overline{Y})-(\mu_1-\mu_2)}{\sqrt{(n_1-1)S_x^2+(n_2-1)S_y^2}}\sqrt{\frac{n_1n_2(n_1+n_2-2)}{n_1+n_2}}\sim t(n_1+n_2-2)$；

(2) $\frac{S_x^2}{S_y^2}\sim F(n_1-1,n_2-1)$.

证明 (1) 因为$X_1,X_2,\cdots,X_{n_1}$来自总体$X\sim N(\mu_1,\sigma^2)$，$Y_1,Y_2,\cdots,Y_{n_2}$来自正态总体$Y\sim N(\mu_2,\sigma^2)$，且X,Y相互独立，所以

$$\overline{X}\sim N\left(\mu_1,\frac{\sigma^2}{n_1}\right),\quad \frac{(n_1-1)S_x^2}{\sigma^2}\sim\chi^2(n_1-1),$$

$$\overline{Y}\sim N\left(\mu_2,\frac{\sigma^2}{n_2}\right),\quad \frac{(n_2-1)S_y^2}{\sigma^2}\sim\chi^2(n_2-1),$$

$$\overline{X}-\overline{Y}\sim N\left(\mu_1-\mu_2,\frac{(n_1+n_2)\sigma^2}{n_1n_2}\right),\quad \frac{(n_1-1)S_x^2+(n_2-1)S_y^2}{\sigma^2}\sim\chi^2(n_1+n_2-2),$$

$$\frac{\overline{X}-\overline{Y}-(\mu_1-\mu_2)}{\sigma\sqrt{\frac{(n_1+n_2)}{n_1n_2}}}\sim N(0,1).$$

根据t分布的定义有

$$\frac{\frac{\overline{X}-\overline{Y}-(\mu_1-\mu_2)}{\sigma\sqrt{\frac{(n_1+n_2)}{n_1n_2}}}}{\sqrt{\frac{(n_1-1)S_x^2+(n_2-1)S_y^2}{\sigma^2(n_1+n_2-2)}}}=\frac{\overline{X}-\overline{Y}-(\mu_1-\mu_2)}{\sqrt{(n_1-1)S_x^2+(n_2-1)S_y^2}}\sqrt{\frac{n_1n_2(n_1+n_2-2)}{n_1+n_2}}$$

$$\sim t(n_1+n_2-2).$$

(2) 因为$\frac{(n_1-1)S_x^2}{\sigma^2}\sim\chi^2(n_1-1)$，$\frac{(n_2-1)S_y^2}{\sigma^2}\sim\chi^2(n_2-1)$，根据$F$分布的定义有

$$F=\frac{\dfrac{(n_1-1)S_x^2}{\sigma^2(n_1-1)}}{\dfrac{(n_2-1)S_y^2}{\sigma^2(n_2-1)}}=\frac{S_x^2}{S_y^2}\sim F(n_1-1,n_2-1).$$

1.3.3 下分位数

1. 下分位数的定义

设 X 是连续型随机变量，密度函数为 $f(x)$，给定概率 p，若存在常数 v_p，使得

$$P(X\leqslant v_p)=\int_{-\infty}^{v_p}f(x)\mathrm{d}x=p,$$

则称 v_p 为密度函数 $f(x)$ 的(下侧) p 分位数. 上式表示图 1.6 中的阴影部分面积为 p.

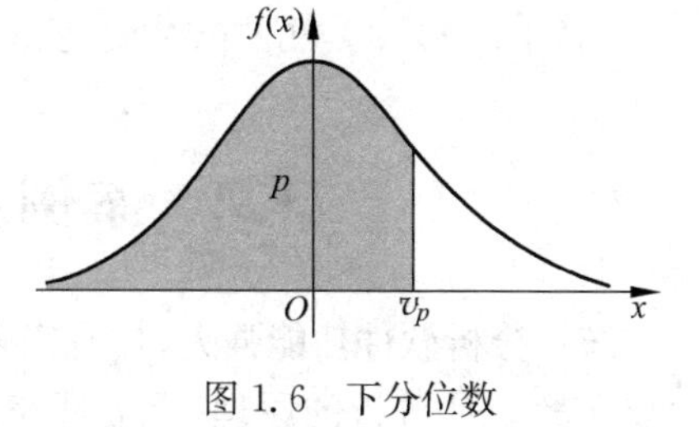

图 1.6 下分位数

2. 常见分位数的性质

常见的分位数有正态分布的 u 分位数 u_p，χ^2 分位数，t 分位数，F 分位数等，分别记为 $\chi_p^2(n)$，$t_p(n)$，$F_p(m,n)$，它们有如下性质：

(1) $u_p=-u_{1-p}$(见图 1.7)；

(2) $t_p(n)=-t_{1-p}(n)$(见图 1.8)；

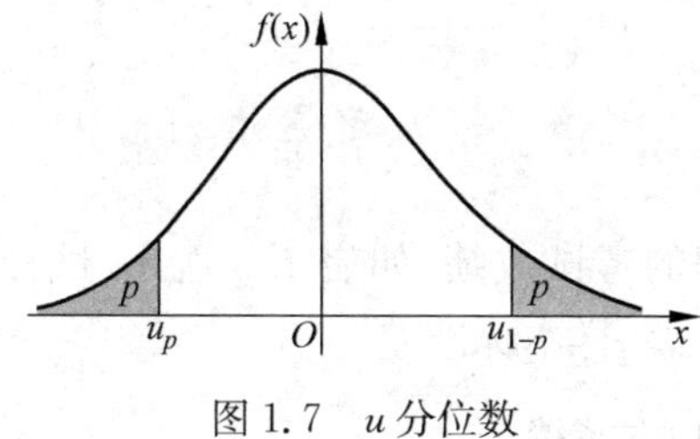

图 1.7 u 分位数

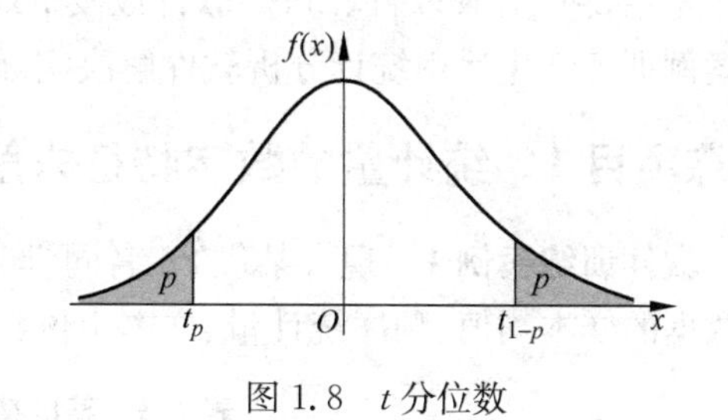

图 1.8 t 分位数

(3) $F_p(m,n)=\dfrac{1}{F_{1-p}(n,m)}$；

(4) $t_{1-\frac{p}{2}}^2(n)=F_{1-p}(1,n)$.

证明 性质(1)，(2)由图形上看显然成立.

(3) 因为 $F\sim F(m,n)$，则 $\dfrac{1}{F}\sim F(n,m)$(由 F 分布的性质知).

因为 $P(F<F_p(m,n))=p$，

$$P(F<F_p(m,n))=P\left(\frac{1}{F}>\frac{1}{F_p(m,n)}\right)=1-P\left(\frac{1}{F}\leqslant\frac{1}{F_p(m,n)}\right),$$

所以 $1-P\left(\dfrac{1}{F}\leqslant\dfrac{1}{F_p(m,n)}\right)=p$，即 $P\left(\dfrac{1}{F}\leqslant\dfrac{1}{F_p(m,n)}\right)=1-p$.

又 $P\left(\dfrac{1}{F}\leqslant F_{1-p}(n,m)\right)=1-p$，所以

$$F_{1-p}(n,m)=\frac{1}{F_p(m,n)},\quad 即\quad F_p(m,n)=\frac{1}{F_{1-p}(n,m)}.$$

(4) $P(|t|<t_{1-\frac{p}{2}}(n))=1-p$，所以

$$P(|t| < t_{1-\frac{p}{2}}(n)) = P(t^2 < t^2_{1-\frac{p}{2}}(n)) = P(F(1,n) < t^2_{1-\frac{p}{2}}(n)) = 1-p,$$

$$P(F < F_{1-p}(1,n)) = 1-p,$$

所以 $t^2_{1-\frac{p}{2}}(n)=F_{1-p}(1,n)$.

例 1.9 查下列分位数：

(1) $u_{0.95}, u_{0.975}, u_{0.05}$；　(2) $t_{0.975}(10), t_{0.025}(10)$；

(3) $\chi^2_{0.90}(9), \chi^2_{0.25}(9)$；　(4) $F_{0.95}(2,5), F_{0.05}(2,5)$.

解 (1) $u_{0.95}=1.65, u_{0.975}=1.96, u_{0.05}=-u_{0.95}=-1.65$；

(2) $t_{0.975}(10)=2.2281, t_{0.025}(10)=-t_{0.975}(10)=-2.2281$；

(3) $\chi^2_{0.90}(9)=14.684, \chi^2_{0.25}(9)=5.899$；

(4) $F_{0.95}(2,5)=5.79, F_{0.05}(2,5)=\dfrac{1}{F_{0.95}(5,2)}=\dfrac{1}{19.3}=0.052$.

1.4 案例及统计分析软件的训练

统计分析软件功能强大，具有完整的数据输入、编辑、统计分析、报表、图形制作等功能，只要了解统计分析的原理，无需通晓统计方法的各种算法，无需花大量时间记忆大量的命令、过程、选择项；告诉软件系统要做什么，无需告诉怎样做，即可得到需要的统计分析结果.本教材主要介绍 R 软件、SPSS 软件以及 Excel 三种统计分析软件的安装和使用，通过实际的案例训练学生运用统计分析软件解决实际问题.

训练项目 1 统计量的数字特征求解

软件训练案例 1 现有某班 22 名同学某门课程的考试成绩，如表 1.3 所示.试计算该组数据的样本均值、顺序统计量、样本中位数、样本方差、样本标准差.

表 1.3 某班某门课程的考试成绩

序号	学　号	姓　名	平时成绩	期末成绩	总成绩＝平时成绩×0.3＋期末成绩×0.7
1	2010011001	黄睿	62	67	66
2	2010011002	刘姗姗	74	82	80
3	2010011003	韦娅密	95	74	80
4	2010011004	刘渊	90	78	82
5	2010011005	李丹晶	80	60	66
6	2010011006	周李中阳	70	85	81
7	2010011007	齐佳宁	97	80	85
8	2010011008	于思萌	68	72	71
9	2010011009	易雪	79	86	84
10	2010011010	程淼	67	48	54
11	2010011011	吕文强	92	82	85

续表

序号	学　号	姓　名	平时成绩	期末成绩	总成绩＝平时成绩×0.3＋期末成绩×0.7
12	2010011012	冯若愚	79	84	83
13	2010011013	杜晋泽	83	74	77
14	2010011014	未晴玉	79	95	90
15	2010011015	伍珺然	71	81	78
16	2010011016	张明顺	78	80	79
17	2010011017	刘再杰	84	60	67
18	2010011018	朱科潜	60	43	48
19	2010011019	赵娟	78	97	91
20	2010011020	隋宏志	95	69	77
21	2010011021	黄予静	64	63	63
22	2010011022	邵海兵	84	85	85

统计分析软件 1　R 软件

软件的介绍　R 软件是一套完整的数据处理、计算和制图软件系统，具有简便而强大的编程语言：可操纵数据的输入和输出，可实现分支、循环，用户可自定义等功能. R 是一个免费的自由软件，它有 UNIX、Linux、MacOS 和 Windows 版本，均可免费下载和使用. 在 R 主页上可下载 R 的安装程序、各种外挂程序和文档. R 的安装程序包含 8 个基础模块，其他外在模块可通过 CRAN 获得.

软件的安装　在 R 主页上找到 R 软件的各个版本的安装程序和源代码. 单击进入：Windows (95 及其后的版本)，再单击：base，下载 SetupR. exe(约 47 兆)，这就是 R FOR Windows 的安装程序. 双击 SetupR. exe，按照提示一步步安装即可. 安装完成后，程序会创建 R 程序组并在桌面上创建 R 主程序的快捷方式，通过快捷方式运行 R，便可调出 R 的主窗口.

软件的使用　R 的界面简单而朴素，只有不多的几个菜单和快捷按钮. 快捷按钮下面的窗口便是命令输入窗口，它也是部分运算结果的输出窗口，有些运算结果则会输出在新建的窗口中；主窗口上方的一些文字是刚运行 R 时出现的一些说明和指引；符号“>”便是 R 命令提示符，在其后可输出命令；“>”后的“矩形”是光标. R 软件一般采用交互方式的工作方式，在命令提示符后输入命令，回车后便会输出结果. 下面以软件训练案例 1 为例求解统计量的数字特征.

1. 样本均值　采用 mean 函数来计算样本均值.

下面是用 mean 函数来计算总成绩的平均成绩的具体操作步骤.

```
>Score<-c(66, 80, 80, 82, 66, 81, 85, 84, 54, 85, 83, 77, 90, 78, 79, 67, 48, 91,
77, 63, 85)                                  #将学生分数生成向量 Score;
>Score.mean <-  mean(Score)                  #调用函数 mean 计算平均成绩;
>Score.mean                                  #显示平均成绩;
[1] 76.2381
```

注：mean 函数的调用方法为

```
mean(x, trim=0, na.rm=FALSE)
```

其中，x 是样本数据. trim 是为了去掉样本数据排序后前后两端观察值的比例，系统默认值为 0，表示在计算时不去掉任何数据，如下面的例子.

```
>Score.mean<-mean(Score, trim=0.1)        #计算去掉前后端 10% 分数后的平均成绩;
>Score.mean                               #显示平均成绩;
[1] 77.52941
```

na. rm 是逻辑变量，取值为 TRUE 或 FALSE，na. rm＝TURE 表示计算样本均值时，允许样本数据中有缺失值.

2. 顺序统计量 采用 sort()函数给出样本数据的顺序统计量.

下面采用 sort 函数计算顺序统计量.

```
>Score<- c(66, 80, 80, 82, 66, 81, 85, 84, 54, 85, 83, 77, 90, 78, 79, 67, 48, 91,
77, 63, 85)                          #将学生分数生成向量 Score;
>sort.Score<- sort(Score)            #调用函数 sort()计算顺序统计量;
>sort.Score                          #显示顺序统计量;
[1] 48 54 63 66 66 67 77 77 78 79 80 80 81 82 83 84 85 85 85 90 91
```

注：sort()函数的调用方法为

```
sort(x, decreasing=FALSE, index.return=FALSE)
```

其中，x 是样本数据. decreasing 的取值为 TRUE 或 FALSE，当 decreasing＝FALSE(系统默认值)时，给出的是由小到大的顺序统计量，当 decreasing＝TURE 时，给出的是由大到小的顺序统计量. index. return 用来确定是否返回控制排序的下标值，当 index. return＝TURE (系统默认值为 FALSE)时，函数的返回值是一个列表，该列表的第一个变量 $ x 是排序的顺序统计量，第二个变量 $ ix 是排序顺序的下标对应的值，如下面的例子.

```
>sort.Score=sort(Score,decreasing=TRUE,index.return=TRUE)
                               #计算由大到小的顺序统计量,并给出排序后的对应下标值;
>sort.Score                    #显示顺序统计量;
$x                             #第一个变量:顺序统计量;
[1] 91 90 85 85 85 84 83 82 81 80 80 79 78 77 77 67 66 66 63 54 48
$ix                            #第二个变量:对应下标的值;
[1] 18 13 7 10 21 8 11 4 6 2 3 15 14 12 19 16 1 5 20 9 17
```

3. 样本中位数 采用 median()函数给出样本数据的中位数.

下面用 median 函数来计算总成绩的中位数.

```
>Score<- c(66, 80, 80, 82, 66, 81, 85, 84, 54, 85, 83, 77, 90, 78, 79, 67, 48, 91,
77, 63, 85)                          #将学生分数生成向量 Score;
>Score.median=median(Score)          #调用函数 median ()计算样本中位数;
>Score.median                        #显示样本中位数;
[1] 80
```

4. 样本方差 分别采用 var()函数和 sd()函数计算样本数据的方差和标准差.

下面通过 var 函数和 sd 函数来计算总成绩的方差和标准差.

```
>Score<-c(66, 80, 80, 82, 66, 81, 85, 84, 54, 85, 83, 77, 90, 78, 79, 67, 48, 91,
77, 63, 85)                   #将学生分数生成向量 Score;
>var.Score=var(Score)   #调用函数 var 计算样本方差;
>var.Score                    #显示样本方差;
[1] 130.0905
>sd.Score=sd(Score)      #调用函数 sd 计算样本标准差;
>sd.Score                     #显示样本标准差;
[1] 11.40572
```

统计分析软件 2 SPSS 分析软件

软件的介绍 "SPSS"(Statistical Product and Service Solutions)软件是统计产品与服务解决方案软件,此软件操作简便、界面友好,除数据录入及部分命令程序等少数输入工作需要键盘键入外,大多数操作可通过鼠标拖曳、单击"菜单"、"按钮"和"对话框"来完成. 对于常见的统计方法,SPSS 的命令语句、子命令及选择项的选择绝大部分由"对话框"中的操作完成. SPSS 自带 11 种类型 136 个函数,提供了从简单的统计描述到复杂的多因素统计分析方法.

软件的安装

1. 启动计算机,将 SPSS 软件安装光盘放入光盘驱动器.

2. 运行资源管理器,双击光盘驱动器图标.

3. 在资源管理器目录窗口中找到 SPSS 的安装文件 setup 并执行,于是会看到 SPSS 安装的初始窗口,系统将自动进行安装前的准备工作.

4. 按照安装程序的提示,用户根据自己的需要填写和选择必要的的参数。例如:接受软件使用协议;确定将 SPSS 软件安装到计算机的哪一个目录下;选择安装类型,SPSS 有典型安装(Typical)、压缩安装(Compact)和用户自定义安装(Custom),通常选择典型安装;选择安装组件,SPSS 具有组合式软件的特征,在安装时用户可以根据自己的分析需求,选择部分模块进行安装,通常可以接受安装程序的默认选择.

软件的使用 SPSS 软件可通过分析模块中的描述统计功能对数据的数字特征进行计算,以软件训练案例 1 为例说明具体的操作步骤.

步骤 1 在变量视图窗口(图 1.9 所示)对变量进行定义.

步骤 2 在数据视图框(如图 1.10)中输入对应变量的数据.

步骤 3 通过执行"分析→描述统计→描述"命令,弹出窗口(如图 1.11).

步骤 4 选中变量,如"总成绩",将其移入变量框中,并单击"选项"按钮,选中需要分析的数字特征,如图 1.12 所示.

步骤 5 待选择的数字特征完成后,单击"继续"按钮,再在描述分析窗口中单击"确定"按钮,即可在结果输出框中求得"总成绩"的数字特征,即描述统计分析的结果,如表 1.4 所示.

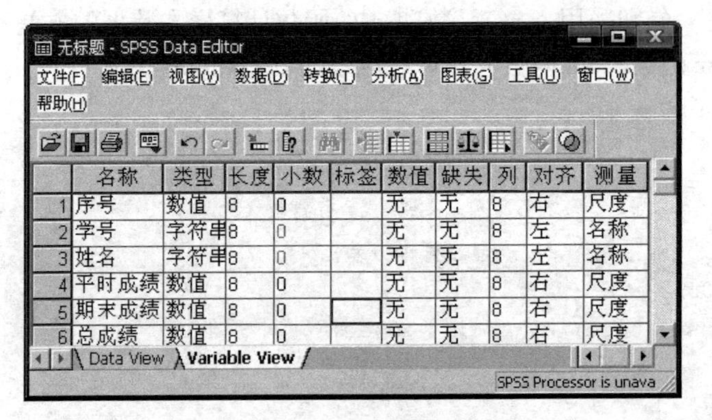

	名称	类型	长度	小数	标签	数值	缺失	列	对齐	测量
1	序号	数值	8	0		无	无	8	右	尺度
2	学号	字符串	8	0		无	无	8	左	名称
3	姓名	字符串	8	0		无	无	8	左	名称
4	平时成绩	数值	8	0		无	无	8	右	尺度
5	期末成绩	数值	8	0		无	无	8	右	尺度
6	总成绩	数值	8	0		无	无	8	右	尺度

图 1.9 考试成绩变量定义框

	序号	学号	姓名	平时成绩	期末成绩	总成绩
1	1	2010011001	黄睿	62	67	66
2	2	2010011002	刘姗姗	74	82	80
3	3	2010011003	韦娅密	95	74	80

图 1.10 考试成绩数据框

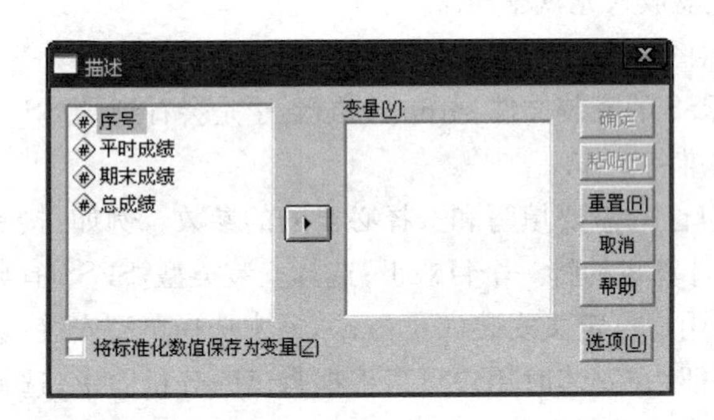

图 1.11 描述分析窗口

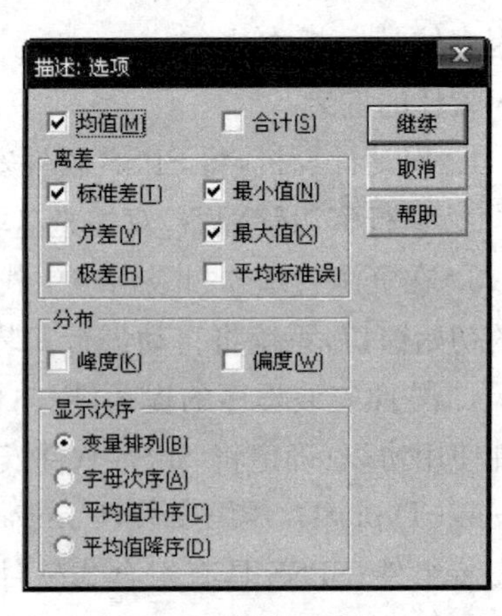

图 1.12 数字特征选择

表 1.4 描述统计量

	N	极小值	极大值	均值	标准差	方差	偏度	峰度
	统计量	统计量	统计量	统计量	统计量	统计量	统计量	统计量
总成绩	22	48	91	76.00	11.187	125.143	−1.047	0.658

注：在步骤 3 通过步骤"分析→描述统计→频率"操作，在将变量"总成绩"移入变量框后，单击按钮"统计量"，选择需要的统计量，然后通过"继续→确定"步骤，也可得到同样的计算结果，如表 1.5.

表 1.5 统计量计算结果

总成绩

N 有效	22	偏度的标准误	0.491
均值	76.00	峰度	0.658
中值(中位数)	79.50	峰度的标准误	0.953
标准差	11.187	极小值	48
方差	125.143	极大值	91
偏度	−1.047		

统计分析软件 3 Excel 分析软件

软件的介绍 Excel 是办公软件 Office 的重要成员. Excel 是一个功能多、使用便捷的表格式数据处理分析系统,采用电子表格方式,工作直观;提供丰富的可以直接调用的函数进行数据处理、统计分析等;还具有较好的绘图功能. 调用 Excel 软件的统计分析包中相应的统计函数,就可以实现统计分析. 以软件训练案例 1 为例说明具体的操作步骤.

1. 样本均值 采用 AVERAGEA 函数来计算样本均值.

步骤 1 进入 Excel 表格界面,将数据输入表格;

步骤 2 在 Excel 工作表中,直接单击【f(x)】(插入函数)命令;

步骤 3 在复选框"或选择类别(C)"中单击【统计】选项,在"选择函数(N)"中单击【AVERAGEA】选项,然后单击"确定"按钮(如图 1.13 所示).

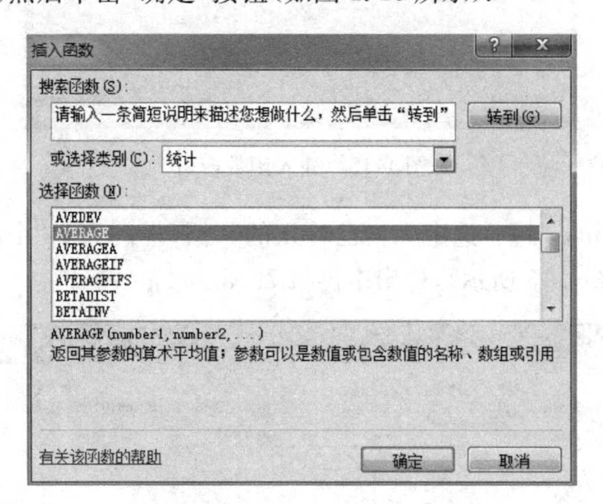

图 1.13 插入函数窗口

步骤 4 在【Number 1】后选定表格已输入的数据(本例为 22 个同学的总成绩),然后单击"确定"按钮(如图 1.14 所示),得出均值 76.

2. 样本中位数 采用 MEDIAN()函数给出样本数据的中位数.

第 1 步 进入 Excel 表格界面,将数据输入表格;

第 2 步 在 Excel 工作表中,直接单击【f(x)】(插入函数)命令;

第 3 步 在复选框"或选择类别(C)"中单击【统计】选项,在"选择函数(N)"中单击【MEDIAN】选项,然后单击"确定"按钮(如图 1.15 所示).

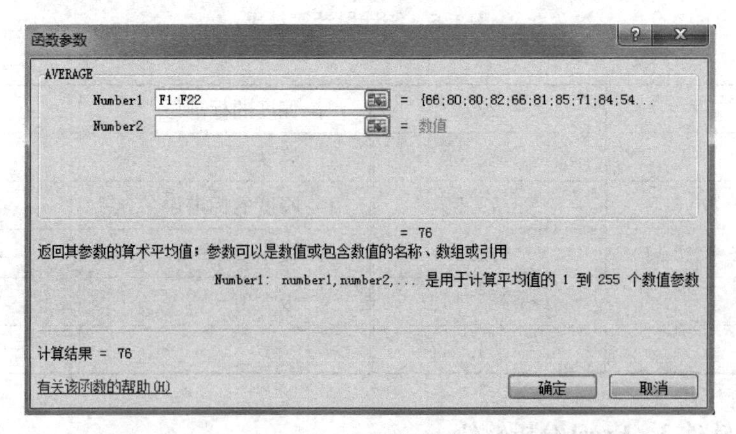

图 1.14 函数参数窗口

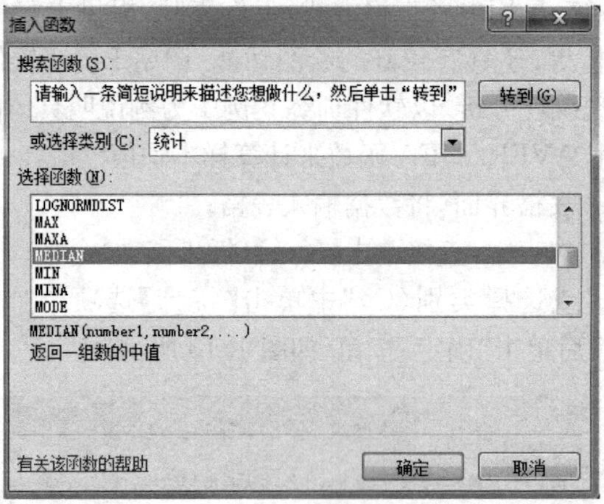

图 1.15 插入函数窗口

第 4 步 在【Number 1】后选定表格已输入的数据(本例为 22 个同学的总成绩)，然后单击“确定”按钮(如图 1.16 所示)，得出中位数 79.5.

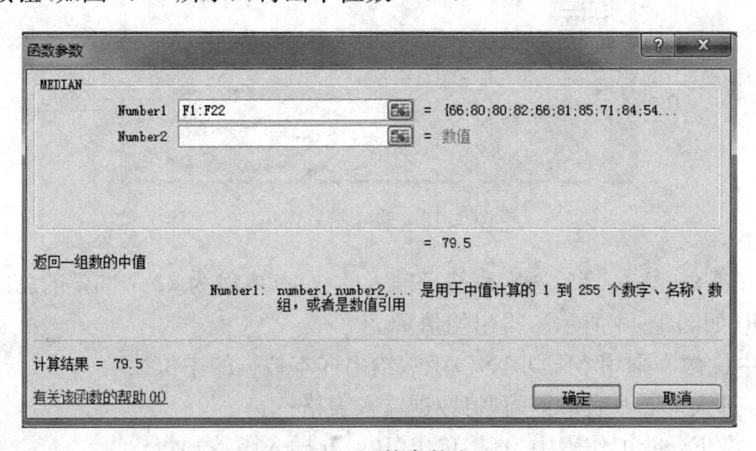

图 1.16 函数参数窗口

3. 样本方差 分别采用 VAR()函数和 STDEV()函数计算样本数据的方差和标准差.

第 1 步 进入 Excel 表格界面，将数据输入表格；

第 2 步 在 Excel 工作表中，直接单击【f(x)】(插入函数)命令；

第 3 步 在复选框“或选择类别(C)”中单击【统计】选项，在“选择函数(N)”中单击【VAR】选项(如图 1.17 所示)(【STDEV】选项(如图 1.18 所示))，然后单击“确定”按钮；

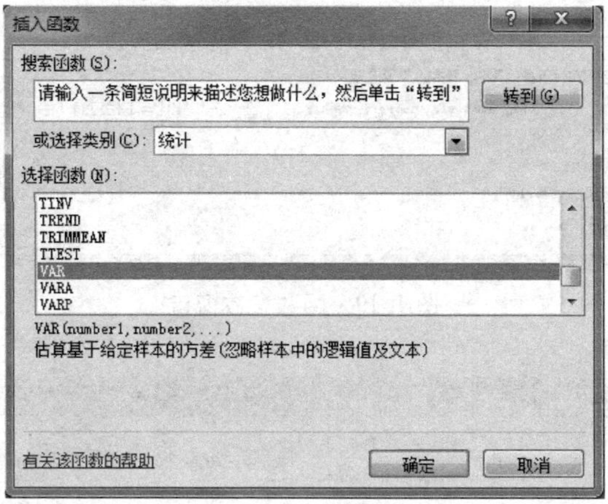

图 1.17 插入函数窗口

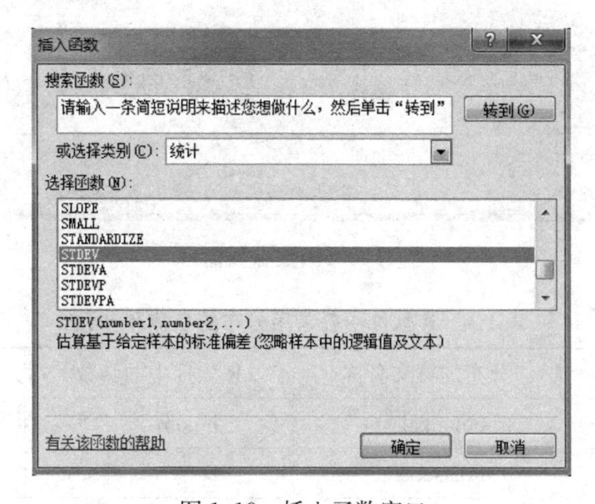

图 1.18 插入函数窗口

第 4 步 在【Number 1】后选定表格已输入的数据(本例为 22 个同学的总成绩)，然后单击“确定”按钮，得出方差 125.14(如图 1.19 所示)，得出标准差 11.19(如图 1.20 所示).

训练项目 2 常用统计量的分布

R 软件 R 软件中各种常用分布的名称和参数如表 1.6 所示，在各种分布的调用函数前加上相应的前缀即可实现相应的目标，常用的前缀介绍如下：

(1) d：计算离散型随机变量的分布律或连续型随机变量的密度函数；

(2) p：计算随机变量的分布函数；

(3) q：计算各分布在给定概率时的下侧分位数；

(4) r：产生对应分布的随机数.

函数参数
VAR
Number1 F1:F22 = {66;80;80;82;66;81;85;71;84;54...
Number2 = 数值
= 125.1428571
估算基于给定样本的方差(忽略样本中的逻辑值及文本)
Number1: number1,number2,... 是与总体抽样样本相应的 1 到 255 个数值参数
计算结果 = 125.1428571
有关该函数的帮助(H) 确定 取消

图 1.19 函数参数窗口

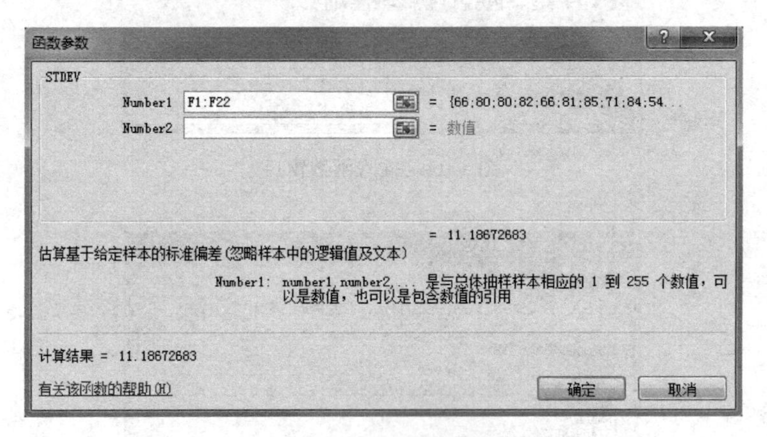

图 1.20 函数参数窗口

表 1.6 R软件中各常用分布的名称和参数

分布的中文名称	分布的英文名称	R软件中的函数	附加参数
二项分布	binomial	binom	size，prob
泊松分布	Poisson	pois	lambda
几何分布	geometric	geom	prob
柯西分布	Cauchy	cauchy	location,scale
指数分布	exponential	exp	rate
均匀分布	uniform	unif	min,max
正态分布	normal	norm	mean,sd
卡方分布	chi-squared	chisq	df
t 分布	Student's t	t	df
F 分布	F	f	df1，df2

如正态分布的调用函数：

```
dnorm(x, mean=0, sd=1, log=FALSE)
pnorm(q, mean=0, sd=1, lower.tail=TRUE, log.p=FALSE)
qnorm(p, mean=0, sd=1, lower.tail=TRUE, log.p=FALSE)
rnorm(n, mean=0, sd=1)
```

其中,mean=0 和 sd=1 表示正态分布的均值为 0,标准差为 1,log=FALSE(系统默认值)表示计算的是正态分布函数,log=TURE 表示返回值为对数正态分布的函数值. lower. tail =TRUE(系统默认值)表示使用的分布函数为 $F(x)=P(X\leqslant x)$,当取值为 FALSE 时,分布函数计算公式为 $F(x)=P(X>x)$,操作如下.

```
#计算标准正态分布下密度函数、分布函数、分位数和产生标准正态分布的随机数
>x=0.5
>q=c(0.9, 2)
>p=0.3
>n=3
>dnorm(x, mean=0, sd=1)          #计算 x=0.5 时的密度函数值,并显示计算结果;
[1] 0.3520653
>pnorm(q, mean=0, sd=1)          #计算 q=0.9 和 q=2 时的分布函数值,并显示计算结果;
[1] 0.8159399 0.9772499
>qnorm(p, mean=0, sd=1)          #计算 p=0.3 时的分位数,并显示计算结果;
[1] -0.5244005
>rnorm(n, mean=0, sd=1)          #生成 3 个标准正态分布的随机数,并显示生成结果;
[1] 0.3546060 -1.8894058 -0.5778541
```

Excel 软件 Excel 中各种常用分布的名称和参数如表 1.7 所示.

表 1.7 Excel 中各种常用分布的名称和参数

分布的中文名称	分布的英文名称	Excel 中的函数
二项分布	binomial	BINOMDIST
泊松分布	Poisson	POISSON
几何分布	geometric	GEOMDIST
指数分布	exponential	EXPONDIST
正态分布	normal	NORMDIST
卡方分布	chi-squared	CHIDIST
t 分布	Student's t	TDIST
F 分布	F	FDIST

二项分布的调用函数 BINOMDIST

步骤 1 进入 Excel 表格界面,将鼠标停留在某一空白单元格;

步骤 2 在 Excel 工作表中,直接单击【f(x)】(插入函数)命令;

步骤 3 在复选框"或选择类别(C)"中单击【统计】选项,在"选择函数(N)"中单击【BINOMDIST】选项,然后单击"确定"按钮,如图 1.21 所示.

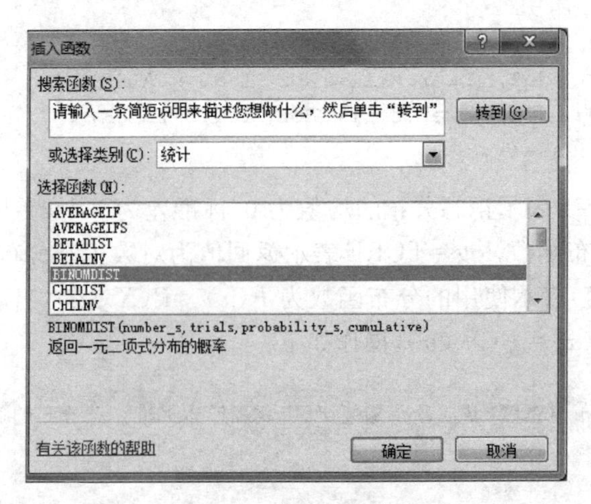

图 1.21　插入函数窗口

步骤 4　在【Number_s】后填入试验成功的次数(图 1.22 中填写的是 1);

函数参数
BINOMDIST
Number_s　1　= 1
Trials　5　= 5
Probability_s　0.04　= 0.04
Cumulative　0　= FALSE
= 0.169869312
返回一元二项式分布的概率
Cumulative　逻辑值，决定函数的形式。累积分布函数，使用 TRUE；概率密度函数，使用 FALSE
计算结果 = 0.169869312
有关该函数的帮助(H)
确定　取消

图 1.22　函数参数窗口

在【Trials】后填入总试验的次数(图 1.22 中填写的是 5);

在【Probability_s】后填入试验成功的概率(图 1.22 中填写的是 0.04);

在【Cumulative】后填入 0(或 FALSE),表示计算成功次数恰好等于指定数值的概率(填入 1 或 TRUE 表示计算成功次数小于或等于指定数值的累积概率值),如图 1.22 所示.然后单击“确定”按钮,得出值.

注:运用 Excel 函数计算其他离散型随机变量分布和连续型随机变量分布概率时的步骤基本相似.

训练项目 3　直方图、经验分布函数图

R 软件　利用 R 软件绘出软件训练案例 1 中 22 名同学的总成绩的直方图和核密度估计图,并与正态分布的密度函数作对比,具体步骤如下,所绘制的直方图等如图 1.23 所示.

```
>Score=c(66, 80, 80, 82, 66, 81, 85, 84, 54, 85, 83, 77, 90, 78, 79, 67, 48, 91, 77,
63, 85)
>hist(Score)                              #绘出成绩的直方图
>lines(density(Score),col='green')        #绘出成绩的核密度估计曲线
```

```
>x=seq(from=40,to=100,by=0.01)#生成从 40 到 100、间隔为 0.01 的向量
>lines(x,dnorm(x,mean(Score),sd(Score)),col='red')
#绘出期望为 mean(Score),标准差为 sd(Score)的正态分布密度函数曲线。且前一个 x 表示绘图中的横坐标,后一个 x 表示需要计算密度函数值的点。Col 用来确定绘出曲线的颜色,默认为黑色。
```

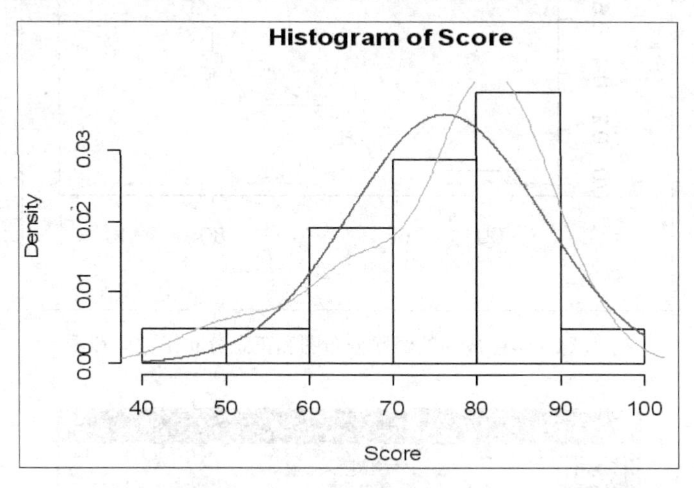

图 1.23　学生成绩的直方图、核密度估计曲线和正态分布密度曲线

绘出软件训练案例 1 中 22 名同学的总成绩的经验分布图和相应的正态分布函数图，具体步骤如下.

```
>Score=c(66, 80, 80, 82, 66, 81, 85, 84, 54, 85, 83, 77, 90, 78, 79, 67, 48, 91, 77, 63, 85)
>plot(ecdf(Score),verticals=TRUE, do.p=FALSE)          #绘出成绩的经验分布图
>x=seq(40,100,0.01)                                #生成从 40 到 100、间隔为 0.01 的向量
>lines(x,pnorm(x,mean(Score),sd(Score)),col='red')  #绘出正态分布分布函数曲线
```

注：verticals 为逻辑变量，当取值为 TRUE 时，表示在经验分布图中要画竖线，当为 FALSE(系统默认值)时，不画竖线. do. p 为逻辑变量，当取值为 FALSE 时，在边界处不画圆点，系统默认值为 TRUE，结果如图 1.24 所示.

SPSS 软件　SPSS 软件用于画图的功能模块为“图表”，执行“图表→对话框→直方图”命令，弹出如图 1.25 所示窗口.

将所要分析的变量“总成绩”移入“变量”窗口中，选中“显示正态曲线(D)”复选框，单击“确定”按钮，即可绘制直方图和对应的正态密度函数曲线图，如图 1.26 所示.

Excel 软件　以软件训练案例 1 中的数据为例，运用 Excel 画经验分布函数图.

第 1 步：进入 Excel 表格界面，在 A2：A6 中将数据(简单起见，本例任取 5 个学生的成绩数据)输入；

第 2 步：在 B2:B6 生成 5 个数据从小到大的顺序列；

第 3 步：在 C 列生成 0～100 的 x 值，先在 C2 中输入 0 值，然后在菜单栏中单击开始→编辑→填充→系列，出来一个序列对话框如图 1.27 所示；

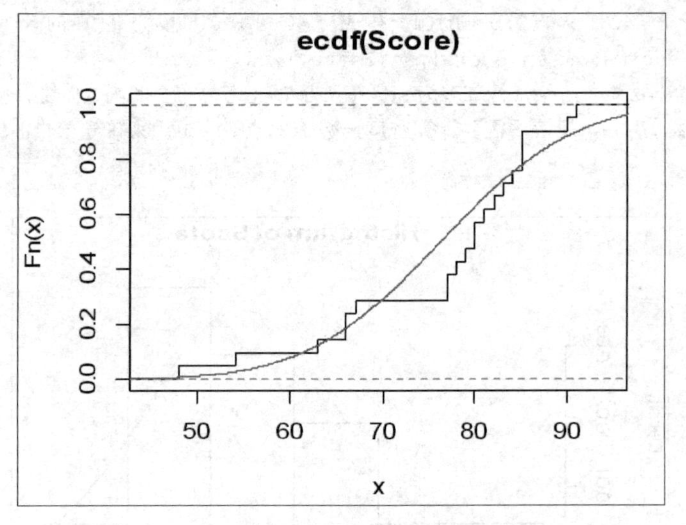

图 1.24 学生成绩的经验分布图和正态分布函数曲线图

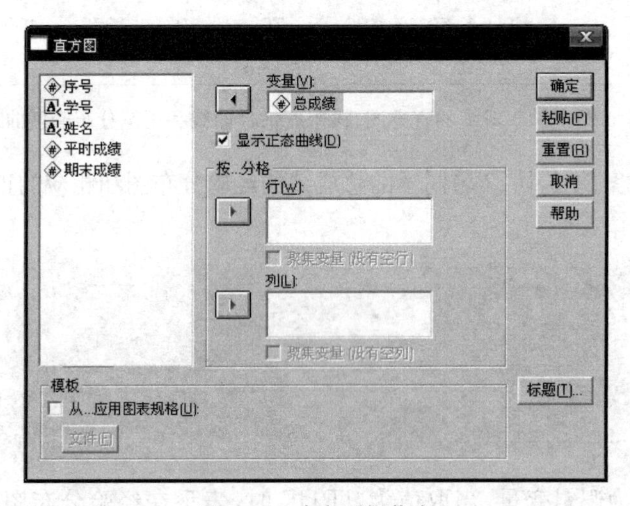

图 1.25 直方图操作窗

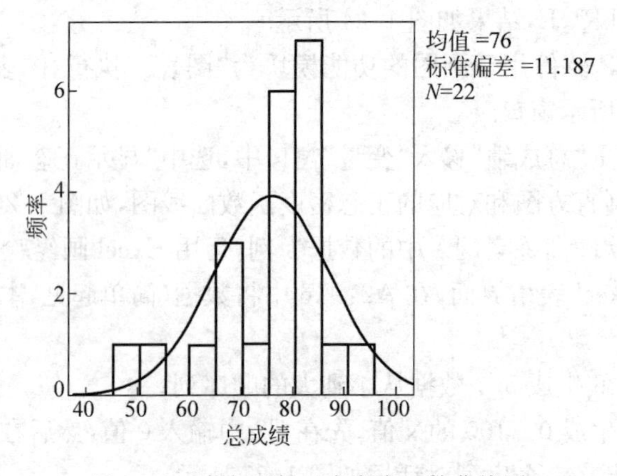

图 1.26 直方图与正态密度函数曲线图

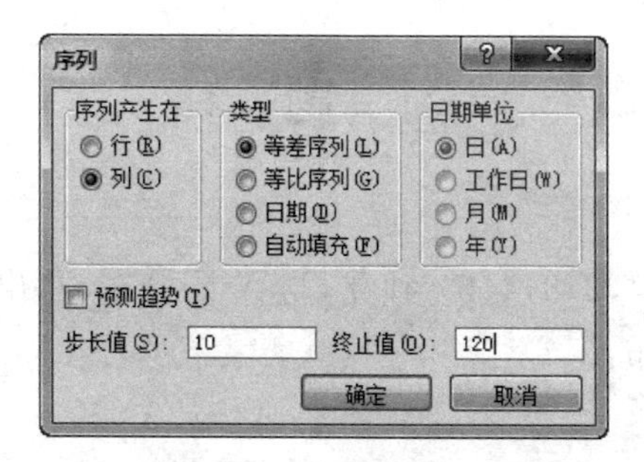

图 1.27 序列窗口

在“序列产生在”选择“列”单选按钮，在“类型”中选择“等差序列(L)”单选按钮，“步长值(S)”输入 10，“终止值(O)”输入 120，然后单击“确定”，则生成 x 列；

第 4 步：根据 x 列，利用条件函数

```
IF(C6<B$2,0,IF(C6<B$3,0.2,IF(C6<B$4,0.4,IF(C6<B$5,0.6,IF(C6<B$6,0.8,1)))))
```

生成经验函数 Fn(x)，然后根据 x 列和 Fn(x)画出相应的图形（选定这两列数据，插入→图表→散点图，然后再对生成的散点图处理，加上图像标题和坐标名称，增加可读性.）最后结果如图 1.28 所示.

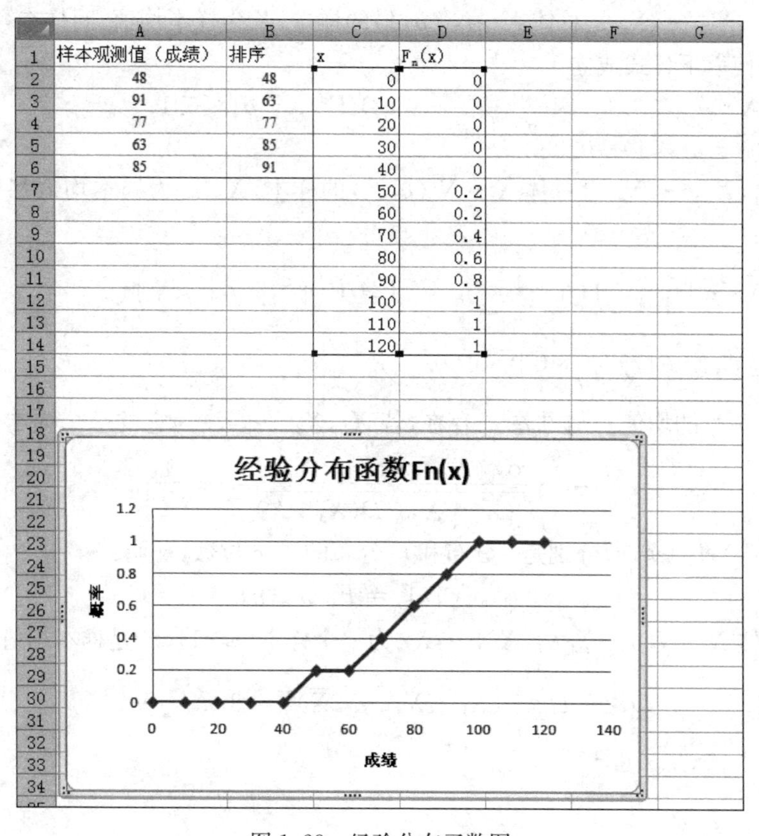

	A	B	C	D
1	样本观测值（成绩）	排序	x	$F_n(x)$
2	48	48	0	0
3	91	63	10	0
4	77	77	20	0
5	63	85	30	0
6	85	91	40	0
7			50	0.2
8			60	0.2
9			70	0.4
10			80	0.6
11			90	0.8
12			100	1
13			110	1
14			120	1

图 1.28 经验分布函数图

习 题 1

A组

1. 设随机变量 $X_i(i=1,2,3,4,5)$ 独立，与 X 同分布，写出下列4种情况下 (X_1,X_2,X_3,X_4,X_5) 的联合概率分布：

(1) $X\sim B(1,p)$；　　(2) $X\sim P(\lambda)$；

(3) $X\sim U[a,b]$；　　(4) $X\sim N(\mu,1)$.

2. 设 $X_1,X_2,\cdots,X_5$ 为总体 $X\sim N(12,4)$ 的样本，试求：

(1) $P(X_{(1)}<10)$；　　(2) $P(X_{(5)}<15)$.

3. 为了研究玻璃产品在集装箱托运过程中的损坏情况，现随机抽取20个集装箱检查其产品损坏的件数，记录结果为

$$1,1,1,1,2,0,0,1,3,1,0,0,2,4,0,3,1,4,0,2.$$

请写出样本频率分布、经验分布函数.

4. 设 $T\sim t(n)$，试证：$T^2\sim F(1,n)$.

B组

1. 设 $X_1,X_2,\cdots,X_n$ 是总体 $X\sim N(\mu,4)$ 的样本，$\overline{X}$ 为样本均值，问样本容量 n 应分别取多大，才能使以下各式成立：

(1) $E|\overline{X}-\mu|^2\leqslant 0.1$；　　(2) $E|\overline{X}-\mu|\leqslant 0.1$；

(3) $P(|\overline{X}-\mu|\leqslant 1)=0.95$.

2. 设 $X_1,X_2,\cdots,X_n$ 为总体 $X\sim N(\mu,\sigma^2)$ 的样本，$\overline{X},S^2$ 为样本均值和样本方差，当 $n=20$ 时，求：

(1) $P\left(\overline{X}<\mu+\dfrac{\sigma}{4.472}\right)$；　　(2) $P\left(|S^2-\sigma^2|<\dfrac{\sigma^2}{2}\right)$；

(3) 确定 C，使 $P\left(\dfrac{S}{\overline{X}-\mu}>C\right)=0.90$.

3. 设总体 X 的均值 μ 与方差 σ^2 存在，若 $X_1,X_2,\cdots,X_n$ 为它的一个样本，$\overline{X}$ 是样本均值，证明 $r(X_1-\overline{X},X_3-\overline{X})=\dfrac{\mathrm{cov}(X_1-\overline{X},X_3-\overline{X})}{\sqrt{D(X_1-\overline{X})}\sqrt{D(X_3-\overline{X})}}=-\dfrac{1}{n-1}$.

4. 设 $t_p(n),F_p(m,n)$ 分别是 t 分布和 F 分布的 p 分位数，证明：

$$[t_{1-p/2}(n)]^2=F_{1-p}(1,n).$$

5. 设总体 $X\sim N(\mu,\sigma^2)$，$X_1,X_2,\cdots,X_{2n}$ 为一个样本 $(n\geqslant 1)$，$\overline{X}$ 是样本均值，证明

$$DT=D\sum_{i=1}^{n}(X_i+X_{n+i}-2\overline{X})^2=8(n-1)\sigma^4.$$

参数估计

由样本观察值可得到经验分布函数或直方图,从而获得分布函数的类型.但总体分布函数往往含有未知参数,需要利用样本信息对总体的未知参数进行估计,这就是本章将要研究的参数估计.参数估计包括点估计和区间估计,点估计就是由总体 X 的样本 $X_1,X_2,\cdots,X_n$ 对未知参数 θ 建立一个适当的统计量 $\hat{\theta}(X_1,X_2,\cdots,X_n)$. 当获得样本观察值 $x_1,x_2,\cdots,x_n$ 后,以统计量的观察值 $\hat{\theta}(x_1,x_2,\cdots,x_n)$ 作为总体参数 θ 的估计值,点估计简单、易算、直观,但不能指出估计的误差范围.区间估计是估计参数 θ 的一个可能范围,这个范围在几何上就是数轴上的一个区间,这个区间的端点均是由样本建立的统计量.

2.1 参数的点估计

点估计的方法很多,最常见的有矩估计法、极大似然估计法、顺序统计量法和最小二乘法,本章只介绍矩估计法和极大似然估计两种点估计法.

2.1.1 矩估计法

在总体的 k 阶矩存在时,矩估计法的原理是用样本的 k 阶矩代替总体的 k 阶矩.

总体 X 的 k 阶原点矩和中心矩定义为

$$\mu_k = EX^k,\quad \mu_k^* = E(X-EX)^k.$$

样本的 k 阶原点矩和中心矩定义为

$$M_k = \frac{1}{n}\sum_{i=1}^{n} X_i^k,\quad M_k^* = \frac{1}{n}\sum_{i=1}^{n}(X_i-\overline{X})^k.$$

矩估计法就是用样本的 k 阶原点矩 M_k 代替总体的 k 阶原点矩 μ_k,用样本的 k 阶中心矩 M_k^* 代替总体的 k 阶中心矩 μ_k^*,即

$$EX^k = \frac{1}{n}\sum_{i=1}^{n} X_i^k,\quad k=1,2,\cdots,$$

$$E(X-EX)^k = \frac{1}{n}\sum_{i=1}^{n}(X_i-\overline{X})^k,\quad k=1,2,\cdots$$

由于 $EX^k,E(X-EX)^k$ 是含有总体的未知参数,从理论上讲,总体含有多少个参数,我们从上面方程中就选取多少个方程组成一个方程组,解这个方程组即可得到总体参数的矩估计量.但我们一般是用最低阶矩表示待估参数,然后将样本矩代入表达式,最后得到参数的矩估计量.其步骤如下:

步骤1 计算低阶矩，找出利用参数表示的矩表达式. 通常需要低阶矩的个数等于参数的个数.

步骤2 求解步骤1的参数表达式，该参数表达式是用矩来表示的.

步骤3 将样本矩代入步骤2的表达式，得到基于样本矩的参数估计.

例2.1 设总体 X 的分布是均匀分布 $U[a,b]$，其中 $a,b(a<b)$ 为未知参数，$X_1,X_2,\cdots,X_n$ 是来自总体 X 的样本. 求参数 a,b 的矩估计量 $\hat{a},\hat{b}$.

解 因总体 X 的数学期望和方差为

$$EX=\frac{b+a}{2},\quad DX=\frac{(b-a)^2}{12},$$

从而得

$$\begin{cases}b+a=2EX,\\ b-a=2\sqrt{3DX},\end{cases}\quad \text{即}\quad \begin{cases}a=EX-\sqrt{3DX},\\ b=EX+\sqrt{3DX}.\end{cases}$$

将样本矩代入得到参数的矩估计量为

$$\begin{cases}\hat{a}=\overline{X}-\sqrt{3M_2^*},\\ \hat{b}=\overline{X}+\sqrt{3M_2^*}.\end{cases}$$

例2.2 设总体 $X\sim\Gamma(\alpha,\lambda)$，$\alpha,\lambda$ 为未知参数，$X_1,X_2,\cdots,X_n$ 为 X 的样本，$EX=\frac{\alpha}{\lambda}$，$DX=\frac{\alpha}{\lambda^2}$，求 α,λ 的矩估计量.

解 因为

$$\begin{cases}EX=\dfrac{\alpha}{\lambda},\\ DX=\dfrac{\alpha}{\lambda^2},\end{cases}\quad \text{所以}\quad \begin{cases}\lambda=\dfrac{EX}{DX},\\ \alpha=\dfrac{(EX)^2}{DX}.\end{cases}$$

将样本矩代入得

$$\begin{cases}\hat{\lambda}=\dfrac{\overline{X}}{M_2^*},\\ \hat{\alpha}=\dfrac{(\overline{X})^2}{M_2^*}.\end{cases}$$

例2.3 设样本 $X_1,X_2,\cdots,X_n$ 来自二项分布 $B(k,p)$，其中 k,p 为未知参数，求参数 k,p 的矩估计量 $\hat{k},\hat{p}$.

解 因为总体 X 的数学期望和方差分别为 $EX=kp$，$DX=kp(1-p)$，从而得

$$\begin{cases}p=1-\dfrac{DX}{EX}=\dfrac{EX-DX}{EX},\\ k=\dfrac{(EX)^2}{EX-DX}.\end{cases}$$

将样本矩代入得

$$\begin{cases}\hat{p}=\dfrac{\overline{X}-M_2^*}{\overline{X}},\\ \hat{k}=\dfrac{\overline{X}^2}{\overline{X}-M_2^*}.\end{cases}$$

2.1.2 极大似然估计

极大似然估计是费歇尔(Fisher)在1912年提出的一种参数估计方法，它的思想是使样本获得最大概率出现的参数值作为未知参数的估计值. 如设一件事件 A 在每次试验中出现的概率为 p，现 p 可能取0.01与0.9两个值，为了确定 p 值，连续独立地进行三次试验，在这三次试验中 A 都出现了，毫无疑问 p 取0.9是比较合理的.

极大似然估计在实际中也是非常有用的. 如我们给汽车配备一个辅助驾驶系统，实时地监控车辆的运行状态，辅助驾驶系统应给驾驶员提供参考驾驶策略，尽可能地减少道路交通事故. 极大似然估计可以给驾驶员提供一个安全的驾驶策略，做法是把车辆的各种运行环境和可采用的驾驶策略提供给一定容量的驾驶员进行问卷调查，选择大多数驾驶员采用的驾驶策略作为辅助驾驶系统的安全驾驶策略，存储在辅助驾驶系统的专家系统之中，这个策略是最可能采用的安全驾驶策略.

假设总体 X 是离散型，其概率分布记为 $f(x,\boldsymbol{\theta})$. 当给定 $\boldsymbol{\theta}$ 时，$f(x,\boldsymbol{\theta})$ 为 X 在 x 处发生的概率；$\prod_{i=1}^{n} f(x_i,\boldsymbol{\theta})$ 给出了观察样本 $X_1,X_2,\cdots,X_n$ 在给定数据 $x_1,x_2,\cdots,x_n$ 的概率. 固定 $x_1,x_2,\cdots,x_n$，让 $\boldsymbol{\theta}$ 变化，可能存在 $\hat{\boldsymbol{\theta}}$，使概率 $\prod_{i=1}^{n} f(x_i,\boldsymbol{\theta})$ 达到最大，显然它与 $x_1,x_2,\cdots,x_n$ 有关，从而是样本的函数，记为 $\hat{\boldsymbol{\theta}}(X_1,X_2,\cdots,X_n)$，这就是参数 $\boldsymbol{\theta}$ 的极大似然估计量.

如果总体 X 是连续型且具有密度函数 $f(x,\boldsymbol{\theta})$，则样本 $X_1,X_2,\cdots,X_n$ 落在点 $(x_1,x_2,\cdots,x_n)$ 的某邻域的概率近似为 $\prod_{i=1}^{n} f(x_i,\boldsymbol{\theta})\Delta x_i$，由于 Δx_i 与参数 $\boldsymbol{\theta}$ 无关，且具有任意性，这个概率值的大小取决于 $\prod_{i=1}^{n} f(x_i,\boldsymbol{\theta})$.

似然函数(likelihood function)定义为

$$L(\boldsymbol{\theta}) = \prod_{i=1}^{n} f(x_i,\boldsymbol{\theta}), \quad \text{其中 } x_1,x_2,\cdots,x_n \text{ 为样本观察值.}$$

从定义可以看出：似然函数其实就是独立同分布的样本 $X_1,X_2,\cdots,X_n$ 的联合密度函数，它是边际密度函数的乘积.

$\boldsymbol{\theta}$ 的极大似然估计为满足

$$L(\hat{\boldsymbol{\theta}}) = \sup_{\boldsymbol{\theta}\in\Theta} L(\boldsymbol{\theta})$$

的统计量 $\hat{\boldsymbol{\theta}}=\hat{\boldsymbol{\theta}}(X_1,X_2,\cdots,X_n)$，$\sup_{\boldsymbol{\theta}\in\Theta} L(\boldsymbol{\theta})$ 表示 $L(\boldsymbol{\theta})$ 的上确界(上确界是最小的上界).

若 $L(\boldsymbol{\theta})$ 存在最大值，$\ln L(\boldsymbol{\theta})$ 可微时，$L(\boldsymbol{\theta})$ 与 $\ln L(\boldsymbol{\theta})$ 的最大值点是相同的，求 $\boldsymbol{\theta}$ 的极大似然估计量转化为求 $\ln L(\boldsymbol{\theta})$ 的驻点，即

$$\frac{\partial \ln L(\boldsymbol{\theta})}{\partial \theta_i} = 0, \quad i = 1,2,\cdots,m, \boldsymbol{\theta} = (\theta_1,\theta_2,\cdots,\theta_m).$$

通过解上面的对数似然方程组，得到的解 $\hat{\theta}_i=\hat{\theta}_i(X_1,X_2,\cdots,X_n)(i=1,2,\cdots,m)$，称为参数 $\theta_1,\theta_2,\cdots,\theta_m$ 的极大似然估计量. 如果对数似然方程组无解析解，必须使用迭代方法求解，迭代开始之前，我们可以利用矩估计作为初始值. 若 $\ln L(\boldsymbol{\theta})$ 不存在最大值点，并不表示 $\boldsymbol{\theta}$ 的极

大似然估计量不存在,此时应根据定义寻找 $\boldsymbol{\theta}$ 的极大似然估计量.

例 2.4 某灯泡厂生产的灯泡的寿命服从 $N(\mu,\sigma^2)$,其中参数 μ,σ^2 未知. $X_1,X_2,\cdots,X_n$ 是从某批灯泡中抽取的一个样本. 求参数 μ,σ^2 的极大似然估计量$\hat{\mu},\hat{\sigma}^2$.

解 因为总体的密度函数为

$$f(x,\mu,\sigma^2)=\frac{1}{\sqrt{2\pi}\sigma}\mathrm{e}^{-\frac{(x-\mu)^2}{2\sigma^2}},$$

X_i 的密度函数为

$$f(x_i,\mu,\sigma^2)=\frac{1}{\sqrt{2\pi}\sigma}\mathrm{e}^{-\frac{(x_i-\mu)^2}{2\sigma^2}}.$$

似然函数为

$$L(\mu,\sigma^2)=\prod_{i=1}^{n}\frac{1}{\sqrt{2\pi}\sigma}\mathrm{e}^{-\frac{(x_i-\mu)^2}{2\sigma^2}}=\left(\frac{1}{2\pi\sigma^2}\right)^{\frac{n}{2}}\mathrm{e}^{-\frac{1}{2\sigma^2}\sum\limits_{i=1}^{n}(x_i-\mu)^2}.$$

两边取对数,得

$$\ln L(\mu,\sigma^2)=-\frac{n}{2}(\ln 2\pi+\ln\sigma^2)-\frac{1}{2\sigma^2}\sum_{i=1}^{n}(x_i-\mu)^2,$$

$$\frac{\partial\ln L(\mu,\sigma^2)}{\partial\mu}=\frac{2}{2\sigma^2}\sum_{i=1}^{n}(x_i-\mu)=\frac{1}{\sigma^2}\sum_{i=1}^{n}(x_i-\mu),$$

$$\frac{\partial\ln L(\mu,\sigma^2)}{\partial\sigma^2}=-\frac{n}{2\sigma^2}+\frac{1}{2\sigma^4}\sum_{i=1}^{n}(x_i-\mu)^2.$$

令

$$\begin{cases}\dfrac{\partial\ln L(\mu,\sigma^2)}{\partial\mu}=\dfrac{1}{\sigma^2}\sum\limits_{i=1}^{n}(x_i-\mu)=0,\\ \dfrac{\partial\ln L(\mu,\sigma^2)}{\partial\sigma^2}=-\dfrac{n}{2\sigma^2}+\dfrac{1}{2\sigma^4}\sum\limits_{i=1}^{n}(x_i-\mu)^2=0,\end{cases}$$

解此方程组得

$$\begin{cases}\hat{\mu}=\overline{X},\\ \hat{\sigma}^2=\dfrac{1}{n}\sum\limits_{i=1}^{n}(X_i-\overline{X})^2=M_2^*.\end{cases}$$

所以,参数 μ,σ^2 的极大似然估计量为: $\hat{\mu}=\overline{X},\hat{\mu}^2=M_2^*$,这个结果与矩估计量完全相同.

例 2.5 总体 $X\sim B(1,p)$,$X_1,X_2,\cdots,X_n$ 为其样本,求参数 p 的极大似然估计量.

解 $X\sim B(1,p)$,所以总体的密度函数为

$$p^x(1-p)^{1-x},\quad x=0,1.$$

$X_1,X_2,\cdots,X_n$ 是来自总体 X 的样本,X_i 的密度函数为 $p^{x_i}(1-p)^{1-x_i}$,故似然函数为

$$L(p)=\prod_{i=1}^{n}p^{x_i}(1-p)^{1-x_i}=p^{\sum\limits_{i=1}^{n}x_i}(1-p)^{n-\sum\limits_{i=1}^{n}x_i}=p^{n\bar{x}}(1-p)^{n-n\bar{x}},$$

$$\ln L(p)=n\bar{x}\ln p+n(1-\bar{x})\ln(1-p),$$

取$\dfrac{\mathrm{d}(\ln L(p))}{\mathrm{d}p}=\dfrac{n\bar{x}}{p}-\dfrac{n(1-\bar{x})}{1-p}=0$,得

$$\frac{\bar{x}}{p}-\frac{(1-\bar{x})}{1-p}=0, \text{即}(1-p)\bar{x}-p(1-\bar{x})=0, \text{故}\hat{p}=\bar{X}.$$

参数 p 的极大似然估计量为 $\hat{p}=\bar{X}$.

例 2.6　设样本 $X_1,X_2,\cdots,X_n$ 来自均匀分布 $U[0,\theta]$，$\theta>0$ 未知，求参数 θ 的极大似然估计量$\hat{\theta}$.

解　因为总体的密度函数为

$$f(x,\theta)=\begin{cases}\dfrac{1}{\theta}, & 0\leqslant x\leqslant\theta,\\ 0, & x\notin[0,\theta].\end{cases}$$

所以 X_i 的密度函数为

$$f(x_i,\theta)=\begin{cases}\dfrac{1}{\theta}, & 0\leqslant x_i\leqslant\theta,\\ 0, & x_i\notin[0,\theta],\end{cases}$$

则似然函数为

$$L(\theta)=\prod_{i=1}^{n}f(x_i,\theta)=\begin{cases}\dfrac{1}{\theta^n}, & x_i\in[0,\theta], i=1,2,\cdots,n,\\ 0, & \text{其他}.\end{cases}$$

$$\ln L(\theta)=-n\ln\theta,\quad \frac{\mathrm{d}(\ln L(\theta))}{\mathrm{d}\theta}=-\frac{n}{\theta}\neq 0,$$

$\ln L(\theta)$不存在驻点，这并不代表 θ 的极大似然估计量不存在，此时我们需要根据极大似然估计的定义去寻找极大似然估计量. 因 $0<x_i\leqslant\theta$，$0\leqslant X_{(1)}\leqslant X_{(2)}\leqslant\cdots\leqslant X_{(n)}\leqslant\theta$，故$\dfrac{1}{\theta}\leqslant\dfrac{1}{X_{(n)}}$，所以

$$L(\theta)=\frac{1}{\theta^n}\leqslant\frac{1}{X_{(n)}^n}.$$

显然，当 $\theta=X_{(n)}$ 时，可使函数 $L(\theta)$ 达到上确界，因此，参数 θ 的极大似然估计量为 $\hat{\theta}=X_{(n)}$.

如果样本 $X_1,X_2,\cdots,X_n$ 来自于总体 $X\sim U[\alpha,\beta]$，则 α,β 的极大似然估计量分别为$\hat{\alpha}=X_{(1)}$，$\hat{\beta}=X_{(n)}$.

极大似然估计具有很多漂亮的性质，如有效性和“不变性”，不变性的意思就是若$\hat{\theta}$是参数 θ 的极大似然估计，对任何连续函数 $g(x)$，则 $g(\hat{\theta})$ 也是 $g(\theta)$ 的极大似然估计量. 如对两点分布 $X\sim B(1,p)$，$\hat{p}=\overline{X}$ 是参数 p 的极大似然估计量，可由极大似然估计的不变性得到，参数$\sqrt{p(1-p)}$的极大似然估计量为$\sqrt{\overline{X}(1-\overline{X})}$.

2.1.3　点估计的优良评价准则

估计总体的参数 θ，采用不同的点估计法可能得到 θ 的估计量$\hat{\theta}$是不一样的，我们如何去选择最好的估计量，这就需要给出评价估计量好坏的标准，我们在本教材介绍估计量好坏的 3 个评价准则.

1. 无偏性

设总体参数 θ 的估计量为$\hat{\theta}(X_1,X_2,\cdots,X_n)$，如果 $E\hat{\theta}=\theta$，则称$\hat{\theta}(X_1,X_2,\cdots,X_n)$为 θ 的

一个无偏估计量(unbiased estimate);如果$\lim\limits_{n\to\infty}E\hat{\theta}(X_1,X_2,\cdots,X_n)=\theta$,则称$\hat{\theta}(X_1,X_2,\cdots,X_n)$为$\theta$的一个渐近无偏估计量. $\hat{\theta}-\theta$称为参数的观察值与真值之间的偏差,这种偏差是随机的.

例 2.7 设总体的数学期望和方差分别为μ和σ^2,$X_1,X_2,\cdots,X_n$是总体X的样本,因为由样本均值和样本方差的性质可知:$E\overline{X}=\mu$,$ES^2=\sigma^2$,所以样本均值$\overline{X}$和样本方差S^2分别是参数μ,σ^2的无偏估计量. 但

$$EM_2^*=E\frac{1}{n}\sum_{i=1}^{n}(X_i-\overline{X})^2=E\frac{n-1}{n}\frac{\sum\limits_{i=1}^{n}(X_i-\overline{X})^2}{n-1}$$

$$=E\frac{n-1}{n}S^2=\frac{n-1}{n}\sigma^2\neq\sigma^2,$$

所以M_2^*不是σ^2的无偏估计量,但$\lim\limits_{n\to\infty}EM_2^*=\lim\limits_{n\to\infty}\frac{n-1}{n}\sigma^2=\sigma^2$,所以$M_2^*$是$\sigma^2$的渐近无偏估计量.

有时对总体的同一个参数可能有多个无偏估计量. 如总体$X\sim N(\mu,\sigma^2)$,$X_1,X_2,\cdots,X_n$为它的一个样本,总体X的数学期望μ的估计量可以为

$$\hat{\mu}=\sum_{i=1}^{n}c_iX_i,\quad 其中\sum_{i=1}^{n}c_i=1,$$

显然$E\hat{\mu}=\mu$,$\hat{\mu}$是μ的无偏估计量,这样的估计量有无穷多个.

有时找出参数的无偏估计量有明显的弊病. 如总体$X\sim P(\lambda)$,$X_1,X_2,\cdots,X_n$是总体X的一个样本,$(-2)^{X_1}$是$\mathrm{e}^{-3\lambda}$的无偏估计量,因为

$$E(-2)^{X_1}=\mathrm{e}^{-\lambda}\sum_{k=0}^{\infty}(-2)^k\frac{\lambda^k}{k!}=\mathrm{e}^{-\lambda}\mathrm{e}^{-2\lambda}=\mathrm{e}^{-3\lambda}.$$

但这个无偏估计量明显不合理,因为当X_1取奇数时,$(-2)^{X_1}<0$,使用它去估计$\mathrm{e}^{-3\lambda}>0$,显然是不能接受的.

无偏性仅仅反映了估计量在参数θ真值的周围波动,而没有反映出“集中”的程度. 自然希望估计量取值的“集中”程度要高,而方差这个概念是刻画“集中”程度的,因此在无偏的基础上还要考虑方差,方差越小、越集中,估计量就越好.

2. 有效性

设参数θ的两个无偏估计量$\hat{\theta}_1$和$\hat{\theta}_2$满足$D\hat{\theta}_1<D\hat{\theta}_2$,则称估计量$\hat{\theta}_1$比$\hat{\theta}_2$更有效.

例 2.8 设总体X的数学期望为μ,X_1,X_2,X_3是一个样本,参数μ的两个估计量分别为

$$\hat{\mu}_1=\frac{3X_1}{5}+\frac{X_2}{5}+\frac{X_3}{5},\quad \hat{\mu}_2=\frac{X_1}{3}+\frac{X_2}{3}+\frac{X_3}{3}.$$

问$\hat{\mu}_1$与$\hat{\mu}_2$哪一个更有效?

解 因为$E\hat{\mu}_1=\mu$,$E\hat{\mu}_2=\mu$,所以$\hat{\mu}_1$,$\hat{\mu}_2$均是μ的无偏估计量.

又因为

$$D\hat{\mu}_1=\frac{9\sigma^2}{25}+\frac{\sigma^2}{25}+\frac{\sigma^2}{25}=\frac{11\sigma^2}{25}=\frac{33}{75}\sigma^2,$$

$$D\hat{\mu}_2=\frac{\sigma^2}{9}+\frac{\sigma^2}{9}+\frac{\sigma^2}{9}=\frac{1}{3}\sigma^2=\frac{25}{75}\sigma^2,$$

所以 $D\hat{\mu}_2<D\hat{\mu}_1$，故$\hat{\mu}_2$ 比$\hat{\mu}_1$ 更有效.

对有限个无偏估计量，总可以通过比较它们的方差大小来判断优劣. 有可能参数有无穷多个无偏估计量，在这众多的无偏估计量中，如果找到这样一个估计量，它的方差是最小的，则我们称这个估计量为一致最小方差无偏估计(uniformly minimum variance unbiased estimate)，简称 UMVU 估计.

若存在 $g(\theta)$的一个无偏估计量 $T^*=T^*(X_1,X_2,\cdots,X_n)$，使得对 $g(\theta)$的任意无偏估计量 T，有 $DT^*\leqslant DT$，则称 T^* 为 $g(\theta)$的一致最小方差无偏估计量.

无偏估计量的方差越小越好，如果 $g(\theta)$的无偏估计量$\hat{g}(\theta)$方差等于罗-克拉默(Rao-Cramer)下界$\frac{(g'(\theta))^2}{nI(\theta)}$，即

$$\begin{cases}E\hat{g}(\theta)=g(\theta),\\ D\hat{g}(\theta)=\dfrac{(g'(\theta))^2}{nI(\theta)},\end{cases}$$

其中 $I(\theta)=E\left[\frac{\partial\ln f(X,\theta)}{\partial\theta}\right]^2$，或 $I(\theta)=-E\,\frac{\partial^2\ln f(X,\theta)}{\partial\theta^2}$，$I(\theta)$称为费歇(Fisher)信息量，则$\hat{g}(\theta)$称为 $g(\theta)$的有效估计量.

$g(\theta)$的估计量$\hat{g}(\theta)$的效率 $e_n(\theta,\hat{g})$定义为

$$e_n(\theta,\hat{g})=\frac{\dfrac{[g'(\theta)]^2}{nI(\theta)}}{D\hat{g}(\theta)},$$

由定义可知 $0\leqslant e_n(\theta,\hat{g})\leqslant 1$. 若$\lim\limits_{n\to\infty}e_n(\theta,\hat{g})=1$，则称$\hat{g}(\theta)$为 $g(\theta)$的渐近有效估计量. $g(\theta)$的有效估计量$\hat{g}(\theta)$是 $g(\theta)$最优的无偏估计量，如果 $g(\theta)$的有效估计量存在，我们可采用下面的方法获取 $g(\theta)$的有效估计量.

把$\frac{\partial\ln L(\theta)}{\partial\theta}$化为

$$\frac{\partial}{\partial\theta}\ln L(\theta)=c(\theta)[T(X_1,X_2,\cdots,X_n)-g(\theta)],$$

其中 $L(\theta)$是似然函数，$c(\theta)\neq 0$，仅是 θ 的函数，若 $ET(X_1,X_2,\cdots,X_n)=g(\theta)$，则 $g(\theta)$的有效估计量是 $T(X_1,X_2,\cdots,X_n)$，这个有效估计量是唯一的，也是 $g(\theta)$唯一的极大似然估计量.

如果 $g'(\theta)\neq 0$，则 $c(\theta)=\frac{nI(\theta)}{g'(\theta)}$，由此可以得出信息量

$$I(\theta)=\frac{c(\theta)g'(\theta)}{n}.$$

也可以得出有效估计量的方差或罗-克拉默下界

$$D(\hat{g}(\theta))=\frac{(g'(\theta))^2}{nI(\theta)}=\frac{g'(\theta)}{\dfrac{nI(\theta)}{g'(\theta)}}=\frac{g'(\theta)}{c(\theta)}.$$

例 2.9 设总体 X 的密度函数为

$$f(x,\theta)=\begin{cases}\dfrac{1}{\theta}e^{-\frac{x}{\theta}}, & x\geqslant 0,\\ 0, & x<0,\end{cases}\quad \theta>0,$$

求 θ 的有效估计量.

解 设 $X_1,X_2,\cdots,X_n$ 是总体的一个样本,因为 X 的密度函数为

$$f(x,\theta)=\begin{cases}\dfrac{1}{\theta}e^{-\frac{x}{\theta}}, & x\geqslant 0,\\ 0, & x<0,\end{cases}\quad \theta>0,$$

所以 X_i 的密度函数

$$f(x_i,\theta)=\begin{cases}\dfrac{1}{\theta}e^{-\frac{x_i}{\theta}}, & x_i\geqslant 0,\\ 0, & x_i<0,\end{cases}$$

由此可得到似然函数为

$$L(\theta)=\prod_{i=1}^{n}f(x_i,\theta)=\frac{1}{\theta^n}e^{-\frac{1}{\theta}\sum\limits_{i=1}^{n}x_i}=\frac{1}{\theta^n}e^{-\frac{n\bar{x}}{\theta}},$$

两边取对数得

$$\ln L(\theta)=-n\ln\theta-\frac{n\bar{x}}{\theta},$$

$$\frac{d(\ln L(\theta))}{d\theta}=-\frac{n}{\theta}+\frac{n\bar{x}}{\theta^2}=\frac{n\bar{x}-n\theta}{\theta^2}=\frac{n}{\theta^2}(\bar{x}-\theta).$$

由于 $E\overline{X}=EX=\int_{-\infty}^{+\infty}xf(x)dx=\int_0^{+\infty}x\frac{1}{\theta}e^{-\frac{x}{\theta}}dx=\theta$, 所以 θ 的有效估计量 $\hat{\theta}=\overline{X}$.

$$c(\theta)=\frac{n}{\theta^2},\quad D\hat{\theta}=\frac{g'(\theta)}{c(\theta)}=\frac{\theta^2}{n}.$$

例 2.10 设总体 $X\sim\Gamma(1,\lambda)$, $X_1,X_2,\cdots,X_n$ 为总体的一个样本,求 $g(\lambda)=\frac{1}{\lambda}$ 的有效估计量和信息量.

解 因为 $X\sim\Gamma(1,\lambda)$,所以总体的密度函数为

$$f(x,\lambda)=\begin{cases}\lambda e^{-\lambda x}, & x\geqslant 0,\\ 0, & x<0,\end{cases}$$

所以 X_i 的密度函数为

$$f(x_i,\lambda)=\begin{cases}\lambda e^{-\lambda x_i}, & x_i\geqslant 0,\\ 0, & x_i<0,\end{cases}$$

$$L(\lambda)=\lambda^n e^{-\lambda\sum\limits_{i=1}^{n}x_i}=\lambda^n e^{-n\lambda\bar{x}},\quad \ln L(\lambda)=n\ln\lambda-n\lambda\bar{x},$$

$$\frac{d(\ln L(\lambda))}{d\lambda}=\frac{n}{\lambda}-n\bar{x}=-n\left(\bar{x}-\frac{1}{\lambda}\right).$$

显然 $E\overline{X}=EX=\frac{1}{\lambda}$,所以 $g(\lambda)=\frac{1}{\lambda}$ 的有效估计量为 $\overline{X}$. $c(\lambda)=-n$,信息量

$$I(\lambda)=\frac{c(\lambda)g'(\lambda)}{n}=\frac{-n}{n}\left(-\frac{1}{\lambda^2}\right)=\frac{1}{\lambda^2}.$$

例 2.11 设总体 $X\sim B(1,p)$, $X_1,X_2,\cdots,X_n$ 为样本,求参数 p 的有效估计量.

解 因为

$$L(p)=\prod_{i=1}^{n} f(x_i,p)=\prod_{i=1}^{n} p^{x_i}(1-p)^{1-x_i}$$
$$=p^{\sum\limits_{i=1}^{n}x_i}(1-p)^{n-\sum\limits_{i=1}^{n}x_i}=p^{n\bar{x}}(1-p)^{n-n\bar{x}},$$
$$\ln L(p)=n\bar{x}\ln p+n(1-\bar{x})\ln(1-p),$$
$$\frac{\mathrm{d}(\ln L(p))}{\mathrm{d}p}=\frac{n\bar{x}}{p}-\frac{n(1-\bar{x})}{1-p}=\frac{n\bar{x}-np}{p(1-p)}=\frac{n(\bar{x}-p)}{p(1-p)}.$$

显然有 $E\overline{X}=EX=p$,所以 p 的有效估计量为$\hat{p}=\overline{X}$.

例 2.12 总体 $X\sim U[0,\theta]$,$X_1,X_2,\cdots,X_n$ 为样本,参数 θ 的有效估计量是否存在.

解 因总体的密度函数为

$$f(x,\theta)=\begin{cases}\dfrac{1}{\theta}, & x\in[0,\theta],\\ 0, & x\notin[0,\theta],\end{cases}$$

由此得到 X_i 的密度函数为

$$f(x_i,\theta)=\begin{cases}\dfrac{1}{\theta}, & x_i\in[0,\theta],\\ 0, & x_i\notin[0,\theta],\end{cases}$$

故

$$\ln L(\theta)=-n\ln\theta,\quad \frac{\mathrm{d}(\ln L(\theta))}{\mathrm{d}\theta}=\frac{-n}{\theta}\neq c(\theta)(T(X_1,X_2,\cdots,X_n)-\theta),$$

所以 θ 的有效估计量是不存在.此例说明不是任何一个参数都存在有效估计量.

3. 相合性

无偏性和有效性都是假定样本容量 n 不变,如果让 n 不断地增大,我们自然要求估计量与待估函数应该越来越靠近,因为样本容量越大,我们获得关于总体的信息就越多,估计就越准确.

定义 设$\hat{g}_n(\theta)=g(X_1,X_2,\cdots,X_n)$是 $g(\theta)$的一个估计量,若对任意的正数 $\varepsilon>0$,总有

$$\lim_{n\to\infty}P(|\hat{g}_n(\theta)-g(\theta)|<\varepsilon)=1(\text{或}\lim_{n\to\infty}P(|\hat{g}_n(\theta)-g(\theta)|\geqslant\varepsilon)=0),$$

则称$\hat{g}_n(\theta)=g(X_1,X_2,\cdots,X_n)$是 $g(\theta)$的一个相合估计量.

若根据这个定义来判断$\hat{g}_n(\theta)=g(X_1,X_2,\cdots,X_n)$是否为 $g(\theta)$的一个相合估计量是相当困难的.一般地,若$\hat{g}_n(\theta)=g(X_1,X_2,\cdots,X_n)$满足:

(1) $\lim\limits_{n\to\infty}E\,\hat{g}_n(\theta)=g(\theta)$, $\forall\theta\in\Theta$,

(2) $\lim\limits_{n\to\infty}D\,\hat{g}_n(\theta)=0$, $\forall\theta\in\Theta$,

其中 Θ 为参数空间,则$\hat{g}_n(\theta)=g(X_1,X_2,\cdots,X_n)$是 $g(\theta)$的一个相合估计量.

例 2.13 设 $X\sim N(\mu,\sigma^2)$,$X_1,X_2,\cdots,X_n$ 为其样本,$\hat{\sigma}^2=\dfrac{1}{n+1}\sum\limits_{i=1}^{n}(X_i-\overline{X})^2$ 是否为σ^2 的相合估计量.

解 因为$\dfrac{\sum\limits_{i=1}^{n}(X_i-\overline{X})^2}{\sigma^2}\sim\chi^2(n-1)$,根据 χ^2 分布的性质有

$$E\frac{\sum_{i=1}^{n}(X_i-\overline{X})^2}{\sigma^2}=n-1,\quad D\frac{\sum_{i=1}^{n}(X_i-\overline{X})^2}{\sigma^2}=2(n-1).$$

根据期望和方差的性质有

$$E\sum_{i=1}^{n}(X_i-\overline{X})^2=(n-1)\sigma^2,\quad D\sum_{i=1}^{n}(X_i-\overline{X})^2=2(n-1)\sigma^4,$$

$$E\hat{\sigma}^2=\frac{1}{n+1}E\sum_{i=1}^{n}(X_i-\overline{X})^2=\frac{(n-1)\sigma^2}{n+1}\to\sigma^2(n\to\infty),$$

$$D\hat{\sigma}^2=\frac{1}{(n+1)^2}D\sum_{i=1}^{n}(X_i-\overline{X})^2=\frac{2(n-1)\sigma^4}{(n+1)^2}\to 0(n\to\infty),$$

所以$\hat{\sigma}^2$ 是 σ^2 的相合估计量.

2.2 参数的区间估计

点估计的实质是用一个数值去估计未知参数的真值,这种估计一般会有误差.因此人们常需要估计出未知参数的一个可能范围,这个范围在数轴上就是一个区间.我们需要构造两个统计量 $T_1=T_1(X_1,X_2,\cdots,X_n)$,$T_2=T_2(X_1,X_2,\cdots,X_n)$分别作为区间的左端点和右端点,而把参数 θ 估计在 T_1 和 T_2 之间,写成 $T_1<\theta<T_2$.评价一个区间估计的标准有两个标准,一个是精度,用区间长度表示,区间长度越小,精度越高;另一个是可靠度(也称为置信度),用概率 $P(T_1<\theta<T_2)$来表示,这个概率越大,置信度越高.人们自然希望精度与置信度都尽可能高,但在样本容量固定的情况下,两者不可能同时得到提高.提高精度,置信度就变小;反之,置信度变大又会降低精度.在实际应用中,先保证置信度,在这个前提下通过增加样本容量 n 来提高精度.

2.2.1 置信区间的定义

设 θ 为总体分布的一个未知参数,$\theta\in\Theta$,Θ 为参数空间,$X_1,X_2,\cdots,X_n$ 为总体 X 的样本.若给定常数 $\alpha(0<\alpha<1)$,存在 $T_1=T_1(X_1,X_2,\cdots,X_n)$,$T_2=T_2(X_1,X_2,\cdots,X_n)$,满足:

$$P(T_1(X_1,X_2,\cdots,X_n)<\theta<T_2(X_1,X_2,\cdots,X_n))=1-\alpha,$$

则称$(T_1(X_1,X_2,\cdots,X_n),T_2(X_1,X_2,\cdots,X_n))$为 θ 的置信度为 $1-\alpha$ 的置信区间(confidence interval),$T_1=T_1(X_1,X_2,\cdots,X_n)$,$T_2=T_2(X_1,X_2,\cdots,X_n)$分别为置信下限、置信上限,$\alpha$ 称为置信水平.

置信区间的定义式表示(T_1,T_2)覆盖 θ 的概率为 $1-\alpha$,不覆盖 θ 的概率为 α.如 $\alpha=0.05$,在 100 次这样的估计中,(T_1,T_2)不覆盖 θ 平均只有 5 次.

2.2.2 单个正态总体参数的区间估计

设 $X\sim N(\mu,\sigma^2)$,$X_1,X_2,\cdots,X_n$ 为总体的一个样本.

1. 均值 μ 的区间估计

由于 $\overline{X}$ 是 μ 最小方差无偏估计量,因此在没有其他信息的情况下,μ 应该在 $\overline{X}$ 附近,

μ 的置信区间应为$(\overline{X}-C,\overline{X}+C)$，即 $P(\overline{X}-C<\mu<\overline{X}+C)=1-\alpha$，区间估计转为确定常数 C.

(1) 当 σ^2 已知时，$u=\dfrac{\overline{X}-\mu}{\sigma/\sqrt{n}}\sim N(0,1)$，根据标准正态分布的密度函数关于 y 轴对称，密度函数与 x 轴围成的面积为 1，左右两边各去掉 $\frac{\alpha}{2}$ 的面积，$\dfrac{\overline{X}-\mu}{\sigma/\sqrt{n}}$ 的密度函数在区间 $(-u_{1-\frac{\alpha}{2}},u_{1-\frac{\alpha}{2}})$ 内与 x 轴的面积为 $1-\alpha$(见图 2.1)，即

$$P\left\{-u_{1-\frac{\alpha}{2}}<\frac{\overline{X}-\mu}{\sigma/\sqrt{n}}<u_{1-\frac{\alpha}{2}}\right\}=1-\alpha,$$

由此得到

$$P\left(\overline{X}-\frac{\sigma}{\sqrt{n}}u_{1-\frac{\alpha}{2}}<\mu<\overline{X}+\frac{\sigma}{\sqrt{n}}u_{1-\frac{\alpha}{2}}\right)=1-\alpha,$$

μ 的置信区间为

$$\left(\overline{X}-\frac{\sigma}{\sqrt{n}}u_{1-\frac{\alpha}{2}},\overline{X}+\frac{\sigma}{\sqrt{n}}u_{1-\frac{\alpha}{2}}\right).$$

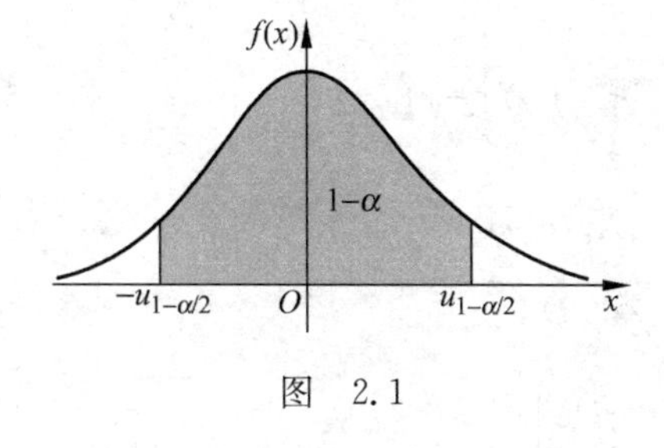

图 2.1

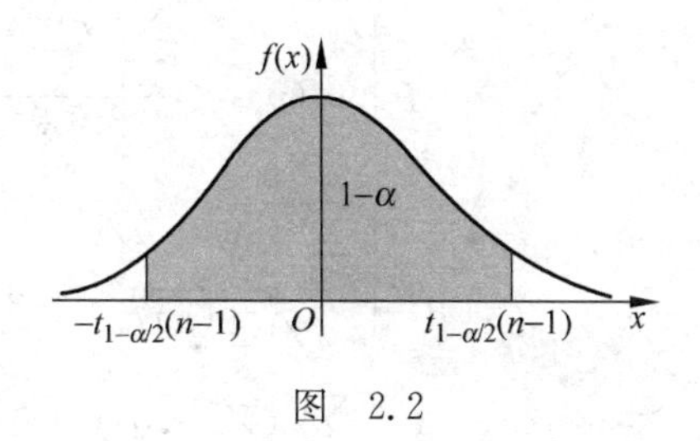

图 2.2

(2) 当 σ^2 未知时，我们应该选择 $T=\dfrac{\overline{X}-\mu}{\frac{S}{\sqrt{n}}}\sim t(n-1)$，$T$ 分布的密度函数也关于 y 轴对称，与 x 轴围成的面积为 1，左右两边各去掉 $\frac{\alpha}{2}$ 的面积，$\dfrac{\overline{X}-\mu}{\frac{S}{\sqrt{n}}}$ 的密度函数在区间 $(-t_{1-\frac{\alpha}{2}}(n-1),t_{1-\frac{\alpha}{2}}(n-1))$ 上与 x 轴围成的面积为 $1-\alpha$，见图 2.2，即

$$P\left\{-t_{1-\frac{\alpha}{2}}(n-1)<\frac{\overline{X}-\mu}{\frac{S}{\sqrt{n}}}<t_{1-\frac{\alpha}{2}}(n-1)\right\}=1-\alpha,$$

$$P\left(\overline{X}-\frac{S}{\sqrt{n}}t_{1-\frac{\alpha}{2}}(n-1)<\mu<\overline{X}+\frac{S}{\sqrt{n}}t_{1-\frac{\alpha}{2}}(n-1)\right)=1-\alpha,$$

所以 μ 的置信区间为$\left(\overline{X}-\dfrac{S}{\sqrt{n}}t_{1-\frac{\alpha}{2}}(n-1),\overline{X}+\dfrac{S}{\sqrt{n}}t_{1-\frac{\alpha}{2}}(n-1)\right)$.

例 2.14 某厂生产的零件质量 $X\sim N(\mu,\sigma^2)$，今从这批零件中随机抽取 9 个，测得其质量(单位：g)分别为

21.1，21.3，21.4，21.5，21.3，21.7，21.4，21.3，21.6.

试在置信度 0.95 下,求参数 μ 的区间估计.

解 σ^2 未知.因为

$$\overline{X}=21.4, S^2=0.0325, n=9, t_{1-\frac{\alpha}{2}}(n-1)=t_{0.975}(8)=2.306,$$

$$\overline{X}-\frac{S}{\sqrt{n}}t_{1-\frac{\alpha}{2}}(n-1)=21.4-\frac{0.1803}{\sqrt{9}}\times 2.306=21.2614,$$

$$\overline{X}+\frac{S}{\sqrt{n}}t_{1-\frac{\alpha}{2}}(n-1)=21.4-\frac{0.1803}{\sqrt{9}}\times 2.306=21.5386,$$

所以,参数 μ 的置信度为 0.95 的区间估计为(21.2614,21.5386).

2. 方差 σ^2 的区间估计

(1) 均值 μ 已知,选择 $\chi^2(n)=\frac{\sum_{i=1}^{n}(X_i-\mu)^2}{\sigma^2}$,因为 $\chi^2(n)$分布的密度函数在第一象限内,与 x 轴围成的面积为 1,左右两边各去掉$\frac{\alpha}{2}$的面积,得到两个分位数$\chi^2_{\frac{\alpha}{2}}(n)$,$\chi^2_{1-\frac{\alpha}{2}}(n)$,密度函数在区间($\chi^2_{\frac{\alpha}{2}}(n)$,$\chi^2_{1-\frac{\alpha}{2}}(n)$)与 x 轴围成的面积为 $1-\alpha$,见图 2.3,即

$$P\left(\chi^2_{\frac{\alpha}{2}}(n)<\frac{\sum_{i=1}^{n}(X_i-\mu)^2}{\sigma^2}<\chi^2_{1-\frac{\alpha}{2}}(n)\right)=1-\alpha,$$

$$P\left(\frac{\sum_{i=1}^{n}(X_i-\mu)^2}{\chi^2_{1-\frac{\alpha}{2}}(n)}<\sigma^2<\frac{\sum_{i=1}^{n}(X_i-\mu)^2}{\chi^2_{\frac{\alpha}{2}}(n)}\right)=1-\alpha,$$

所以 σ^2 的区间估计为 $\left(\frac{\sum_{i=1}^{n}(X_i-\mu)^2}{\chi^2_{1-\frac{\alpha}{2}}(n)},\quad \frac{\sum_{i=1}^{n}(X_i-\mu)^2}{\chi^2_{\frac{\alpha}{2}}(n)}\right)$.

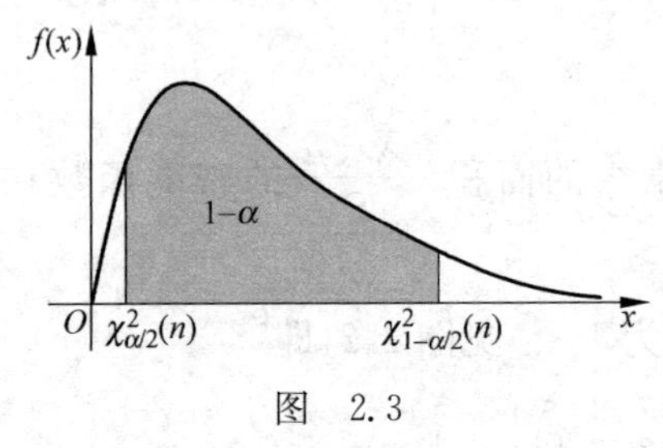

图 2.3

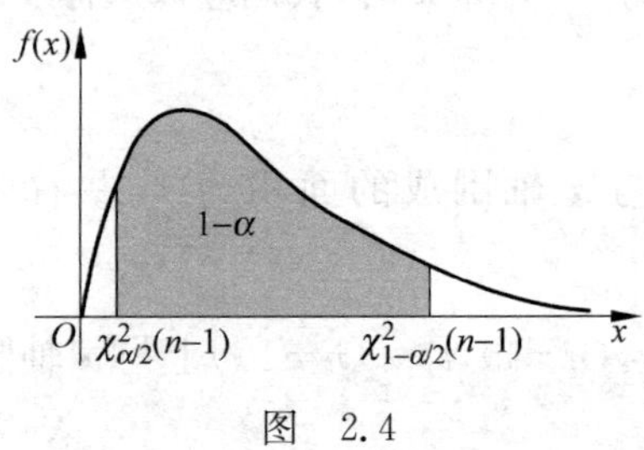

图 2.4

(2) 均值 μ 未知,选择 $\chi^2(n-1)=\frac{(n-1)S^2}{\sigma^2}$,因为 $\chi^2(n-1)$分布的密度函数在第一象限内,与 x 轴围成的面积为 1,左右两边各去掉$\frac{\alpha}{2}$的面积,得到两个分位数 $\chi^2_{\frac{\alpha}{2}}(n-1)$,$\chi^2_{1-\frac{\alpha}{2}}(n-1)$,密度函数在区间($\chi^2_{\frac{\alpha}{2}}(n-1)$,$\chi^2_{1-\frac{\alpha}{2}}(n-1)$)与 x 轴围成的面积为 $1-\alpha$,见图 2.4,即

$$P\left(\chi^2_{\frac{\alpha}{2}}(n-1)<\frac{(n-1)S^2}{\sigma^2}<\chi^2_{1-\frac{\alpha}{2}}(n-1)\right)=1-\alpha,$$

$$P\left(\frac{(n-1)S^2}{\chi^2_{1-\frac{\alpha}{2}}(n-1)}<\sigma^2<\frac{(n-1)S^2}{\chi^2_{\frac{\alpha}{2}}(n-1)}\right)=1-\alpha,$$

所以 σ^2 的区间估计为$\left(\dfrac{(n-1)S^2}{\chi^2_{1-\frac{\alpha}{2}}(n-1)},\ \dfrac{(n-1)S^2}{\chi^2_{\frac{\alpha}{2}}(n-1)}\right)$.

例 2.15 在例 2.14 中,求 σ^2 的置信度为 0.95 的置信区间.

解 因为

$$\overline{X}=21.4, S^2=0.0325, n=9, \chi^2_{0.025}(8)=2.18, \chi^2_{0.975}(8)=17.535,$$

$$\frac{(n-1)S^2}{\chi^2_{1-\frac{\alpha}{2}}(n-1)}=\frac{0.26}{17.535}=0.0148,\quad \frac{(n-1)S^2}{\chi^2_{\frac{\alpha}{2}}(n-1)}=\frac{0.26}{2.18}=0.1193,$$

所以,σ^2 的置信度为 0.95 的置信区间为(0.0148,0.1193).

注意 若求 σ 的置信度为 0.95 的置信区间,则只需对上面区间(0.0148,0.1193)两端点开方即可,即$(\sqrt{0.0148},\sqrt{0.1193})\approx(0.1217,0.3454)$.

2.2.3 双正态总体参数的区间估计

假设总体 $X\sim N(\mu_1,\sigma_1^2)$,$X_1,X_2,\cdots,X_{n_1}$ 是 X 的样本;总体 $Y\sim N(\mu_2,\sigma_2^2)$,$Y_1,Y_2,\cdots,Y_{n_2}$ 是 Y 的样本.

1. 均值差 $\mu_1-\mu_2$ 的区间估计

由于 $\overline{X}-\overline{Y}$ 是参数 $\mu_1-\mu_2$ 的最小方差无偏估计量,考虑 $\mu_1-\mu_2$ 的置信区间形式$(\overline{X}-\overline{Y}-c,\overline{X}-\overline{Y}+c)$,

$$P(\overline{X}-\overline{Y}-c<\mu_1-\mu_2<\overline{X}-\overline{Y}+c)=1-\alpha.$$

(1) 若 σ_1^2,σ_2^2 已知时,因为

$$U=\frac{\overline{X}-\overline{Y}-(\mu_1-\mu_2)}{\sqrt{\dfrac{\sigma_1^2}{n_1}+\dfrac{\sigma_2^2}{n_2}}}\sim N(0,1),$$

类似于单个正态总体情形的讨论(见图 2.5),可以得出

$$P\left\{-u_{1-\frac{\alpha}{2}}<\frac{\overline{X}-\overline{Y}-(\mu_1-\mu_2)}{\sqrt{\dfrac{\sigma_1^2}{n_1}+\dfrac{\sigma_2^2}{n_2}}}<u_{1-\frac{\alpha}{2}}\right\}=1-\alpha,$$

$$P\left(\overline{X}-\overline{Y}-u_{1-\frac{\alpha}{2}}\sqrt{\frac{\sigma_1^2}{n_1}+\frac{\sigma_2^2}{n_2}}<\mu_1-\mu_2<\overline{X}-\overline{Y}+u_{1-\frac{\alpha}{2}}\sqrt{\frac{\sigma_1^2}{n_1}+\frac{\sigma_2^2}{n_2}}\right)=1-\alpha,$$

所以 $\mu_1-\mu_2$ 的置信度为 $1-\alpha$ 的置信区间为$\left(\overline{X}-\overline{Y}-u_{1-\frac{\alpha}{2}}\sqrt{\dfrac{\sigma_1^2}{n_1}+\dfrac{\sigma_2^2}{n_2}},\overline{X}-\overline{Y}+u_{1-\frac{\alpha}{2}}\sqrt{\dfrac{\sigma_1^2}{n_1}+\dfrac{\sigma_2^2}{n_2}}\right)$.

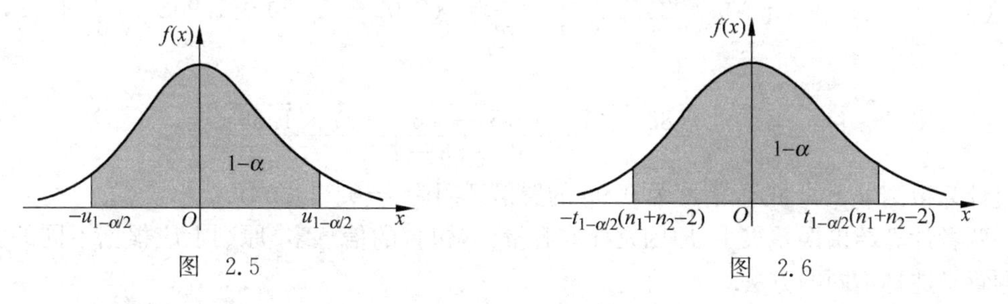

图 2.5　　图 2.6

(2) 若 σ_1^2,σ_2^2 未知,在样本容量充分大时,一般要求 $n_1>30$,$n_2>30$,由中心极限定理知,使用样本方差 S_X^2,S_Y^2 分别代替 σ_1^2,σ_2^2,可得 u_1-u_2 的置信度为 $1-\alpha$ 的置信区间为

$$\left(\bar{X}-\bar{Y}-u_{1-\frac{\alpha}{2}}\sqrt{\frac{S_X^2}{n_1}+\frac{S_Y^2}{n_2}},\bar{X}-\bar{Y}+u_{1-\frac{\alpha}{2}}\sqrt{\frac{S_X^2}{n_1}+\frac{S_Y^2}{n_2}}\right).$$

(3) σ_1^2,σ_2^2 未知，样本容量比较小，但 $\sigma_1^2=\sigma_2^2=\sigma^2$. 因为

$$T=\frac{(\bar{X}-\bar{Y})-(\mu_1-\mu_2)}{\sqrt{(n_1-1)S_X^2+(n_2-1)S_Y^2}}\sqrt{\frac{n_1n_2(n_1+n_2-2)}{n_1+n_2}}\sim t(n_1+n_2-2),$$

为了表述简便，记 $S_\omega^2=\dfrac{(n_1-1)S_X^2+(n_2-1)S_Y^2}{n_1+n_2-2}$，则有

$$T=\frac{(\bar{X}-\bar{Y})-(\mu_1-\mu_2)}{S_\omega\sqrt{\frac{1}{n_1}+\frac{1}{n_2}}}\sim t(n_1+n_2-2).$$

当给定置信度 $1-\alpha$ 时，类似单个正态总体的情形(见图 2.6)有

$$P\left\{-t_{1-\frac{\alpha}{2}}(n_1+n_2-2)<\frac{(\bar{X}-\bar{Y})-(\mu_1-\mu_2)}{S_\omega\sqrt{\frac{1}{n_1}+\frac{1}{n_2}}}<t_{1-\frac{\alpha}{2}}(n_1+n_2-2)\right\}=1-\alpha,$$

$$P\left(\bar{X}-\bar{Y}-t_{1-\frac{\alpha}{2}}(n_1+n_2-2)S_\omega\sqrt{\frac{1}{n_1}+\frac{1}{n_2}}<\mu_1-\mu_2<\bar{X}-\bar{Y}+t_{1-\frac{\alpha}{2}}(n_1+n_2-2)\cdot S_\omega\sqrt{\frac{1}{n_1}+\frac{1}{n_2}}\right)=1-\alpha,$$

$\mu_1-\mu_2$ 的置信度为 $1-\alpha$ 的置信区间为

$$\left(\bar{X}-\bar{Y}-t_{1-\frac{\alpha}{2}}(n_1+n_2-2)S_\omega\sqrt{\frac{1}{n_1}+\frac{1}{n_2}},\bar{X}-\bar{Y}+t_{1-\frac{\alpha}{2}}(n_1+n_2-2)S_\omega\sqrt{\frac{1}{n_1}+\frac{1}{n_2}}\right).$$

例 2.16 性别之间睡眠时间的比较问题，假定在某学校抽取 83 位女生和 65 位男生，调查他们一天的睡眠时间，通过调查计算，得

$$n=83,\quad m=65,\quad \bar{X}=7.02,\quad \bar{Y}=6.55,\quad S_X=1.75,\quad S_Y=1.68.$$

假设睡眠时间服从正态分布. 求均值差 u_1-u_2 的置信度为 0.95 的置信区间.

解 (1) 大样本情形，u_1-u_2 的置信区间为

$$(\bar{X}-\bar{Y})\pm u_{1-\alpha/2}\sqrt{\frac{S_X^2}{n}+\frac{S_Y^2}{m}}=(7.02-6.55)\pm 1.96\sqrt{\frac{1.75^2}{83}+\frac{1.68^2}{65}},$$

即 u_1-u_2 的置信度为 0.95 的置信区间为(−0.1,1.02).

(2) 小样本情形(假定 $\sigma_1^2=\sigma_2^2=\sigma^2$)，则

$$(\bar{X}-\bar{Y})\pm t_{1-\alpha/2}\,(n+m-2)S_\omega\sqrt{\frac{1}{n}+\frac{1}{m}}=(7.02-6.55)\pm 1.96S_\omega\sqrt{\frac{1}{83}+\frac{1}{65}},$$

其中

$$S_\omega=\sqrt{\frac{(83-1)\times 1.75^2+(65-1)\times 1.68^2}{83+65-2}},$$

通过计算得到 u_1-u_2 的置信度为 0.95 的置信区间为(−0.1,1.03).

两者计算结果误差很小，原因是样本容量大，包含的信息多. 原则上应根据不同的实际问题背景选择不同的方法.

2. 方差比 σ_1^2/σ_2^2 的置信区间

这里仅讨论 $\mu_1,\mu_2,\sigma_1^2,\sigma_2^2$ 未知的情形(实际多为这种情况). 因为 S_X^2,S_Y^2 分别为参数 σ_1^2,

σ_2^2 的最小方差无偏估计量.

因为$\frac{(n_1-1)S_X^2}{\sigma_1^2}\sim\chi^2(n_1-1)$，$\frac{(n_2-1)S_Y^2}{\sigma_2^2}\sim\chi^2(n_2-1)$，根据 F 分布的定义有

$$F=\frac{\frac{(n_2-1)S_Y^2}{\sigma_2^2(n_2-1)}}{\frac{(n_1-1)S_X^2}{\sigma_1^2(n_1-1)}}=\frac{\sigma_1^2S_Y^2}{\sigma_2^2S_X^2}\sim F(n_2-1,n_1-1).$$

因为 F 分布的密度函数在第一象限内，与 x 轴围成的面积为 1，左右两边各去掉$\frac{\alpha}{2}$的面积，得到两个分位数 $F_{\frac{\alpha}{2}}(n_2-1,n_1-1)$ 和 $F_{1-\frac{\alpha}{2}}(n_2-1,n_1-1)$，密度函数在区间($F_{\frac{\alpha}{2}}(n_2-1,n_1-1)$，$F_{1-\frac{\alpha}{2}}(n_2-1,n_1-1)$)上与 x 轴围成的面积为 $1-\alpha$(见图 2.7)，故

$$P\left(F_{\frac{\alpha}{2}}(n_2-1,n_1-1)<\frac{\sigma_1^2S_Y^2}{\sigma_2^2S_X^2}<F_{1-\frac{\alpha}{2}}(n_2-1,n_1-1)\right)=1-\alpha,$$

$$P\left(\frac{S_X^2}{S_Y^2}F_{\frac{\alpha}{2}}(n_2-1,n_1-1)<\frac{\sigma_1^2}{\sigma_2^2}<\frac{S_X^2}{S_Y^2}F_{1-\frac{\alpha}{2}}(n_2-1,n_1-1)\right)=1-\alpha,$$

两个正态总体方差比$\frac{\sigma_1^2}{\sigma_2^2}$的置信度为 $1-\alpha$ 的置信区间为

$$\left(\frac{S_X^2}{S_Y^2}F_{\frac{\alpha}{2}}(n_2-1,n_1-1),\frac{S_X^2}{S_Y^2}F_{1-\frac{\alpha}{2}}(n_2-1,n_1-1)\right).$$

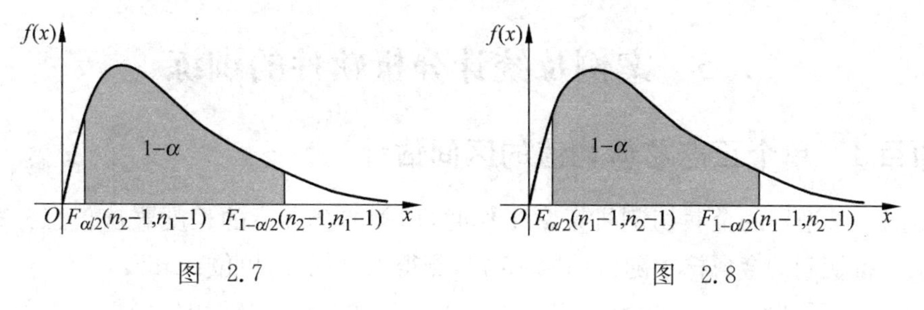

图 2.7　　　　图 2.8

也可以采用分布(见图 2.8)

$$F=\frac{\frac{(n_1-1)S_X^2}{\sigma_1^2(n_1-1)}}{\frac{(n_2-1)S_Y^2}{\sigma_2^2(n_2-1)}}=\frac{\sigma_2^2S_X^2}{\sigma_1^2S_Y^2}\sim F(n_1-1,n_2-1),$$

$$P\left(F_{\frac{\alpha}{2}}(n_1-1,n_2-1)<\frac{\sigma_2^2S_X^2}{\sigma_1^2S_Y^2}<F_{1-\frac{\alpha}{2}}(n_1-1,n_2-1)\right)=1-\alpha,$$

$$P\left(\frac{1}{F_{1-\frac{\alpha}{2}}(n_1-1,n_2-1)}<\frac{\sigma_1^2S_Y^2}{\sigma_2^2S_X^2}<\frac{1}{F_{\frac{\alpha}{2}}(n_1-1,n_2-1)}\right)=1-\alpha,$$

$$P\left(\frac{S_X^2}{S_Y^2F_{1-\frac{\alpha}{2}}(n_1-1,n_2-1)}<\frac{\sigma_1^2}{\sigma_2^2}<\frac{S_X^2}{S_Y^2F_{\frac{\alpha}{2}}(n_1-1,n_2-1)}\right)=1-\alpha,$$

两个正态总体方差比$\frac{\sigma_1^2}{\sigma_2^2}$的置信度为 $1-\alpha$ 的置信区间为

$$\left(\frac{S_X^2}{S_Y^2F_{1-\frac{\alpha}{2}}(n_1-1,n_2-1)},\frac{S_X^2}{S_Y^2F_{\frac{\alpha}{2}}(n_1-1,n_2-1)}\right).$$

例 2.17　某自动机床加工同类型套筒，假设套筒的直径服从正态分布，现从两个班次

的产品中分别抽验5个套筒，测定它们的直径，得如下数据：

A班：2.066，2.063，2.068，2.060，2.067；

B班：2.058，2.057，2.063，2.059，2.060.

试求两班所加工的套筒直径的方差比 σ_1^2/σ_2^2 的置信度为0.90的置信区间和均值差 u_1-u_2 的置信度为0.95的置信区间.

解 计算基本数据

$$n=m=5, \bar{X}_A=2.0648, \bar{Y}_B=2.0594,$$
$$S_A^2=0.0000107, S_B^2=0.000053.$$

查表得 $F_{0.95}(4,4)=6.39$，$F_{0.05}(4,4)=\frac{1}{F_{0.95}(4,4)}=0.1565$，所以，方差比 σ_1^2/σ_2^2 的置信度为0.90的置信区间为

$$\left(\frac{S_A^2/S_B^2}{F_{0.95}(4,4)}, \frac{S_A^2/S_B^2}{F_{0.05}(4,4)}\right)=(0.3159, 12.9001).$$

关于均差表 u_1-u_2 的置信度为0.95的置信区间在 $\sigma_A^2=\sigma_B^2$ 条件下为

$$\bar{X}_A-\bar{Y}_B \pm t_{0.975}(8) S_\omega \sqrt{\frac{1}{5}+\frac{1}{5}}=0.0054 \pm 0.0041,$$

即 u_1-u_2 的置信度为0.95的置信区间为(0.0013，0.0095).

2.3 案例及统计分析软件的训练

训练项目1 单个正态总体均值的区间估计

案例1 某型号的金属切割机正常工作时，切割的金属棒的长度服从正态分布 $N(\mu, \sigma^2)$. 现从一批切割的金属棒中随机抽取15根，测得长度如下(单位：cm)：

105，98，102，100，103，97，102，105，112，99，103，102，94，100，95

试对总体的均值进行区间估计.

R软件 R软件中采用t.test函数来计算总体均值的区间估计，下面是估计总体均值区间的命令.

```
>len=c(105,98,102,100,103,97,102,105,112,99,103,102,94,100,95)
                                                #将金属棒长度生成向量
>t.test(len)                           #对样本数据 len 进行区间估计并显示区间估计的结果
        One Sample t-test                       #以下皆为 t.test()命令的计算结果
data: len                                       #指明 t.test()命令使用的数据为 len
t=87.6258, df=14, p-value<2.2e-16               #(注：假设检验的结果)
alternative hypothesis: true mean is not equal to 0
95 percent confidence interval:                 #置信度为 95%的置信区间
  98.65793 103.60874
sample estimates:
mean of x                                       #样本均值
101.1333
```

t. test()函数的调用方法为

```
t.test(x, y=NULL, conf.level=0.95)
```

其中,x 是样本数据. 当 y=NULL(系统默认值)时,表示对单个总体进行区间估计. conf. level 用来确定所要计算的区间估计的置信度.

SPSS 软件 SPSS 软件采用"单一样本 T 检验"功能来估计总体均值的的置信区间.

步骤 1 在"变量视图"框中定义变量"金属棒长度",类型为数值型,度量标准为"尺度变量",如图 2.9 所示.

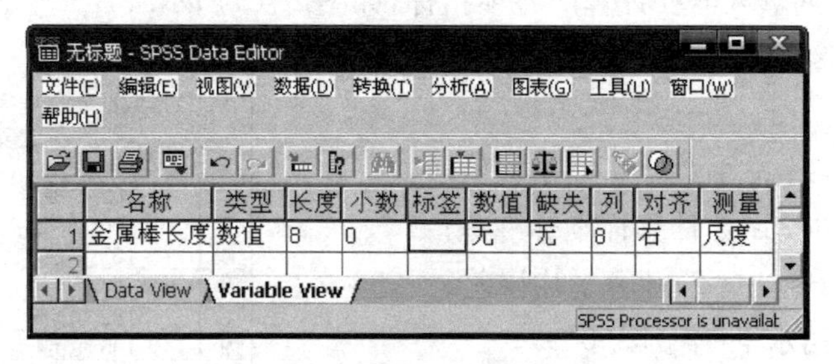

图 2.9 金属棒长度定义框

步骤 2 在数据视图中输入相应数据,如图 2.10 所示.

无标题 - SPSS Data Editor
文件(F) 编辑(E) 视图(V) 数据(D) 转换(T) 分析(A) 图表(G) 工具(U)
窗口(W) 帮助(H)
4 : 金属棒长度 100

	金属棒长	var	var	var	var
1	105				
2	98				
3	102				
4	100				

Data View Variable View
SPSS Processor is

图 2.10 金属棒长度

步骤 3 选择"分析→比较均值→单一样本 T 检验"命令,在弹出的"单一样本 T 检验"对话框中,将变量"金属棒长度"移入"检验变量"列表框中,单击"选项"按钮,在弹出的对话框中设定置信区间的置信度,如图 2.11 所示,然后选择"继续→确定"命令,则可在结果输出窗口得到金属棒长度的置信度为 95%的置信区间,如表 2.1 所示.

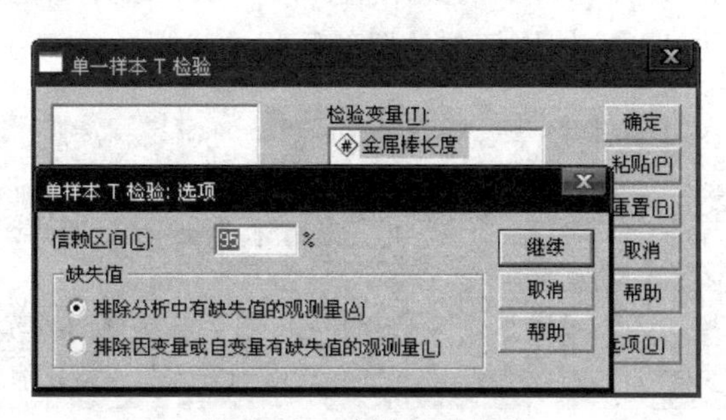

图 2.11 单样本 T 检验

表 2.1 金属棒长度的置信区间

金属棒长度	差分的 95%置信区间	
	下限	上限
	98.66	103.61

Excel 软件

步骤 1 进入 Excel 表格界面,在 A2:A16 中将数据(本例为 15 根金属棒的长度)输入.

步骤 2 在 B 列输入需要计算的各项指标,如图 2.12 所示.

步骤 3 在 C2 利用 count 函数计算样本数据的个数;

在 C3 利用 average 函数计算样本均值;

在 C4 利用 stdev 函数计算样本标准差;

在 C5 利用 C4-sqrt(C2)计算平均误差;

在 C6 输入置信水平(本例为 0.9);

在 C7 利用 C2-1 计算自由度;

在 C8 利用 tinv(1-置信水平,自由度)函数计算 t 值;

在 C9 利用 C8 * C5 计算范围;

在 C10 利用 C3−C9 计算估计下限;

在 C11 利用 C3+C9 计算估计上限.

	A	B	C	D
1	样本数据	计算指标		
2	105	样本个数	15	
3	98	均值	101.1333	
4	102	标准差	4.470006	
5	100	平均误差	1.154151	
6	103	置信水平	0.9	
7	97	自由度	14	
8	102	t分布	1.76131	
9	105	范围	2.032817	
10	112	上限	99.10052	
11	99	下限	103.1662	
12	103			
13	102			
14	94			
15	100			
16	95			

图 2.12 估计结果

最后得对该组样本观察值估计的总体均值区间(99.1005,103.1662),如图 2.12 所示.

训练项目 2 两个正态总体均值差的区间估计

案例 2 某工厂利用两条自动化流水线生产某种电视机显像管.现分别从流水线上随机抽取样本,测得电视机显像管寿命为 $X_1,X_2,\cdots,X_{12}$ 和 $Y_1,Y_2,\cdots,Y_{17}$(数据由计算机模拟产生).假设这两条流水线所生产的电视机显像管的寿命都服从正态分布,记为 $N(\mu_1,\sigma_1^2)$ 和 $N(\mu_2,\sigma_2^2)$.在下列两种情况下讨论 $\mu_1-\mu_2$ 的区间估计.(1)两总体方差相等;(2)两总体方差不等.(注:计算机模拟产生样本的两总体的均值分别为 $\mu_1=15000$h 和 $\mu_2=17500$h,标准差分别为 $\sigma_1=1600$h 和 $\sigma_2=2500$h)

R 软件 R 软件仍然采用 t.test 函数来估计两个正态总体均值差的置信区间.下面是在两总体方差不等时,估计两总体均值差的置信区间的步骤.

```
>x=rnorm(12,mean=15000,sd=1600) #生产均值为 15000,标准差为 1600 的 12 个样本数据
>y=rnorm(17,mean=17500,sd=2500) #生产均值为 17500,标准差为 2500 的 17 个样本数据
>t.test(x,y)                    #两正态总体均值差的区间估计,并显示计算结果
   Welch Two Sample t-test
data: x and y                   #指明 t.test()命令使用的数据为 x 和 y
t=-2.0001, df=26.577, p-value=0.05581       #(注:假设检验的结果)
```

```
alternative hypothesis: true difference in means is not equal to 0
95 percent confidence interval:          #置信度为 95%的两总体均值差的置信区间
-2947.65539 38.75859
sample estimates:
mean of x     mean of y                  #两总体的样本均值
15310.69    16765.14
```

t. test()函数的调用方法为

```
t.test(x, y=NULL,paired=FALSE, var.equal=FALSE, conf.level=0.95)
```

其中,当 y 的取值不为 NULL(系统默认值)时,t. test()函数是对两组样本数据 x 和 y 进行分析. paired=FALSE(系统默认值)表示两组样本 x 和 y 不是配对数据,当取值为 TRUE 时,表示两组样本为配对数据. var. equal 是逻辑变量,当取值为 FALSE(系统默认值)时,表示两样本对应总体的方差不等,取值为 TRUE 时,表示总体方差相等.

下面是在两总体方差相等时,计算两总体均值差的区间估计的步骤.

```
>x=rnorm(12,mean=15000,sd=1600)  #生产均值为 15000,标准差为 1600 的 12 个样本数据
>y=rnorm(17,mean=17500,sd=2500)  #生产均值为 17500,标准差为 2500 的 17 个样本数据
>t.test(x,y,var.equal=T)         #两正态总体均值差的区间估计,并显示计算结果
   Two Sample t-test
data: x and y                    #指明 t.test()命令使用的数据为 x 和 y
t=-1.6514, df=27, p-value=0.1102    #(注: 假设检验的结果)
alternative hypothesis: true difference in means is not equal to 0
95 percent confidence interval:  #置信度为 90%的两总体均值差的置信区间
-3026.1047    327.1868
sample estimates:
mean of x     mean of y          #两总体的样本均值
15052.80    16402.26
```

案例 3 某公司为了确定在某地进行的制造过程是否可以安置在新的环境.对新、旧两个地方安装了试验设备(指示器),得到了每个地方 30 个生产运行电压读数,如表 2.2 所示.假定两个地方的电压读数服从正态分布,在下列两种情况下讨论两总体均值差 $\mu_1-\mu_2$ 的区间估计. (1)两总体方差相等; (2)两总体方差不等.

表 2.2 电压读数

旧 地 方					新 地 方				
9.98	10.12	9.84	10.26	10.05	9.19	10.01	8.82	9.63	8.82
10.15	10.05	9.80	10.02	10.29	9.65	10.10	9.43	8.51	9.70
10.15	9.80	10.03	10.00	9.73	10.03	9.14	10.09	9.85	9.75
8.05	9.87	10.01	10.55	9.55	9.60	9.27	8.78	10.05	8.83
9.98	10.26	9.95	8.72	9.97	9.35	10.12	9.39	9.54	9.49
9.70	8.80	9.87	8.72	9.84	9.48	9.36	9.37	9.64	8.68

SPSS 软件 SPSS 软件对两独立样本的均值差进行区间估计，可通过“独立样本 T 检验”功能模块实现，具体步骤如下.

步骤 1 在“变量视图”窗口定义两个变量，一个为分组变量，用来确定新、旧地方的电压读数，并在变量值标签中用“1”代表旧地方，“2”代表新地方，如图 2.13 所示.

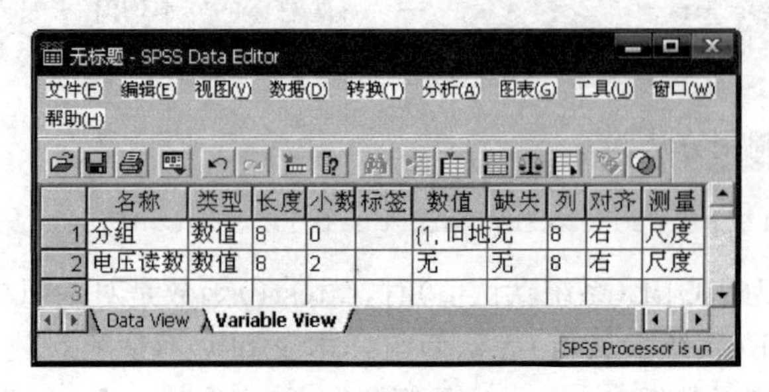

图 2.13 变量视图

步骤 2 在“数据视图”窗口输入分组数据和电压读数数据. 其中，分组数据的取值为“1”和“2”，且“1”的个数和“2”的个数相等，皆为 30. 同时，对分组数据为“1”的行，电压数据输入为旧地方数据，对分组数据为“2”的行，电压数据输入为新地方数据，如图 2.14 所示.

无标题 - SPSS Data Editor

文件(F) 编辑(E) 视图(V) 数据(D) 转换(T) 分析(A) 图表(G) 工具(U) 窗口(W) 帮助(H)

32 : 电压读数 9.65

	分组	电压读数	var	var	var
29	1	9.97			
30	1	9.84			
31	2	9.19			
32	2	9.65			

Data View Variable View

SPSS Proce

图 2.14 电压读数数据窗口

步骤 3 通过“分析—比较均值—独立样本 T 检验”步骤，弹出“独立样本 T 检验”对话框，将变量“电压读数”移入检验变量框，将变量“分组”移入分组变量框，并单击“定义组”按钮，在弹出的定义组框中，对比较的两组样本，组 1 的值设定为 1，组 2 的值设定为 2. 若变量“分组”的取值是大于等于 3，则此时可任意选择需要比较的两组样本，如图 2.15 所示，然后在“独立样本 T 检验”对话框中，单击“选项”按钮，设定置信区间的置信度，依次单击“继续—确定”，即可得计算结果，如表 2.3 所示.

表 2.3 两总体均值差的区间估计

		F	Sig.	(均值差)差分的 95%置信区间	
				下限	上限
电压读数	假设方差相等	0.003	0.954	0.08907	0.60693
	假设方差不相等			0.08892	0.60708

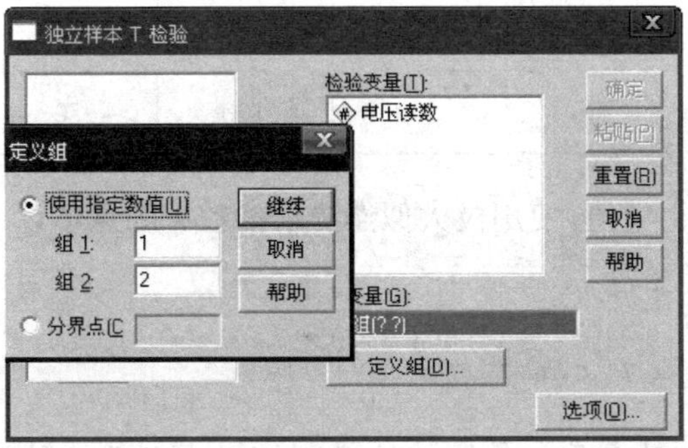

图 2.15 两总体均值差的区间估计对话框

由表 2.3 可得，在假设方差相等时，两总体均值差的置信度为 95%的置信区间为 (0.08907,0.60693)，而在假设方差不相等时，两总体均值差的置信度为 95%的置信区间为 (0.08892,0.60708).

训练项目 3 两个正态总体方差比的区间估计

R 软件 以案例 2 中的数据为例，R 软件采用函数 var.test()实现两个正态总体方差比的区间估计，具体步骤如下.

```
>x=rnorm(12,mean=15000,sd=1600)  #生产均值为 15000,标准差为 1600 的 12 个样本数据
>y=rnorm(17,mean=17500,sd=2500)  #生产均值为 17500,标准差为 2500 的 17 个样本数据
>var.test(x,y, conf.level=0.95)  #进行方差比的区间估计,并显示执行结果
        F test to compare two variances              #以下全为计算结果
data: x and y                    #计算中使用的样本数据为 x 和 y
F=0.3725, num df=11, denom df=16, p-value=0.102       #(注: 此为假设检验的结果)
alternative hypothesis: true ratio of variances is not equal to 1
95 percent confidence interval:  #置信度为 0.95 的两总体方差比的置信区间
0.1269638 1.2308001
sample estimates:
ratio of variances               #两总体方差比的估计
   0.3724737
```

var.test()函数的调用方法为

```
var.test(x, y, conf.level=0.95)
```

其中，x 和 y 分别为两总体的样本数据. conf.level 用来确定要计算的区间估计的置信度.

习 题 2

A 组

1. 设备元件故障工作时间 X 具有指数分布，取 1000 个元件的记录数据，经分组后得到它的频数分布为

组中值 X_i	5	15	25	35	45	55	65
频数 ν_i	365	245	150	100	70	45	25

如果各组中数据都取为组中值，使用极大似然法求参数 λ 的点估计.

2. 设总体的分布密度为

$$f(x;\alpha)=\begin{cases}(\alpha+1)x^{\alpha}, & 0<x<1,\\ 0, & \text{其他},\end{cases}$$

$X_1,X_2,\cdots,X_n$ 为其样本. 求参数 α 的矩估计量 $\hat{\alpha}_1$ 和极大似然估计量 $\hat{\alpha}_2$. 现测得样本观察值为：0.1,0.2,0.9,0.8,0.7,0.7，求参数 α 的估计值.

3. 某种灯泡服从正态分布，在某星期所产生的该种灯泡中随机抽取10只，测得其寿命(单位：h)为

1067,919,1196,785,1126,936,918,1156,920,948.

总体参数都未知，试用极大似然估计这个星期中生产的灯泡能使用1300h以上的概率.

4. 为检验某种自来水消毒设备的效果，现从消毒后的水中随机抽取50L，化验每升水中大肠杆菌的个数(假定1L水中大肠杆菌个数服从泊松分布)，其化验结果如下：

大肠杆菌数/L	0	1	2	3	4	5	6
升数/l_i	17	20	10	2	1	0	0

试问平均每升水中大肠杆菌个数为多少时，才能使上述情况的概率为最大?

5. 设总体 X 具有密度函数

$$f(x;\theta)=\begin{cases}\theta x^{\theta-1}, & 0<x<1,\\ 0, & \text{其他},\end{cases}\quad \theta>0,$$

$X_1,X_2,\cdots,X_n$ 是来自于总体 X 的样本，对可估计函数 $g(\theta)=1/\theta$，求 $g(\theta)$ 的有效估计量 $\hat{g}(\theta)$，并确定罗-克拉默下界.

6. 随机地抽取某种炮弹9发做试验，测得炮口速度的样本标准差 $S=11$(m/s)，设炮口速度服从正态分布，求这种炮弹的炮口速度的标准差 σ 的置信度为95%的置信区间.

7. 随机地从A批导线中抽取4根，并从B批导线中抽取5根，测得其电阻(单位：Ω)为

A批导线：0.143,0.142,0.143,0.137；

B批导线：0.140,0.142,0.136,0.138,0.140.

设测试数据分别服从 $N(\mu_1,\sigma^2)$ 和 $N(\mu_2,\sigma^2)$，并且它们相互独立. 又 μ_1,μ_2,σ^2 均未知，求参数 $\mu_1-\mu_2$ 的置信度为95%的置信区间.

8. 有两位化验员A,B，他们独立地对某种聚合物的含氯量用相同方法各做了10次测定，其测定值的方差 S^2 依次为0.5419和0.6065，设 σ_A^2 与 σ_B^2 分别为A,B所测量数据的总体方差(正态分布)，求方差比 σ_A^2/σ_B^2 的置信度为95%的置信区间.

9. 设总体 X 具有以下概率分布 $f(x,\theta)$，$\theta\in\{1,2,3\}$.

X	f(x,1)	f(x,2)	f(x,3)
0	1/3	1/4	0
1	1/3	1/4	0
2	0	1/4	1/4
3	1/6	1/4	1/2
4	1/6	0	1/4

若给定样本观察值：1,0,4,3,1,4,3,1，求参数 θ 的极大似然估计量 $\hat{\theta}$.

10. 已知总体 X 的分布密度为

$$f(x;\alpha,\beta)=\begin{cases}\dfrac{\alpha}{\beta^{\alpha}}x^{\alpha-1}, & 0\leqslant x\leqslant\beta,\\ 0, & \text{其他},\end{cases}\quad \alpha,\beta>0,$$

其中参数 α,β 未知. 设 $X_1,X_2,\cdots,X_n$ 是来自总体 X 的样本，求总体未知参数的矩估计量.

B 组

1. 设总体 $X\sim N(\mu,\sigma^2)$，试利用容量为 n 的样本 $X_1,X_2,\cdots,X_n$ 分别就以下两种情况，求出使 $P(X>a)=0.05$ 的点 a 的极大似然估计量.

(1) 若 $\sigma=1$ 时；

(2) 若 μ,σ^2 均未知时.

2. 设 $X_1,X_2,\cdots,X_n$ 是来自于总体 X 的样本，总体 X 的概率分布为

$$f(x;\theta)=\left(\frac{\theta}{2}\right)^{|x|}(1-\theta)^{1-|x|},\quad x=-1,0,1,0\leqslant\theta\leqslant 1.$$

(1) 求参数 θ 的极大似然估计量 $\hat{\theta}$；

(2) θ 的极大似然估计 $\hat{\theta}$ 是否是有效估计量？如果是请求它的方差 $D\hat{\theta}$ 和信息量 $I(\theta)$.

3. 总体 X 的分布列为 $P(X=k)=(k-1)\theta^2(1-\theta)^{k-2}$，$k=2,3,\cdots$，$0<\theta<1$. 求参数 θ 的矩估计量和极大似然估计量.

4. 设总体 $X\sim N(\mu,\sigma^2)$，$X_1,X_2,\cdots,X_n$ 为其样本，求常数 k，使：

(1) $\hat{\sigma}^2=\dfrac{1}{k}\sum\limits_{i=1}^{n-1}(X_{i+1}-X_i)^2$ 为 σ^2 的无偏估计量；

(2) $\hat{\sigma}=\dfrac{1}{k}\sum\limits_{i=1}^{n}|X_i-\overline{X}|$ 为 σ 的无偏估计量.

5. 假设 0.5，1.25，0.8，2.0 是总体 X 的简单随机样本值. 已知 $Y=\ln X\sim N(\mu,1)$. 求 EX 的置信度为 0.95 的置信区间.

6. 设总体的密度函数

$$f(x;\alpha,\beta)=\begin{cases}\dfrac{\alpha}{\beta^{\alpha}}x^{\alpha-1}, & 0\leqslant x\leqslant\beta,\\ 0, & \text{其他},\end{cases}\quad \alpha,\beta>0,$$

参数 α,β 未知；求 α,β 的极大似然估计.

7. 设有二元总体 (X,Y)，(X_1,Y_1)，(X_2,Y_2)，$\cdots$，(X_n,Y_n) 为其样本，证明：$\hat{Z}=\dfrac{1}{n-1}\sum\limits_{i=1}^{n}(X_i-\overline{X})(Y_i-\overline{Y})$ 是 X 与 Y 的协方差的无偏估计量.

Chapter 3

假 设 检 验

在科学研究、工业生产和日常生活中有许多重要的问题需要我们对其作出是或不是的回答. 如生命能否从没有生命的物质中自动产生? 月球是否比地球存在得更早? 一种新药是否有疗效? 某种类型的汽车是否比另外一种类型的汽车更安全? 一批某产品中是否有过多的次品等大量的问题需要我们回答. 为回答这样一些问题,需要进行相应的检验,检验的结果与我们感兴趣的问题密切相关,根据检验的结果对问题作出是或不是的回答过程称为假设检验(hypothesis testing).

统计学中的假设检验通常不能进行具有毫不含糊的结果试验,而是利用样本信息对某种假设的是与否进行判断的方法. 由于各种原因,试验必然是随机的. 有些检验没有任何随机性的因素,并不需要任何统计学的理论,这就不是统计学研究的范畴. 如在统计学家皮尔逊(Pearson)以前,人们普遍认为生命可以从没有生命的物质中产生,引用的证据是腐败的肉上出现白蛆. 为了检验这一论断,皮尔逊多次在同一个场所放置完全类似的一些正在腐败的肉块,把一些肉块遮掩起来与苍蝇隔绝,而另一些肉块不遮掩,可与苍蝇接触. 试验结果是蛆在苍蝇能够接触的肉块上出现了,而与苍蝇隔绝的肉块上并没有出现. 这一实验结果推翻了"生命能够自动产生的假设".

假设检验包括参数假设检验(parameter hypothesis testing)和非参数假设检验(nonparametrical hypothesis testing),对总体未知参数的假设检验称为参数假设检验,对总体分布形式或总体分布性质的假设检验称为非参数假设检验.

3.1 假设检验的基本概念

3.1.1 统计假设的设置

统计假设包含原假设(null hypothesis) H_0 和备择假设(alternative hypothesis) H_1. 原假设是关于总体参数或总体分布形式或分布性质的一个陈述;备择假设是原假设变化的一种陈述. 在假设检验中,若肯定了原假设就等于否定了备择假设;若肯定了备择假设就等于否定了原假设. 原假设与备择假设的内容不可以互换,原假设与备择假设的选择取决于对问题的态度,一般把研究者感兴趣的结论作为备择假设,或者不轻易接受的结论作为备择假设,需要有充分的理由才能否定的结论作为原假设.

例 3.1 某药物研究所研究了一种治疗某疾病的特效新药,为证明其疗效,需要对新药的疗效进行检验,我们可以设置成参数假设检验和非参数假设检验两种检验方法.

(1) 设置成参数假设检验

假定根据过去的经验，不经任何治疗，这种疾病的痊愈率 p 应有一个固定的比例 p_0，我们感兴趣的是吃了这种药能增加该病的痊愈率，即 $p>p_0$，这个假设也是我们不轻易接受的假设，因为新药本身无效而判断有效所造成的损失是十分严重的，应作为备择假设. 那我们的原假设是这种特效药没有任何疗效，即随机从患者总体中抽取一个个体，能够痊愈的可能性并不会由于服用该药而发生改变. 因此原假设和备择假设设置为

$$H_0: p=p_0, \quad H_1: p>p_0.$$

(2) 非参数假设检验

针对新药是否有疗效我们提出两种假设："新药无明显疗效"和"新药有明显疗效"，我们更感兴趣的问题是新药有明显疗效，应该把此假设作为备择假设，即

H_0：新药无明显疗效， H_1：新药有显著疗效.

如果令 X 表示某人服药或没有服药，Y 表示某人痊愈或没有痊愈；新药有没有疗效等价于新药与该疾病痊愈是否相互独立，因为如果新药与该疾病痊愈独立，没有关系，说明新药对治疗该疾病无明显疗效；若新药与该疾病痊愈相关，说明该新药对治疗该疾病有显著疗效. 因此该问题的统计假设设置为

H_0：X 与 Y 独立， H_1：X 与 Y 不独立.

为检验这个原假设和备择假设，需要随机抽取 n 名患者，将它们分成两组，一组不服药，另一组服药，观察一段时间以后，治愈情况如表 3.1 所示，然后用 χ^2 拟合检验法进行独立性的检验.

表 3.1 新药临床试验情况表

	痊愈者	未痊愈者	合计
未服药者	n_{11}	n_{12}	$n_{1\cdot}$
服药者	n_{21}	n_{22}	$n_{2\cdot}$
合计	$n_{\cdot 1}$	$n_{\cdot 2}$	n

例 3.2 从以往的生产经验得知：某种产品的生产过程产生 1%的次品. 最近由于技术改造引起了结构变化，需要对产品制造过程中所产生的次品比例 p 进行推测，提出原假设和备择假设.

我们知道减少产品次品的百分比是一个很好的变化；任何增加产品次品的百分比都是不可取的并且需要及时关注. 次品比例 p 最多是 1%，小于 1%的次品比例更好，即 $p\leqslant 1\%$；研究者对识别不可取的次品比例增加更感兴趣，因此 $p>1\%$ 应该作为备择假设，原假设和备择假设设置为

$$H_0: p\leqslant 1\%, \quad H_1: p>1\%.$$

例 3.3 在甲、乙两地中选择一地新建一个超市，超市附近居民收入水平是一个很重要的因素. 甲地的建筑费用较乙地低. 如果两地居民的年均收入相同，超市就在甲地建. 但若乙地居民的年均收入明显高于甲地，则超市选在乙地建. 假设甲、乙两地居民年平均收入分别服从正态分布 $N(\mu_1, 4736^2)$ 和 $N(\mu_2, 5365^2)$，现需要从两地的居民中各抽取一定量的居民收入样本，确定超市建在何地.

这个问题其实也是一个假设检验的问题，超市建在何地可转化为甲、乙两地居民年均收入比较. 如果两地居民年均收入无差异，甲地的建筑成本低，当然在甲地建；如果乙地的收入明显比甲地收入高，在乙地建超市，利润更多. 所以研究者对“乙地居民年均收入比甲地高”更感兴趣，应作为备择假设，即

$$H_0: \mu_1 = \mu_2, \quad H_1: \mu_1 < \mu_2.$$

例 3.4 某动物学家研究某种动物的遗传由三种类型的个体组成，三种类型的个体以 Hardy-Weinberg 比率出现，即

$$p(1,\theta) = \theta^2, p(2,\theta) = 2\theta(1-\theta), p(3,\theta) = (1-\theta)^2,$$

$p(i,\theta)$表示第 $i(i=1,2,3)$ 种个体出现的比率，现需要检验该种动物的遗传是否按照比例 $p(i,\theta)$进行遗传.

虽然我们可能怀疑动物学家这个遗传理论的真实性，但如果该种动物的遗传比例不是该动物学家提出的这个遗传比例，那究竟是什么遗传比例就很难确定了. 在这种情况下，指定原假设，备择假设留下来作为未定，对备择假设没有指定的实际意义是：拒绝原假设和接受原假设之间，我们更重视拒绝原假设，因为接受原假设对什么是正确的原假设没有进行考虑. 因此原假设与备择假设的设置为

H_0：动物遗传三种类型的个体以 Hardy-Weinberg 比率出现，

H_1：动物遗传三种类型的个体不以 Hardy-Weinberg 比率出现.

3.1.2 假设检验的基本思想

为了在原假设 H_0 和备择假设 H_1 之间做出决定，我们需要一个做出决定的法则，这样的一个法则称为一个检验. 一个检验可以用所有拒绝 H_0 的样本点$(X_1, X_2, \cdots, X_n)$的集合来表述，我们把这一集合称为检验的临界域或 H_0 的拒绝域(rejection region)K_0，而把拒绝域的补集称为检验的接受域或 H_0 的接受域(acceptance region).

假设检验的原理是小概率原理，即：小概率事件在一次试验中几乎不可能发生. 样本观察值落在拒绝域内，说明小概率事件在一次试验中都发生了，与小概率原理矛盾，应该拒绝原假设 H_0；如果样本观察值落在接受域内，说明小概率事件在一次试验中没有发生，与小概率原理是吻合的，不应该拒绝原假设.

小概率原理可以理解为：在原假设正确时很少会发生的结果若发生了，就是原假设不正确的证据. 如某个自以为是的球员声称他投球的命中率是 80%，你让他投给你看，他投了 20 个球，结果只中了 8 个球. 如果他的命中率真是 80%，几乎不大可能出现投 20 个球只中 8 个球的结果，所以球员的命中率为 80%是不成立的.

在假设检验中，我们是根据一次抽样得出检验结果，由于样本的随机性，样本所携带的信息不能完全代表总体，其信息量具有一定的限制，而且小概率原理说的是小概率事件在一次试验中几乎不可能发生，不是绝对不发生. 因此根据一次抽样所做出的检验结论可能会出现两种类型的错误. 如果原假设 H_0 为真，检验的结果是拒绝 H_0，这就犯了第一类错误(type Ⅰ error)，也称犯弃真的错误；如果原假设 H_0 为假，但检验的结果却是接受 H_0，这就犯了第Ⅱ类错误(type Ⅱ error)，也称纳伪的错误. 假设检验可能带来的结果列于表 3.2 中.

表 3.2 基于样本数据得出结果表

检验结果	真实情况	
	H_0 为真	H_0 为假
拒绝 H_0	犯第Ⅰ类错误(弃真错误)	判断正确
接受 H_0	判断正确	犯第Ⅱ类错误(纳伪错误)

犯两类错误的可能性大小可用概率来度量,设犯第Ⅰ、Ⅱ类错误的概率分别为 α 和 β,则

$$\alpha = P(\text{拒绝 } H_0 \mid H_0 \text{ 为真}) = P((X_1, X_2, \cdots, X_n) \in \text{拒绝域} \mid H_0 \text{ 为真}),$$

$$\beta = P(\text{接受 } H_0 \mid H_1 \text{ 为真}) = P((X_1, X_2, \cdots, X_n) \in \text{接受域} \mid H_1 \text{ 为真}).$$

我们在假设检验时,总是希望犯两类错误的概率都尽可能地小. 但在样本容量固定的情况下,要使犯两类错误的概率同时减小是不可能的. 如我们检验正态总体 X 的均值 μ 时,假定原假设和备择假设如下:

$$H_0: \mu = \mu_0, \quad H_1: \mu = \mu_\alpha > \mu_0.$$

μ_0 是 H_0 下 μ 的真值,μ_α 是一个具体的备选值. $\overline{X}$ 是样本均值,如果总体的方差 σ^2 为已知,则 H_0 的拒绝域为 $\overline{X} > \mu_0 + \frac{\sigma}{\sqrt{n}} u_{1-\alpha}$,令 $K = \mu_0 + \frac{\sigma}{\sqrt{n}} u_{1-\alpha}$,则假设检验中的 α 和 β 如图 3.1 所示.

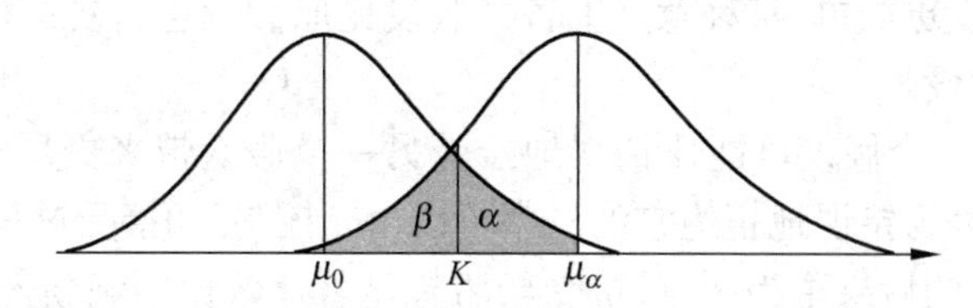

图 3.1 统计检验中的 α 和 β

从图 3.1 中可以看出:

(1)中心在 μ_0 的标准曲线下 K 的右侧面积为 α. α 代表当 μ_0 是 μ 的真值时,原假设被拒绝的概率.

(2)中心在 μ_α 的标准曲线下 K 的左侧面积为 β. 需要注意的是 β 代表当 μ_α 是 μ 的真值时,我们未能拒绝原假设的概率.

从图 3.1 看出:对固定样本大小,我们不能降低这两种类型的错误概率. 如果我们降低 α,相当于把直线 $\overline{X} = K$ 向右平移,但 β 的值就会增大;反之,降低 β,相当于把直线 $\overline{X} = K$ 向左平移,但 α 的值就会增大.

一般的统计检验遵循的原则是:在保证犯第Ⅰ类错误的概率不超过某个事先指定的正常数 $\alpha(0 < \alpha < 1)$ 的条件下,使犯第Ⅱ类错误的概率 β 尽可能地小.

我们在设置统计假设时,原假设与备择假设是不能颠倒的,规定原假设 H_0 对实验者来说犯第一类错误更为重要,奈曼和皮尔逊(Neyman-Pearson)建议先制定一个小的数 $\alpha > 0$,使得犯第一类错误的概率大于 α 是不许可的,然后把注意力集中在这样的一些检验上,这些检验对于所有拒绝原假设的概率小于或等于 α,称这样的检验具有水平 α,并且我们说以水

平 α 拒绝原假设.

在实际问题中选择原假设 H_0 和应用一个指定了显著性水平 α 的检验的含义是：实验者的检验结果拒绝原假设，接受备择假设. 他控制错误地拒绝原假设的概率为 α，并以 $(1-\alpha)$ 的把握确定他没有做出一个错误的断言. 如一个消费者的辩护人想下结论说：某型号小汽车支座的平均断裂强度 μ 是显著低于对所有小汽车要求的平均断裂强度 μ_0. 他建立原假设和备择假设：

$$H_0:\mu \geqslant \mu_0, \quad H_1:\mu < \mu_0.$$

使用检验水平 $\alpha=0.05$，当他得到"显著低于 μ_0"的结论时，他至多有5%的犯错可能性，有95%的把握确定他没有做出一个错误的结论.

3.1.3 假设检验的步骤

步骤1 建立统计假设.

统计假设是关于总体状况的一种陈述，一般包含两个假没，一个是原假设 H_0，另一个是备择假设 H_1. 原假设与备择假设的提出不是任意的，其内容也不可以互换. 原假设与备择假设是不对称的，决定谁是原假设谁是备择假设不是一个数学问题，它依赖于科学背景、惯例和方便性. 从例3.1～例3.4的例子分析中，我们对统计假设的设置进行以下简单地评注.

(1) 我们选择原假设是某个已知的理论分布，备择假设不是该理论分布. 在这种情况下，原假设比备择假设更简单，某种意义上备择假设比原假设包含更多的分布，通常选择较简单的假设作为原假设.

(2) 错误地拒绝一个假设可能比错误地接受另一个假设带来更严重的后果，我们选择前者作原假设，这是因为错误地拒绝它的概率可以由 α 控制. 如接受过量数目的次品货物比把好的货物退回工厂的后果更为严重，接受新药有显著疗效比拒绝新药有显著疗效的后果更为严重.

(3) 在科学调查中，为了解释一些物理现象或效果的存在性，原假设通常是一个简单事实的陈述，但我们对其正确性必须持怀疑态度. 除非原假设成立时检验结果极不可能，否则就不应该怀疑原假设的合理性.

步骤2 确定原假设的拒绝域.

根据统计假设，提出拒绝域形式. 拒绝域 K_0 的形式一般反映了 H_1 的结论，选择检验统计量 $T=T(X_1,X_2,\cdots,X_n)$，在 H_0 成立的情况下检验统计量 $T=T(X_1,X_2,\cdots,X_n)$ 的分布或极限分布已知，并在给定的显著性水平 α 下通过分位点确定临界值，从而确定拒绝域 K_0，保证

$$P(T(X_1,X_2,\cdots,X_n) \in K_0 \mid H_0\text{ 成立}) \leqslant \alpha.$$

显著性水平 α 是当 H_0 成立而拒绝 H_0 的概率上限，即弃真概率上限，α 通常取0.01，0.05或0.10.

步骤3 做出检验结论.

根据样本 $X_1,X_2,\cdots,X_n$ 的观察值，计算检验统计量的样本值 $T=T(X_1,X_2,\cdots,X_n)$. 若 $T\in K_0$，则拒绝 H_0，否则接受 H_0.

具体的判断方式有两种：

(1) 确定拒绝域,计算临界值.通过样本观察值,计算出检验统计量的值,再根据拒绝域做出判断(教材普遍采用的方法).

(2) 直接计算出犯第一类错误的概率,然后与显著性水平 α 比较得出结论(这是目前统计软件普遍采用的方法,便于用户选择不同的显著性水平).

3.2 参数假设检验

3.2.1 正态总体的参数假设检验

在实际问题中,由于大多数随机变量服从或近似服从正态分布,因此首先重点介绍正态总体参数的假设检验,包括单个正态总体与双个正态总体的参数假设检验.

1. 单个正态总体参数的假设检验

设总体 $X\sim N(\mu,\sigma^2)$,$X_1,X_2,\cdots,X_n$ 是来自 X 的一个样本,下面分别讨论参数 μ 和 σ^2 的假设检验问题.

(1) 均值 μ 的假设检验

对 μ 可提出各种样式的统计假设,其统计推断方法都很类似.在此仅讨论下面三种典型形式(μ_0 为已知的具体值).

形式 1:$H_0:\mu=\mu_0,H_1:\mu\neq\mu_0$;

形式 2:$H_0:\mu\leqslant\mu_0,H_1:\mu>\mu_0$;

形式 3:$H_0:\mu\geqslant\mu_0,H_1:\mu<\mu_0$.

对形式 1,我们知道样本均值 $\overline{X}$ 是总体均值 μ 的无偏估计量,如果 H_0 成立,$|\overline{X}-\mu_0|$ 的值应该是很小的,由于抽样的随机性,$|\overline{X}-\mu_0|$ 的值在小于某个数(临界值)的范围内,我们认为 H_0 应该是成立的,但 $|\overline{X}-\mu_0|$ 的值大于这个数时应该拒绝 H_0.因此形式 1 的拒绝域形式为

$$K_0=\{|\overline{X}-\mu_0|>C\}$$

令

$$P(|\overline{X}-\mu_0|>C\mid H_0\text{ 成立})=\alpha,\alpha\text{ 为选定的显著性水平.}$$

当总体方差 σ^2 为已知时,在 H_0 成立的条件下,$u=\dfrac{\overline{X}-\mu_0}{\frac{\sigma}{\sqrt{n}}}\sim N(0,1)$,故取

$$P\left(\left|\frac{\overline{X}-\mu_0}{\frac{\sigma}{\sqrt{n}}}\right|>u_{1-\frac{\alpha}{2}}\right)=\alpha,\quad\text{即}\quad P\left(|\overline{X}-\mu_0|>u_{1-\frac{\alpha}{2}}\frac{\sigma}{\sqrt{n}}\right)=\alpha.$$

因此在总体方差 σ^2 为已知时,H_0 的拒绝域为(见图 3.2)

$$|\overline{X}-\mu_0|>u_{1-\frac{\alpha}{2}}\frac{\sigma}{\sqrt{n}},\quad\text{或}\quad\frac{|\overline{X}-\mu_0|}{\frac{\sigma}{\sqrt{n}}}>u_{1-\frac{\alpha}{2}}.$$

当总体方差 σ^2 未知时,在 H_0 成立的条件下,$T=\dfrac{\overline{X}-\mu_0}{\frac{S}{\sqrt{n}}}\sim t(n-1)$,故取

$$P\left(\left|\frac{\overline{X}-\mu_0}{\frac{S}{\sqrt{n}}}\right|>t_{1-\frac{\alpha}{2}}(n-1)\right)=\alpha,\quad 即\quad P\left(|\overline{X}-\mu_0|>t_{1-\frac{\alpha}{2}}(n-1)\frac{S}{\sqrt{n}}\right)=\alpha.$$

所以在总体方差 σ^2 未知时，H_0 的拒绝域为(见图 3.3)

$$|\overline{X}-\mu_0|>t_{1-\frac{\alpha}{2}}(n-1)\frac{S}{\sqrt{n}},\quad 或\quad \frac{|\overline{X}-\mu_0|}{\frac{S}{\sqrt{n}}}>t_{1-\frac{\alpha}{2}}(n-1).$$

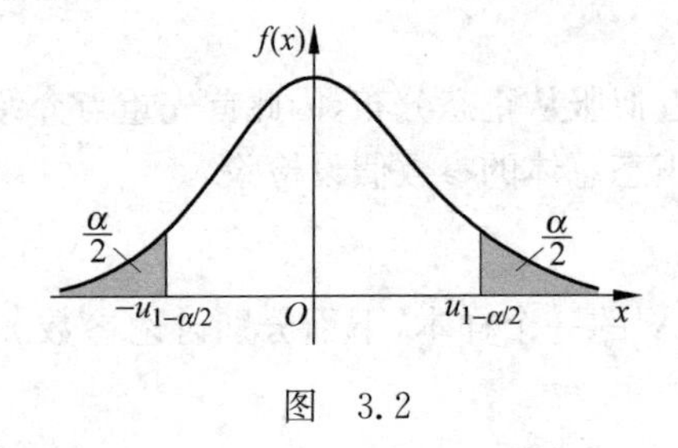

图 3.2

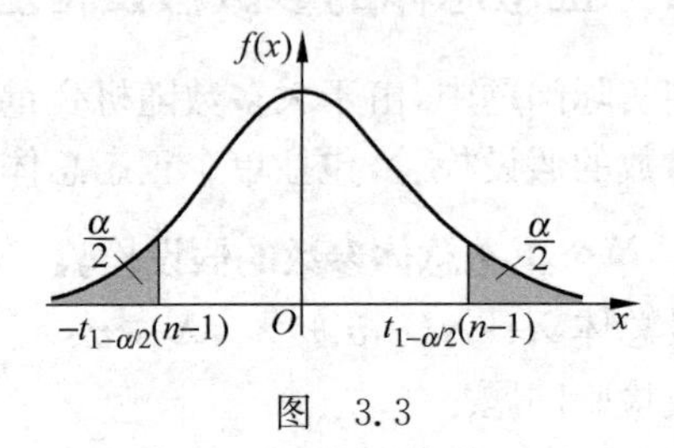

图 3.3

同样分析形式 2 的拒绝域，即

$$H_0:\mu\leqslant\mu_0,\quad H_1:\mu>\mu_0.$$

样本均值 $\overline{X}$ 是总体均值 μ 的无偏估计量，如果 H_0 成立，$\overline{X}-\mu_0$ 的值应该是很小的，因为备择假设关心的是 μ 与 μ_0 比较是否明显增大，由抽样的随机性，$\overline{X}-\mu_0$ 的值在小于某个数的范围内，可以认为原假设 H_0 成立，大于这个数就拒绝原假设 H_0. 因此形式 2 的拒绝域形式为

$$K_0=\{\overline{X}-\mu_0>C\}.$$

令

$$P(\overline{X}-\mu_0>C\mid H_0\ 成立)=\alpha,\quad \alpha\ 为选定的显著性水平.$$

当总体方差 σ^2 为已知时，在 H_0 成立的条件下，$u=\dfrac{\overline{X}-\mu_0}{\frac{\sigma}{\sqrt{n}}}\sim N(0,1)$，故取

$$P\left(\frac{\overline{X}-\mu_0}{\frac{\sigma}{\sqrt{n}}}>u_{1-\alpha}\right)=\alpha,\quad 即\quad P\left(\overline{X}-\mu_0>u_{1-\alpha}\frac{\sigma}{\sqrt{n}}\right)=\alpha.$$

因此在总体方差 σ^2 为已知时，H_0 的拒绝域为(见图 3.4)

$$\overline{X}-\mu_0>u_{1-\alpha}\frac{\sigma}{\sqrt{n}},\quad 或\quad \frac{\overline{X}-\mu_0}{\frac{\sigma}{\sqrt{n}}}>u_{1-\alpha}.$$

当总体方差 σ^2 未知时，在 H_0 成立的条件下，$T=\dfrac{\overline{X}-\mu_0}{\frac{S}{\sqrt{n}}}\sim t(n-1)$，故取

$$P\left(\frac{\overline{X}-\mu_0}{\frac{S}{\sqrt{n}}}>t_{1-\alpha}(n-1)\right)=\alpha,\quad 即\quad P\left(\overline{X}-\mu_0>t_{1-\alpha}(n-1)\frac{S}{\sqrt{n}}\right)=\alpha.$$

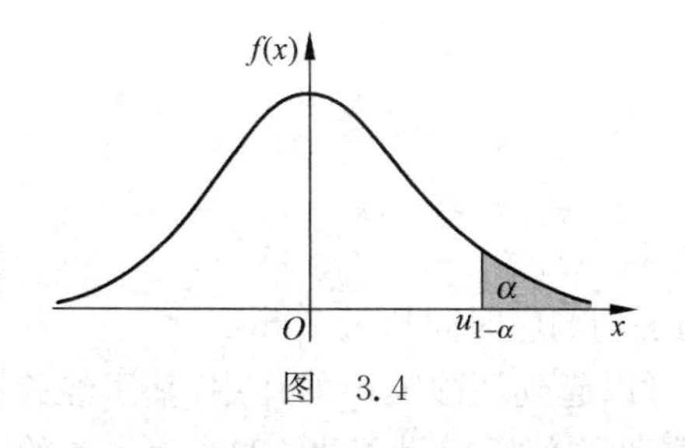

图 3.4

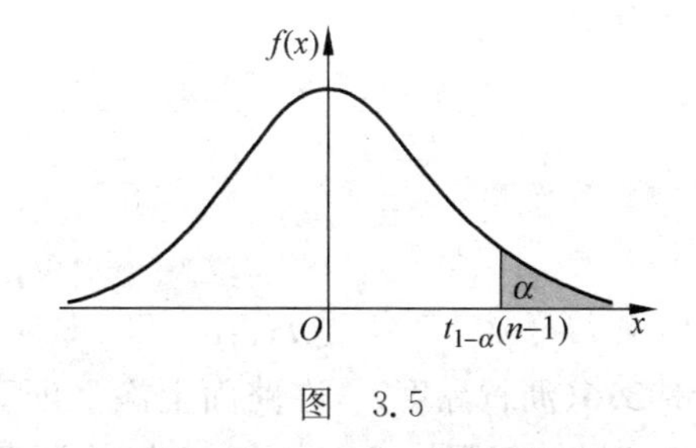

图 3.5

所以在总体方差 σ^2 未知时，H_0 的拒绝域为（见图 3.5）

$$\overline{X}-\mu_0>t_{1-\alpha}(n-1)\frac{S}{\sqrt{n}},\quad 或\quad \frac{\overline{X}-\mu_0}{\frac{S}{\sqrt{n}}}>t_{1-\alpha}(n-1).$$

对形式 3，同理可推导 H_0 的拒绝域. 表 3.3 列出了单个正态总体均值的假设检验的拒绝域（其中 μ_0 是已知常数）.

表 3.3 单个正态总体均值检验 H_0 的拒绝域

H_0（原假设）	H_1（备择假设）	总体方差 σ^2 已知	总体方差 σ^2 未知
$\mu=\mu_0$	$\mu\neq\mu_0$	$\frac{\lvert\overline{X}-\mu_0\rvert}{\frac{\sigma}{\sqrt{n}}}>u_{1-\frac{\alpha}{2}}$	$\frac{\lvert\overline{X}-\mu_0\rvert}{\frac{S}{\sqrt{n}}}>t_{1-\frac{\alpha}{2}}(n-1)$
$\mu\leqslant\mu_0$	$\mu>\mu_0$	$\frac{\overline{X}-\mu_0}{\frac{\sigma}{\sqrt{n}}}>u_{1-\alpha}$	$\frac{\overline{X}-\mu_0}{\frac{S}{\sqrt{n}}}>t_{1-\alpha}(n-1)$
$\mu\geqslant\mu_0$	$\mu<\mu_0$	$\frac{\overline{X}-\mu_0}{\frac{\sigma}{\sqrt{n}}}<u_{\alpha}$	$\frac{\overline{X}-\mu_0}{\frac{S}{\sqrt{n}}}<t_{\alpha}(n-1)$

例 3.5（计算机响应时间） 响应时间是分布式计算机系统的一项重要性能指标，从经验来看，计算机的响应时间 $X\sim N(\mu,8^2)$. 某项命令被执行 25 次，记录其响应时间数据作为随机样本，随机样本的平均响应时间是 $\overline{X}=79.25$ms，系统管理员需要判定具体命令的平均响应时间是否超过 75ms. $\alpha=0.05$.

解 (1) $H_0:\mu\leqslant75$，$H_1:\mu>75$.

(2) H_0 的拒绝域为

$$\frac{\overline{X}-75}{\frac{\sigma}{\sqrt{n}}}>u_{1-\alpha}.$$

(3) 检验统计量的值

$$\frac{\overline{X}-75}{\frac{\sigma}{\sqrt{n}}}=\frac{79.25-75}{\frac{8}{\sqrt{25}}}=2.66,$$

查分位数的值 $u_{1-\alpha}=u_{0.95}=1.645$.

因为

$$\frac{\overline{X}-75}{\frac{\sigma}{\sqrt{n}}}=\frac{79.25-75}{\frac{8}{\sqrt{25}}}=2.66>u_{1-\alpha}=u_{0.95}=1.645,$$

所以拒绝 $H_0:\mu\leqslant 75$，接受 $H_1:\mu>75$，即计算机的平均响应时间超过 75ms.

例 3.6(沥青黏度) 在路面上涂上沥青材料可以起到消除噪声的作用，基于经验我们假设沥青黏性值服从正态分布，合格的沥青道路黏性均值一般设置为 3200. 表 3.4 给出了 15 种沥青材料稳定黏性样本值，问采用这 15 种沥青材料铺设的道路是否合格?（取显著性水平 $\alpha=0.05$).

表 3.4 沥青材料稳定黏性样本值

沥青材料样本	沥青材料稳定黏性值	沥青材料样本	沥青材料稳定黏性值
1	3193	9	3182
2	3124	10	3227
3	3153	11	3256
4	3145	12	3332
5	3093	13	3204
6	3466	14	3282
7	3355	15	3170
8	2979		

解 (1) $H_0:\mu=3200, H_1:\mu\neq 3200$.

(2) H_0 的拒绝域为

$$\frac{|\overline{X}-\mu_o|}{\frac{S}{\sqrt{n}}}>t_{1-\frac{\alpha}{2}}(n-1).$$

(3) $\overline{X}=\frac{1}{15}\sum_{i=1}^{15}X_i=\frac{48161}{15}=3210.73$，

$$S=\sqrt{\frac{\sum_{i=1}^{n}(X_i-\overline{X})^2}{n-1}}=\sqrt{\frac{\sum_{i=1}^{n}X_i^2-n\overline{X}^2}{14}}=\sqrt{\frac{\sum_{i=1}^{n}X_i^2-n\overline{X}^2}{14}}=117.61,$$

$$T=\frac{|\overline{X}-\mu_0|}{\frac{S}{\sqrt{n}}}=\frac{|3210.73-3200|}{\frac{117.61}{\sqrt{15}}}=0.35,$$

$$t_{1-\frac{\alpha}{2}}(n-1)=t_{0.975}(14)=2.145,$$

因为

$$T=\frac{|\overline{X}-\mu_o|}{\frac{S}{\sqrt{n}}}=0.35<t_{1-\frac{\alpha}{2}}(n-1)=2.145,$$

所以我们不能拒绝原假设，没有充分证据得出稳定黏性均值与3200不同，采用15种沥青材料铺设的道路是合格的.

(2) 总体方差 σ^2 的假设检验

我们先分析统计假设 $H_0:\sigma^2=\sigma_0^2, H_1:\sigma^2\neq\sigma_0^2$ 中 H_0 的拒绝域. 当总体均值 μ 未知时，由于样本方差 S^2 是总体参数 σ^2 的无偏估计量，因此，S^2 与 σ^2 的比与1比较接近，在 H_0 成立的条件下，由于抽样的随机性，如果 $\frac{S^2}{\sigma_0^2}$ 的值在1的附近，我们可以认为 H_0 成立. 如果 $\frac{S^2}{\sigma_0^2}$ 的值太大或太小，就应该拒绝 H_0，所以 H_0 的拒绝域形式应设为

$$K_0=\left\{\left(\frac{S^2}{\sigma_0^2}>c_2\right)\cup\left(\frac{S^2}{\sigma_0^2}<c_1\right)\right\},\quad c_1<c_2.$$

令

$$P\left(\left\{\left(\frac{S^2}{\sigma_0^2}>c_2\right)\cup\left(\frac{S^2}{\sigma_0^2}<c_1\right)\right\}\mid H_0\text{ 成立}\right)=\alpha,$$

则

$$P\left(\frac{S^2}{\sigma_0^2}>c_2\right)+P\left(\frac{S^2}{\sigma_0^2}<c_1\right)=\alpha.$$

可以令

$$P\left(\frac{S^2}{\sigma_0^2}<c_1\right)=\frac{\alpha}{2},P\left(\frac{S^2}{\sigma_0^2}>c_2\right)=\frac{\alpha}{2}.$$

因为 $\frac{(n-1)S^2}{\sigma_0^2}\sim\chi^2(n-1)$，故令

$$P\left(\frac{(n-1)S^2}{\sigma_0^2}<\chi^2_{\frac{\alpha}{2}}(n-1)\right)=\frac{\alpha}{2},\ P\left(\frac{(n-1)S^2}{\sigma_0^2}>\chi^2_{1-\frac{\alpha}{2}}(n-1)\right)=\frac{\alpha}{2},$$

$$P\left(\frac{S^2}{\sigma_0^2}<\frac{1}{n-1}\chi^2_{\frac{\alpha}{2}}(n-1)\right)=\frac{\alpha}{2},\ P\left(\frac{S^2}{\sigma_0^2}>\frac{1}{n-1}\chi^2_{1-\frac{\alpha}{2}}(n-1)\right)=\frac{\alpha}{2}.$$

H_0 的拒绝域也可以为(见图3.6)

$$\frac{(n-1)S^2}{\sigma_0^2}<\chi^2_{\frac{\alpha}{2}}(n-1)\text{ 或 }\frac{(n-1)S^2}{\sigma_0^2}>\chi^2_{1-\frac{\alpha}{2}}(n-1).$$

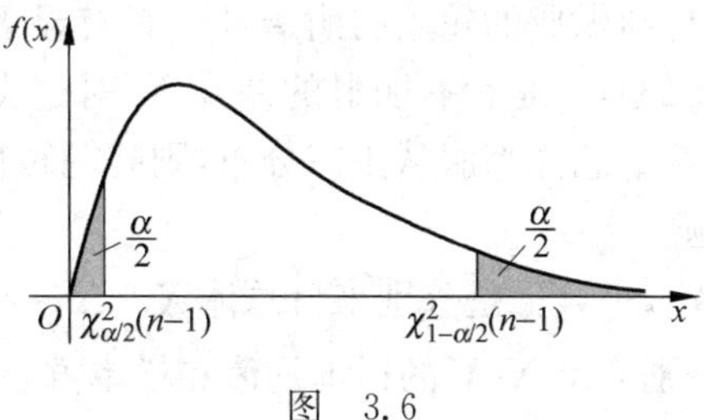

图 3.6

对总体方差的其他假设检验形式可类似讨论. 表3.5给出了总体方差 σ^2 假设检验的常见情况(σ_0^2 为已知常数).

表 3.5 单个正态总体方差检验 H_0 的拒绝域

H_0(原假设)	H_1(备择假设)	拒绝域(μ 未知)
$\sigma^2=\sigma_0^2$	$\sigma^2\neq\sigma_0^2$	$\frac{(n-1)S^2}{\sigma_0^2}<\chi^2_{\frac{\alpha}{2}}(n-1)$ 或 $\frac{(n-1)S^2}{\sigma_0^2}>\chi^2_{1-\frac{\alpha}{2}}(n-1)$
$\sigma^2\leqslant\sigma_0^2$	$\sigma^2>\sigma_0^2$	$\frac{(n-1)S^2}{\sigma_0^2}>\chi^2_{1-\alpha}(n-1)$
$\sigma^2\geqslant\sigma_0^2$	$\sigma^2<\sigma_0^2$	$\frac{(n-1)S^2}{\sigma_0^2}<\chi^2_{\alpha}(n-1)$

例 3.7 某钢铁公司加工的某型号钢管的长度服从标准差为 2.4cm 的正态分布. 现从一批新生产的该型号钢管中随机抽取 25 根,测得样本标准差为 2.7cm. 试以显著性水平 1%判断该批钢管长度的变异性与标准差 2.4cm 相比较是否有明显变化.

解 设 X 表示新生产的该型号钢管的长度,由题意知 $X\sim N(\mu,\sigma^2)$,$S=2.7\text{cm}$,$n=25$,总体均值 μ 未知.

(1) 建立统计假设 $H_0:\sigma^2=\sigma_0^2=2.4^2$;$H_1:\sigma^2\neq\sigma_0^2=2.4^2$.

(2) H_0 的拒绝域为

$$\frac{(n-1)S^2}{\sigma_0^2}<\chi^2_{\frac{\alpha}{2}}(n-1) \quad \text{或} \quad \frac{(n-1)S^2}{\sigma_0^2}>\chi^2_{1-\frac{\alpha}{2}}(n-1).$$

(3) 当 $\alpha=0.01$ 时

$$\chi^2_{\frac{\alpha}{2}}(n-1)=\chi^2_{0.005}(24)=9.886,$$

$$\chi^2_{1-\frac{\alpha}{2}}(n-1)=\chi^2_{0.995}(24)=45.559,$$

$$\frac{(n-1)S^2}{\sigma_0^2}=\frac{24\times 2.7^2}{2.4^2}=30.375.$$

因为 $9.886<30.375<45.559$,即

$$\chi^2_{\frac{\alpha}{2}}(n-1)<\frac{(n-1)S^2}{\sigma_0^2}<\chi^2_{1-\frac{\alpha}{2}}(n-1),$$

所以不能拒绝原假设,即认为该批钢管长度的变异性与标准差相比较没有显著变化.

2. 两个正态总体参数的假设检验

我们在生产实际中经常会遇到这样的一些问题:企业白班与夜班生产的产品质量是否有明显的差异;用两种不同材料做成的轮胎的耐磨性是否有显著的差异;在相同年龄组中,高学历与低学历的从业人员的收入是否有明显的差异等. 对这类问题可以用两个总体参数的假设检验进行推断,如果两个总体都服从正态分布,则问题转化为两个正态总体的均值和方差是否有差异的检验问题.

设 $X_1,X_2,\cdots,X_n,Y_1,Y_2,\cdots,Y_m$ 是分别来自总体 $X\sim N(\mu_1,\sigma_1^2)$,$Y\sim N(\mu_2,\sigma_2^2)$的样本,且相互独立,$\overline{X},S_X^2$;$\overline{Y},S_Y^2$ 分别表示 X,Y 的样本均值和样本方差.

(1) 对均值的假设检验

设统计假设为

$$H_0:\mu_1=\mu_2, \quad H_1:\mu_1\neq\mu_2.$$

该假设可以等价地表示为

$$H_0: \mu_1 - \mu_2 = 0, \quad H_1: \mu_1 - \mu_2 \neq 0.$$

由于 $\overline{X}-\overline{Y}$ 是 $\mu_1-\mu_2$ 的一致最小方差无偏估计量，所以 $|(\overline{X}-\overline{Y})-(\mu_1-\mu_2)|$ 的值一般很小，那么在 H_0 成立的条件下，$|\overline{X}-\overline{Y}|$ 也应很小，$|\overline{X}-\overline{Y}|$ 比较大可视为一个小概率事件，小概率事件在一次试验中几乎是不可能发生的，因此 $|\overline{X}-\overline{Y}|$ 的拒绝域形式可设为

$$K_0 = \{|\overline{X}-\overline{Y}| > C\}.$$

在给定检验水平 α 时，令

$$P(|\overline{X}-\overline{Y}| > C \mid H_0 \text{成立}) = \alpha.$$

情形 1 两个正态总体方差 σ_1^2, σ_2^2 为已知.

在 H_0 成立时，$\overline{X} \sim N\left(\mu_1, \frac{\sigma_1^2}{n}\right)$，$\overline{Y} \sim N\left(\mu_2, \frac{\sigma_2^2}{m}\right)$，故

$$\overline{X}-\overline{Y} \sim N\left(0, \frac{\sigma_1^2}{n}+\frac{\sigma_2^2}{m}\right),$$

从而

$$u = \frac{\overline{X}-\overline{Y}}{\sqrt{\frac{\sigma_1^2}{n}+\frac{\sigma_2^2}{m}}} \sim N(0,1).$$

$$P\left(\frac{|\overline{X}-\overline{Y}|}{\sqrt{\frac{\sigma_1^2}{n}+\frac{\sigma_2^2}{m}}} > u_{1-\frac{\alpha}{2}}\right) = \alpha, \quad \text{即} \quad P\left(|\overline{X}-\overline{Y}| > u_{1-\frac{\alpha}{2}}\sqrt{\frac{\sigma_1^2}{n}+\frac{\sigma_2^2}{m}}\right) = \alpha.$$

所以 H_0 的拒绝域为(见图 3.7)

$$|\overline{X}-\overline{Y}| > u_{1-\frac{\alpha}{2}}\sqrt{\frac{\sigma_1^2}{n}+\frac{\sigma_2^2}{m}}$$

或

$$\frac{|\overline{X}-\overline{Y}|}{\sqrt{\frac{\sigma_1^2}{n}+\frac{\sigma_2^2}{m}}} > u_{1-\frac{\alpha}{2}}.$$

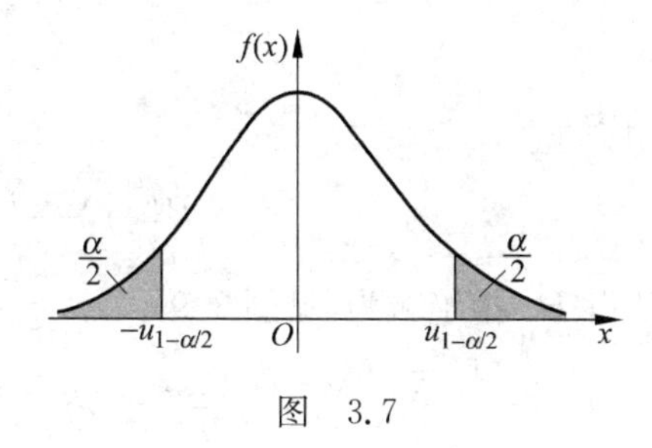

图 3.7

情形 2 总体方差 σ_1^2, σ_2^2 未知，但 $\sigma_1^2=\sigma_2^2=\sigma^2$.

在 H_0 成立时，$\overline{X}-\overline{Y} \sim N\left(0, \frac{(m+n)\sigma^2}{nm}\right)$，

$$\frac{(n-1)S_X^2}{\sigma^2} \sim \chi^2(n-1), \quad \frac{(m-1)S_Y^2}{\sigma^2} \sim \chi^2(m-1),$$

$$\frac{(n-1)S_X^2+(m-1)S_Y^2}{\sigma^2} \sim \chi^2(n+m-2).$$

令

$$S_w^2 = \frac{(n-1)S_X^2+(m-1)S_Y^2}{n+m-2},$$

$$T=\frac{\dfrac{\overline{X}-\overline{Y}}{\sigma\sqrt{\dfrac{n+m}{nm}}}}{\sqrt{\dfrac{(n-1)S_x^2+(m-1)S_y^2}{\sigma^2(n+m-2)}}}=\frac{\overline{X}-\overline{Y}}{S_w\sqrt{\dfrac{n+m}{nm}}}\sim t(n+m-2).$$

又因为

$$P\left(\frac{|\overline{X}-\overline{Y}|}{S_w\sqrt{\dfrac{n+m}{nm}}}>t_{1-\frac{\alpha}{2}}(n+m-2)\right)=\alpha,$$

$$P\left(|\overline{X}-\overline{Y}|>t_{1-\frac{\alpha}{2}}(n+m-2)S_w\sqrt{\frac{n+m}{nm}}\right)=\alpha.$$

所以 H_0 的拒绝域为(见图 3.8)

$$|\overline{X}-\overline{Y}|>t_{1-\frac{\alpha}{2}}(n+m-2)S_w\sqrt{\frac{n+m}{nm}}\quad 或\quad \frac{|\overline{X}-\overline{Y}|}{S_w\sqrt{\dfrac{n+m}{nm}}}>t_{1-\frac{\alpha}{2}}(n+m-2).$$

情形3 σ_1^2,σ_2^2 未知,但 $n=m$.

令 $Z=X-Y,Z_i=X_i-Y_i(i=1,2,\cdots,n)$,则 $Z\sim N(\mu_1-\mu_2,\sigma_1^2+\sigma_2^2)$.

令 $\mu=\mu_1-\mu_2,\sigma^2=\sigma_1^2+\sigma_2^2$,则 $Z\sim N(\mu,\sigma^2),Z_1,Z_2,\cdots,Z_n$ 可视为来自总体 Z 的样本,$\overline{Z}=\overline{X}-\overline{Y}$. 这时的假设检验问题等价于

$$H_0:\mu=0,\ H_1:\mu\neq 0.$$

在 H_0 成立的条件下,$T=\dfrac{\overline{Z}}{S_Z}\sqrt{n}=\dfrac{(\overline{X}-\overline{Y})}{S_Z}\sqrt{n}\sim t(n-1)$,其中

$$S_Z^2=\frac{1}{n-1}\sum_{i=1}^{n}(Z_i-\overline{Z})^2.$$

因为

$$P\left(\frac{|\overline{X}-\overline{Y}|\sqrt{n}}{S_Z}>t_{1-\frac{\alpha}{2}}(n-1)\right)=\alpha,$$

所以 H_0 拒绝域为(见图 3.9)

$$K_0=\left\{|\overline{X}-\overline{Y}|>\frac{S_Z}{\sqrt{n}}t_{1-\frac{\alpha}{2}}(n-1)\right\}\quad 或\quad K_0=\left\{\frac{|\overline{X}-\overline{Y}|\sqrt{n}}{S_Z}>t_{1-\frac{\alpha}{2}}(n-1)\right\}.$$

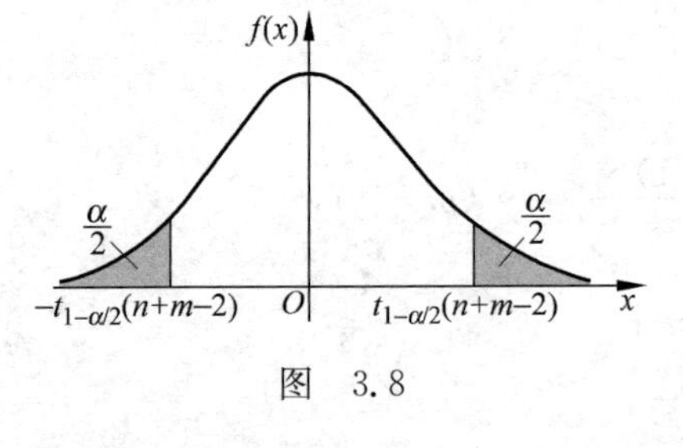

图 3.8

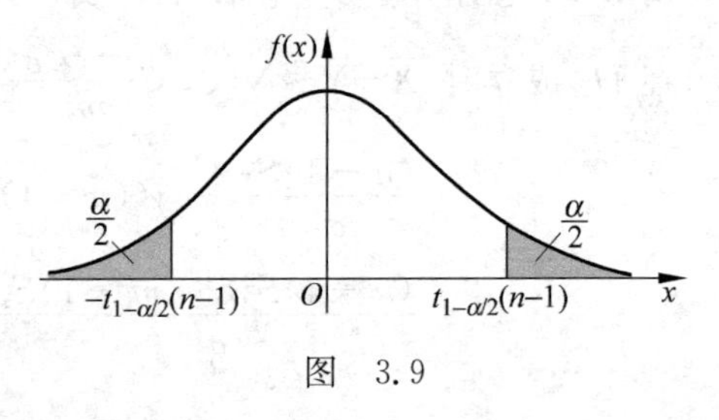

图 3.9

其他形式的假设检验,可类似的讨论,其结果见表 3.6.

表 3.6 两个正态总体均值的假设检验

H_0（原假设） H_1（备择假设）	条件	H_0 的拒绝域
$H_0:\mu_1=\mu_2, H_1:\mu_1\neq\mu_2$	σ_1^2,σ_2^2 已知	$\frac{\lvert\overline{X}-\overline{Y}\rvert}{\sqrt{\frac{\sigma_1^2}{n}+\frac{\sigma_2^2}{m}}}>u_{1-\frac{\alpha}{2}}$
	σ_1^2,σ_2^2 未知，但 $\sigma_1^2=\sigma_2^2=\sigma^2$	$\frac{\lvert\overline{X}-\overline{Y}\rvert}{S_w\sqrt{\frac{n+m}{nm}}}>t_{1-\frac{\alpha}{2}}(n+m-2)$
	σ_1^2,σ_2^2 未知，但 $n=m$	$\frac{\lvert\overline{X}-\overline{Y}\rvert\sqrt{n}}{S_Z}>t_{1-\frac{\alpha}{2}}(n-1)$
$H_0:\mu_1\leqslant\mu_2, H_1:\mu_1>\mu_2$	σ_1^2,σ_2^2 已知	$\frac{\overline{X}-\overline{Y}}{\sqrt{\frac{\sigma_1^2}{n}+\frac{\sigma_2^2}{m}}}>u_{1-\alpha}$
	σ_1^2,σ_2^2 未知，但 $\sigma_1^2=\sigma_2^2=\sigma^2$	$\frac{\overline{X}-\overline{Y}}{S_w\sqrt{\frac{n+m}{nm}}}>t_{1-\alpha}(n+m-2)$
$H_0:\mu_1\geqslant\mu_2, H_1:\mu_1<\mu_2$	σ_1^2,σ_2^2 已知	$\frac{\overline{X}-\overline{Y}}{\sqrt{\frac{\sigma_1^2}{n}+\frac{\sigma_2^2}{m}}}<u_{\alpha}$
	σ_1^2,σ_2^2 未知，但 $\sigma_1^2=\sigma_2^2=\sigma^2$	$\frac{\overline{X}-\overline{Y}}{S_w\sqrt{\frac{n+m}{nm}}}<t_{\alpha}(n+m-2)$

例 3.8（涂料配方比较） 产品开发者关注降低涂料干燥时间. 假设涂料干燥时间服从正态分布. 现对该涂料的两种配方进行检验. 配方 1 是标准化学制剂；配方 2 添加了一种减少干燥时间的新干燥成分.

从经验来看，干燥时间的标准差为 8min，不会受到新成分增加的影响. 现随机产生等容量为 10 的两组检验样本，样本组 1 采用配方 1，样本组 2 采用配方 2；样本组 1 和样本组 2 的平均干燥时间分别为 $\overline{X}=121$min 和 $\overline{Y}=112$min. 问在 $\alpha=0.05$ 时，产品开发者能从新配方干燥效率得出什么结论？

解 $X\sim N(\mu_1,\sigma_1^2)$, $Y\sim N(\mu_2,\sigma_2^2)$, $\sigma_1^2=\sigma_2^2=8^2$, $\overline{X}=121$, $\overline{Y}=112$.

$$H_0:\mu_1=\mu_2,\quad H_1:\mu_1>\mu_2.$$

H_0 的拒绝域为

$$\frac{\overline{X}-\overline{Y}}{\sqrt{\frac{\sigma_1^2}{n}+\frac{\sigma_2^2}{m}}}>u_{1-\alpha},\quad n=m=10,$$

$$\frac{\overline{X}-\overline{Y}}{\sqrt{\frac{\sigma_1^2}{n}+\frac{\sigma_2^2}{m}}}=\frac{121-112}{\sqrt{\frac{8^2}{10}+\frac{8^2}{10}}}=2.52>u_{1-\alpha}=u_{0.95}=1.645.$$

拒绝 H_0，接受备择假设，说明在原有涂料中加入新的干燥成分，干燥时间明显减少.

例 3.9（平均产量对比） 两种催化剂被用于某化工产品的试验，确定它们如何影响该化工品的产量. 1 号催化剂目前已被应用,2 号催化剂较便宜,只要不改变产量,它被接受也是必然的. 工厂分别采用催化剂 1 和催化剂 2 对容量相同样本进行试验,得出的产量数据结果如表 3.7 所示. 问是否该接受 2 号催化剂? 假定化工产品的产量服从正态分布($\alpha=0.05$).

表 3.7 两种催化剂样本产量数据

观察样本	催化剂 1	催化剂 2
1	91.5	89.19
2	94.18	90.95
3	92.18	90.46
4	95.39	93.21
5	91.79	97.19
6	89.07	97.04
7	94.72	91.07
8	89.21	92.75
合计	$\overline{X}=92.255$	$\overline{Y}=92.733$
	$S_X=2.39$	$S_Y=2.98$

解 统计假设 $H_0:\mu_1=\mu_2$, $H_1:\mu_1\neq\mu_2$. 通过表 3.7 我们知道

$$\overline{X}=92.255,\ S_X=2.39,\ n_1=n_2=8,\ \overline{Y}=92.733,\ S_Y=2.98,$$

因此

$$S_w^2=\frac{(n_1-1)S_X^2+(n_2-1)S_Y^2}{n_1+n_2-2}=\frac{7\times(2.39)^2+7\times(2.98)^2}{8+8-2}=7.30,$$

$$S_w=\sqrt{7.30}=2.70,$$

$$|t|=\left|\frac{\overline{X}-\overline{Y}}{S_w\sqrt{\frac{1}{n_1}+\frac{1}{n_2}}}\right|=\frac{|92.255-92.733|}{2.70\sqrt{\frac{1}{8}+\frac{1}{8}}}=0.35,$$

$$t_{1-\frac{\alpha}{2}}(n_1+n_2-2)=t_{0.975}(14)=2.145.$$

H_0 的拒绝域为

$$|t|=\frac{|\overline{X}-\overline{Y}|}{S_w\sqrt{\frac{1}{n_1}+\frac{1}{n_2}}}>t_{1-\frac{\alpha}{2}}(n_1+n_2-2).$$

由于 $0.35<2.145$,所以接受原假设. 这表明,在 0.05 置信水平下,我们没有足够的证据推出 2 号催化剂的平均产量会与 1 号催化剂的平均产量不同.

(2) 对方差的假设检验

考虑统计假设 $H_0:\sigma_1^2=\sigma_2^2$;$H_1:\sigma_1^2\neq\sigma_2^2$,且 μ_1,μ_2 未知. 此假设可转化为

$$H_0:\frac{\sigma_1^2}{\sigma_2^2}=1;\ H_1:\frac{\sigma_1^2}{\sigma_2^2}\neq 1.$$

由于 S_X^2,S_Y^2 分别是 σ_1^2,σ_2^2 的最小方差无偏估计量,所以在 H_0 成立的情况下,$\frac{S_X^2}{S_Y^2}$应在 1 的附

近，换言之，$\frac{S_X^2}{S_Y^2}$过大或过小是一个小概率事件. 因此，可选择 H_0 的拒绝域形式为

$$K_0=\left\{\frac{S_X^2}{S_Y^2}<c_1,\text{ 或 }\frac{S_X^2}{S_Y^2}>c_2\right\},c_1<c_2.$$

根据抽样分布定理，得

$$\frac{(n-1)S_X^2}{\sigma_1^2}\sim\chi^2(n-1),\frac{(m-1)S_Y^2}{\sigma_2^2}\sim\chi^2(m-1),$$

$$\frac{S_X^2/\sigma_1^2}{S_Y^2/\sigma_2^2}\sim F(n-1,m-1).$$

因而，在 H_0 成立的情况下，有

$$F=\frac{S_X^2}{S_Y^2}\sim F(n-1,m-1).$$

由

$$P\left(\left(\frac{S_X^2}{S_Y^2}<c_1\right)\cup\left(\frac{S_X^2}{S_Y^2}>c_2\right)\mid H_0\text{ 成立}\right)=\alpha,$$

令

$$P\left(\frac{S_X^2}{S_Y^2}<c_1\right)=P\left(\frac{S_X^2}{S_Y^2}>c_2\right)=\frac{\alpha}{2},$$

$$P\left(\frac{S_X^2}{S_Y^2}<F_{\frac{\alpha}{2}}(n-1,m-1)\right)=P\left(\frac{S_X^2}{S_Y^2}>F_{1-\frac{\alpha}{2}}(n-1,m-1)\right)=\frac{\alpha}{2},$$

H_0 的拒绝域为（见图 3.10）

$$\frac{S_X^2}{S_Y^2}<F_{\frac{\alpha}{2}}(n-1,m-1),$$

或

$$\frac{S_X^2}{S_Y^2}>F_{1-\frac{\alpha}{2}}(n-1,m-1).$$

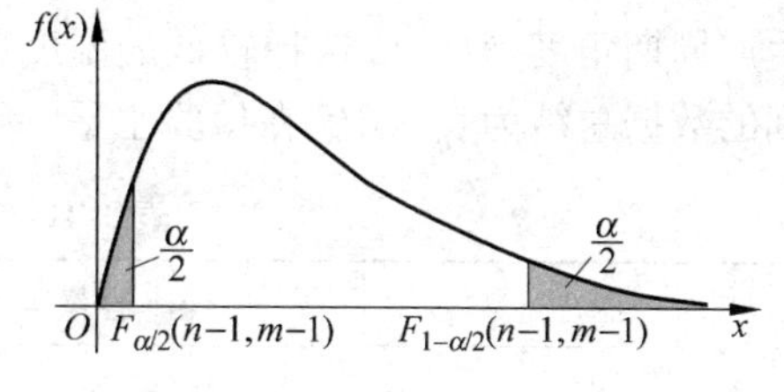

图 3.10

其他形式的假设检验，可做类似的讨论，其结果见表 3.8.

表 3.8 两个正态总体方差的假设检验

H_0（原假设）	H_1（备择假设）	μ_1,μ_2 未知（H_0 的拒绝域）
$\sigma_1^2=\sigma_2^2$	$\sigma_1^2\neq\sigma_2^2$	$\frac{S_X^2}{S_Y^2}<F_{\frac{\alpha}{2}}(n-1,m-1)$ 或$\frac{S_X^2}{S_Y^2}>F_{1-\frac{\alpha}{2}}(n-1,m-1)$
$\sigma_1^2\leqslant\sigma_2^2$	$\sigma_1^2>\sigma_2^2$	$\frac{S_X^2}{S_Y^2}>F_{1-\alpha}(n-1,m-1)$
$\sigma_1^2\geqslant\sigma_2^2$	$\sigma_1^2<\sigma_2^2$	$\frac{S_X^2}{S_Y^2}<F_{\alpha}(n-1,m-1)$

例 3.10 某制造商和其竞争者加工发动机某配件. 此配件的直径变化服从参数不同的正态分布. 现分别从制造商和竞争者生产的配件中抽取容量为 10 和 20 的两个样本，测得的

样本方差分别为 0.0003 和 0.0001. 在检验水平 $\alpha=0.05$ 下能否证明竞争者生产的发动机配件直径的方差比制造商生产的配件直径的方差要小?

解 设制造商和竞争者生产的发动机配件直径方差分别为 σ_1^2,σ_2^2,随机样本的容量和方差如表 3.9 所示.

表 3.9 随机样本的容量和方差

生产者	样本容量	样本方差
制造商	$n_1=10$	$S_1^2=0.0003$
竞争者	$n_2=20$	$S_2^2=0.0001$

检验的假设为

$$H_0:\sigma_1^2\leqslant\sigma_2^2,\ H_1:\sigma_1^2>\sigma_2^2.$$

在 H_0 成立时,采用统计量$\dfrac{S_1^2}{S_2^2}\sim F(9,19)$,$H_0$ 的拒绝域为$\dfrac{S_1^2}{S_2^2}>F_{1-\alpha}(9,19)$. 因为

$$\frac{S_1^2}{S_2^2}=3>F_{1-\alpha}(9,19)=F_{0.95}(9,19)=2.42,$$

所以拒绝 H_0,竞争者生产的发动机配件直径具有较小的方差,更加集中于均值,质量比制造商的质量好.

例 3.11 某产品的断裂强力服从正态分布,它在漂白工艺中受到温度的影响,若该产品在两个不同的温度 $a_1,a_2(a_1<a_2)$下断裂强力没有显著的差异,从节约产品的生产成本和生产周期角度考虑,应选择较低的温度. 现在 a_1,a_2 两个温度下分别重复了 8 次试验,所得到的数据总结为表 3.10,在检验水平 $\alpha=0.05$ 下,应选择哪一个温度?

表 3.10 样本容量、均值和方差

温度	样本容量	样本均值	样本方差
温度 a_1	$m=8$	$\overline{X}=20.325$	$S_X^2=1.094$
温度 a_2	$n=8$	$\overline{Y}=19.4$	$S_Y^2=0.829$

解 根据所给数据,计算得

$$S_w=\sqrt{\frac{(m-1)S_X^2+(n-1)S_Y^2}{m+n-2}}=0.98.$$

(1) 首先检验"等方差"假设 $H_0:\sigma_1^2=\sigma_2^2,\ H_1:\sigma_1^2\neq\sigma_2^2$.

在 H_0 成立的条件下,H_0 的拒绝域为

$$\left(\frac{S_X^2}{S_Y^2}<F_{\frac{\alpha}{2}}(7,7)\right)\cup\left(\frac{S_X^2}{S_Y^2}>F_{1-\frac{\alpha}{2}}(7,7)\right),$$

$$\frac{S_X^2}{S_Y^2}=\frac{1.094}{0.829}=1.32.$$

另一方面,在显著性水平 $\alpha=0.05$ 下,查表得

$$F_{0.025}(7,7)=0.2004,\ F_{1-0.025}(7,7)=F_{0.975}(7,7)=4.99.$$

因为 $0.2004<1.32<4.99$,因此接受 H_0,可以认为两个正态分布总体的方差相等.

(2) 检验 $H_0:\mu_1=\mu_2,\ H_1:\mu_1\neq\mu_2$.

由于 σ_1^2,σ_2^2 未知但相等，H_0 的拒绝域为

$$|\overline{X}-\overline{Y}|>t_{1-\frac{\alpha}{2}}(n+m-2)S_w\sqrt{\frac{n+m}{nm}}.$$

因为 $|\overline{X}-\overline{Y}|=0.925$，在显著性水平 $\alpha=0.05$ 下计算临界值为

$$t_{1-\frac{\alpha}{2}}(n+m-2)S_w\sqrt{\frac{n+m}{mn}}=1.05105.$$

由于 $0.925<1.05105$，因此，不拒绝 H_0，说明在这两种温度下断裂强力均值没有显著差异. 综合(1)和(2)，应选择较小的温度 a_1.

3.2.2 非正态总体的参数假设检验

前面的统计假设检验均以总体为正态分布作为前提，但可能总体不是正态分布，对总体为非正态总体分布时，可以采用基于中心极限定理的大样本检验法.

由中心极限定理，对总体 X，如果 $EX=\mu,DX=\sigma^2$ 存在，在样本容量 n 充分大时(一般要大于 30)有

$$\frac{\overline{X}-\mu}{\frac{\sigma}{\sqrt{n}}}\overset{\text{近似}}{\sim}N(0,1).$$

若总体方差未知时，样本方差 S^2 可以代替母体方差 σ^2，在样本容量 n 充分大时有

$$\frac{\overline{X}-\mu}{\frac{S}{\sqrt{n}}}\overset{\text{近似}}{\sim}N(0,1).$$

对原假设和备择假设分别为 $H_0:\mu=\mu_0,H_1:\mu\neq\mu_0$ 的检验时，如果样本容量 n 充分大，H_0 的拒绝域列于表 3.11.

表 3.11 非正态总体均值检验 H_0 的拒绝域

H_0 (原假设)	H_1 (备择假设)	总体方差 σ^2 已知	总体方差 σ^2 未知
$\mu=\mu_0$	$\mu\neq\mu_0$	$\frac{\lvert\overline{X}-\mu_0\rvert}{\frac{\sigma}{\sqrt{n}}}>u_{1-\frac{\alpha}{2}}$	$\frac{\lvert\overline{X}-\mu_0\rvert}{\frac{S}{\sqrt{n}}}>u_{1-\frac{\alpha}{2}}$
$\mu\leqslant\mu_0$	$\mu>\mu_0$	$\frac{\overline{X}-\mu_0}{\frac{\sigma}{\sqrt{n}}}>u_{1-\alpha}$	$\frac{\overline{X}-\mu_0}{\frac{S}{\sqrt{n}}}>u_{1-\alpha}$
$\mu\geqslant\mu_0$	$\mu<\mu_0$	$\frac{\overline{X}-\mu_0}{\frac{\sigma}{\sqrt{n}}}<u_{\alpha}$	$\frac{\overline{X}-\mu_0}{\frac{S}{\sqrt{n}}}<u_{\alpha}$

例 3.12 $X\sim B(1,p)$，$X_1,X_2,\cdots,X_n$ 为其一个大样本，对参数 p 的假设检验 $H_0:p=p_0,H_1:p\neq p_0$.

检验方法 1：在 H_0 成立的条件下，由于 $DX=p(1-p)=p_0(1-p_0)$，H_0 的拒绝域为

$$\frac{|\overline{X}-p_0|}{\frac{\sqrt{p_0(1-p_0)}}{\sqrt{n}}}>u_{1-\frac{\alpha}{2}}.$$

检验方法2：用样本方差代替总体方差，由于总体是二项分布，所以 X_i 只能取0,1两个值，故有 $X_i^2=X_i$，于是

$$S^2=\frac{1}{n-1}\sum_{i=1}^{n}(X_i-\overline{X})^2=\frac{1}{n-1}\left(\sum_{i=1}^{n}X_i^2-n\overline{X}^2\right)=\frac{1}{n-1}\left(\sum_{i=1}^{n}X_i-n\overline{X}^2\right)$$

$$=\frac{1}{n-1}(n\overline{X}-n\overline{X}^2)=\frac{n\overline{X}(1-\overline{X})}{n-1}.$$

检验统计量为 $u=\frac{\overline{X}-p_0}{\sqrt{\overline{X}(1-\overline{X})}}\sqrt{n-1}$，$H_0$ 的拒绝域为

$$u=\frac{|\overline{X}-p_0|}{\sqrt{\overline{X}(1-\overline{X})}}\sqrt{n-1}>u_{1-\frac{\alpha}{2}}.$$

例 3.13 样本 $X_1,X_2,\cdots,X_n$ 来自总体 $X\sim P(\lambda)$，检验 $H_0:\lambda=\lambda_0$，$H_1:\lambda\neq\lambda_0$.

因为泊松分布的数学期望 $EX=\lambda$，所以假设检验可以看成是对总体均值进行检验. 在 H_0 成立的条件下，样本容量 n 充分大时，选取检验统计量 $u=\frac{\overline{X}-\lambda_0}{\sqrt{\lambda_0}}\sqrt{n}$，$H_0$ 的拒绝域为

$$\frac{|\overline{X}-\lambda_0|}{\sqrt{\lambda_0}}\sqrt{n}>u_{1-\frac{\alpha}{2}}.$$

例 3.14(锻造过程) 铸造钢锻件用在汽车制造业. 我们期望检验的原假设为在制造过程中不合格的部分为10%. 在250件钢锻件样本中，有41件不合格. 在检验水平 $\alpha=0.05$ 时原假设是否成立.

解 假设检验为 $H_0:p=0.1$，$H_1:p\neq0.1$.

$\overline{X}=\frac{41}{250}=0.164$，$n=250$，$p_0=0.1$，$H_0$ 的拒绝域为

$$\frac{|\overline{X}-p_0|}{\frac{\sqrt{p_0(1-p_0)}}{\sqrt{n}}}>u_{1-\frac{\alpha}{2}}.$$

$$\frac{|\overline{X}-p_0|}{\frac{\sqrt{p_0(1-p_0)}}{\sqrt{n}}}=\frac{|0.164-0.1|}{\sqrt{0.1(1-0.1)}}\sqrt{250}=\frac{1.012}{0.3}=3.373>u_{1-\frac{\alpha}{2}}$$

$$=u_{0.975}=1.96,$$

拒绝原假设，接受备择假设，即锻造过程中不合格产品率不等于10%.

3.3 非参数假设检验

总体分布类型为已知，对其参数的假设检验问题，我们已经做了较详细的讨论. 而在实际中我们还需要非参数的假设检验，我们主要讨论分布函数的假设检验和独立性的假设检验.

3.3.1 总体分布函数的假设检验

1. 统计假设的提出

设总体 X 的分布函数为 $F(x)$ 但未知，$X_1,X_2,\cdots,X_n$ 是来自总体 X 的样本，样本值为 $x_1,x_2,\cdots,x_n$，$F_0(x)$ 为一个不含参数或含有有限个未知参数的已知分布函数，称为理论分布，一般可由总体的物理意义、样本的经验分布函数或直方图等得到启发而确定，统计假设为

$$H_0:F(x)=F_0(x),\ H_1:F(x)\neq F_0(x).$$

2. K. Pearson χ^2 拟合优度检验法

统计假设可理解为：事先给定的理论分布 $F_0(x)$ 能否较好地拟合观察数据 $X_1,X_2,\cdots,X_n$ 所反映的随机分布. 拟合优度检验法的基本思想就是设法确定一个能刻画 $X_1,X_2,\cdots,X_n$ 的观察数据与已知理论分布 $F_0(x)$ 之间拟合程度的量，即拟合优度. 当这个量超过某个界限时，说明拟合程度不高，应拒绝 H_0，否则接受 H_0. 为此，把总体 X 的所有可能结果的全体 Ω 适当分为 m 个互不相容的单元 $A_1,A_2,\cdots,A_m$ ($\bigcup_{i=1}^{m}A_i=\Omega,A_iA_j=\varnothing,i\neq j$). 每个单元 A_i 中包含的样本点数至少为 5. 计算 $A_i(i=1,2,\cdots,m)$ 在 H_0 成立的条件下的理论概率值 $p_i=p(A_i)$，由此得到在试验样本中，事件 A_i 发生的理论频数为 np_i. 当 H_0 成立时，试验次数 n 充分大时，事件 A_i 发生的理论频数 np_i 与实际频数 ν_i 的差异应该很小. 1900 年 K. Pearson 用理论频数 np_i 与实际频数 ν_i 的差异构造 χ^2 检验统计量

$$\chi^2=\sum_{i=1}^{m}\frac{(\nu_i-np_i)^2}{np_i}.$$

1924 年 Fisher 又给出了结论：在 H_0 成立的条件下，若 $F_0(x)$ 含有 r 个未知参数 $\theta_1,\theta_2,\cdots,\theta_r$，则

$$\chi^2=\sum_{i=1}^{m}\frac{(\nu_i-np_i)^2}{np_i}.$$

的极限分布是 $\chi^2(m-r-1)$，其中 $F_0(x)$ 中的未知参数 $\theta_1,\theta_2,\cdots,\theta_r$ 需用其极大似然估计. 样本容量 n 充分大时，H_0 的拒绝域为(见图 3.11)

$$\sum_{i=1}^{m}\frac{(\nu_i-np_i)^2}{np_i}>\chi^2_{1-\alpha}(m-r-1),$$

其中 r 为总体分布函数中含有未知参数的个数. 如果总体分布函数不含未知参数，则 H_0 的拒绝域为

$$\sum_{i=1}^{m}\frac{(\nu_i-np_i)^2}{np_i}>\chi^2_{1-\alpha}(m-1).$$

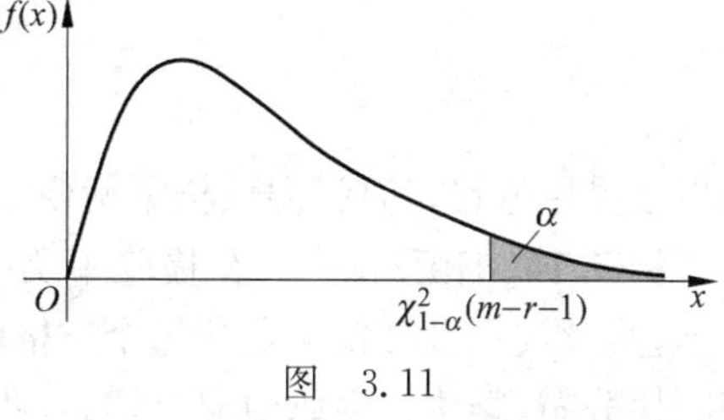

图 3.11

3. 应用案例

例 3.15(哈代-温伯格平衡) 如果血型频率是平衡的，那么根据哈代-温伯格定律，血型 M，MN，N 在总体中出现的频率分别是 $(1-\theta)^2$，$2\theta(1-\theta)$ 和 θ^2. 在 1937 年中国香港人口总体的抽样中，血型发生频数如表 3.12 所示，其中 M 和 N 是红细胞抗原. 检验哈代-温伯格平衡模型是否拟合这些观察数据？(检验水平 $\alpha=$

0.05.)

表 3.12 不同血型发生频数表

	血型			
	M	MN	N	总计
实际频数	342	500	187	1029

解 H_0:中国香港人口总体血型频率符合哈代-温伯格平衡频率,

H_1:中国香港人口总体血型频率不符合哈代-温伯格平衡频率.

由于总体含有参数,采用极大似然估计.

$$L(\theta)=[(1-\theta)^2]^{342}[2\theta(1-\theta)]^{500}(\theta^2)^{187}=2^{500}(1-\theta)^{1184}\theta^{874},$$
$$\ln L(\theta)=500\ln 2+1184\ln(1-\theta)+874\ln\theta.$$

令$\frac{\mathrm{d}(\ln L(\theta))}{\mathrm{d}\theta}=\frac{-1184}{1-\theta}+\frac{874}{\theta}=0$,即 $2058\theta=874$,得到参数的估计值为 $\hat{\theta}=0.4247$. 相应地计算$\hat{p}(M)$,$n\hat{p}(M)$的值为

$$\hat{p}(M)=(1-\hat{\theta})^2=(1-0.4247)^2=0.33097, n\hat{p}(M)=1029\times 0.33097=340.6.$$

同理可以算出$\hat{p}(MN)$, $n\hat{p}(MN)$; $\hat{p}(N)$, $n\hat{p}(N)$. 将计算出的理论频数与血型的实际频数列于表 3.13.

表 3.13 理论频数与实际频数表

	血型			
	M	MN	N	总计
理论频数 np_i	340.6	502.8	185.6	1029
实际频数 ν_i	342	500	187	1029

H_0 的拒绝域为

$$\sum_{i=1}^{3}\frac{(\nu_i-np_i)^2}{np_i}>\chi^2_{1-0.05}(3-1-1).$$

$$\sum_{i=1}^{3}\frac{(\nu_i-np_i)^2}{np_i}=0.0319, \chi^2_{1-0.05}(3-1-1)=\chi^2_{0.95}(1)=3.84.$$

因为

$$\sum_{i=1}^{3}\frac{(\nu_i-np_i)^2}{np_i}<\chi^2_{0.95}(1),$$

所以接受原假设,哈代-温伯格平衡模型能够较好地拟合观察数据.

例 3.16(细菌凝块) 在检验牛奶的细菌污染时,将 0.01mL 的牛奶置于 1cm^2 的载玻片上,然后放在显微镜上观察每个方格内的细菌块数. 乍一看,泊松模型可以非常合理地模拟凝块分布,凝块在牛奶中混合均匀,我们没有理由怀疑凝块束在一起. 然而经过仔细观察,我们注意到两个问题. 首先,受表面张力的影响,奶滴下表面上的细菌可以粘附在与其相接触的载玻片上,导致这个胶片区域内的浓度增加. 其次,胶片的厚度不均匀,中心较薄,边缘

较厚,引起细菌浓度的不均匀. 表 3.14 是来自 Bliss 和 Fisher(1953)汇总了 400 个方格上的凝块数,问泊松分布模型是否能够拟合这些数据?(检验水平 $\alpha=0.05$.)

表 3.14 样本数据

每方格数	0	1	2	3	4	5	6	7	8	9	10	19
实际频数	56	104	80	62	42	27	9	9	5	3	2	1

解 H_0:凝块分布服从泊松分布,H_1:凝块分布不服从泊松分布.

由于泊松分布含有一个参数 λ,首先采用极大似然估计求出参数的估计值,即

$$\hat{\lambda}=\frac{0\times 56+1\times 104+2\times 80+\cdots+19\times 1}{400}=2.44.$$

表 3.15 显示了实际频数和理论频数,以及 χ^2 检验统计量的各个成分(最后几个单元合并在一起,以便最小的理论频数为 5).

表 3.15 实际频数、理论频数和 χ^2 检验统计量观察值

实际频数	56	104	80	62	42	27	9	20
理论频数	34.9	85.1	103.8	84.4	51.5	25.1	10.2	5.0
χ^2 的成分	12.8	4.2	5.5	5.9	1.8	0.14	0.14	45.0

H_0 拒绝域为

$$\sum_{i=1}^{8}\frac{(\nu_i-np_i)^2}{np_i}>\chi^2_{1-0.05}(8-1-1).$$

$$\sum_{i=1}^{8}\frac{(\nu_i-np_i)^2}{np_i}=75.4,\quad \chi^2_{1-0.05}(8-1-1)=\chi^2_{0.95}(6)=18.55.$$

因为

$$\sum_{i=1}^{8}\frac{(\nu_i-np_i)^2}{np_i}>\chi^2_{0.95}(6),$$

拒绝原假设. 模型失败的原因可以通过寻找 χ^2 的较大贡献成分和单元中实际频数和理论频数的差值符号. χ^2 最大的贡献成分出自表格的第一和最后一个单元,相对于泊松分布的理论频数,有太多的较小和较大的计数.

3.3.2 独立性的假设检验

1. 统计假设的提出

设总体随机变量为(X,Y),X 的所有可能不同取值为 $a_1,a_2,\cdots,a_r$;Y 的所有可能不同取值为 $b_1,b_2,\cdots,b_s$,对(X,Y)做 n 次独立观察试验,得到样本落在单元格$(X=a_i,Y=b_j)$的实际频数 $\nu_{ij}(i=1,2,\cdots,r;j=1,2,\cdots,s)$,对 X 与 Y 的独立性检验统计假设为

$$H_0:X\text{ 与 }Y\text{ 独立};\quad H_1:X\text{ 与 }Y\text{ 不独立}.$$

2. χ^2 检验法

假设(X,Y)的联合分布函数为 $F(x,y)$,边际分布函数为 $F_X(x)$和 $F_Y(y)$,那么 X 与 Y 独立等价于

$$F(x,y)=F_X(x)F_Y(y).$$

将抽样数据列于 $r\times s$ 列联表,如表 3.16 所示.

表 3.16 $r\times s$ 列联表

X	Y				$n_{i\cdot}$
	b_1	b_2	…	b_s	
a_1	ν_{11}	ν_{12}	…	ν_{1s}	$n_{1\cdot}$
a_2	ν_{21}	ν_{22}	…	ν_{2s}	$n_{2\cdot}$
⋮	⋮	⋮		⋮	⋮
a_r	ν_{r1}	ν_{r2}	…	ν_{rs}	$n_{r\cdot}$
$n_{\cdot j}$	$n_{\cdot 1}$	$n_{\cdot 2}$	…	$n_{\cdot s}$	n

其中 $n_{i\cdot}=\sum\limits_{j=1}^{s}\nu_{ij}$, $n_{\cdot j}=\sum\limits_{i=1}^{r}\nu_{ij}$. 记 $P(X=a_i,Y=b_j)=p_{ij}$, $p_{i\cdot}=\sum\limits_{j=1}^{s}p_{ij}$, $p_{\cdot j}=\sum\limits_{i=1}^{r}p_{ij}$, $(i=1,2,\cdots,r;j=1,2,\cdots,s)$, 因此独立性统计假设可转化为

$$H_0:p_{ij}=p_{i\cdot}p_{\cdot j},\quad H_1:p_{ij}\neq p_{i\cdot}p_{\cdot j}.$$

若 p_{ij} 均已知,则令

$$\chi^2=\frac{\sum\limits_{i=1}^{r}\sum\limits_{j=1}^{s}(\nu_{ij}-np_{ij})^2}{np_{ij}}.$$

K. Pearson 建议当 n 充分大时,选择 χ^2 作为检验统计量(若问题中 p_{ij} 未知,可用 p_{ij} 的极大似然估计 $\hat{p}_{ij}$ 代替). 由于在 H_0 成立的条件下有 $p_{ij}=p_{i\cdot}\,p_{\cdot j}$,相应地有 $\hat{p}_{ij}=\hat{p}_{i\cdot}\,\hat{p}_{\cdot j}$.

可以求出 $p_{i\cdot}(i=1,2,\cdots,r-1)$ 和 $p_{\cdot j}(j=1,2,\cdots,s-1)$ 这 $r+s-2$ 个参数的极大似然估计 $\hat{p}_{i\cdot}$, $\hat{p}_{\cdot j}$ 为

$$\hat{p}_{i\cdot}=\frac{n_{i\cdot}}{n},\hat{p}_{\cdot j}=\frac{n_{\cdot j}}{n}.$$

由 $p_{r\cdot}=1-\sum\limits_{i=1}^{r-1}p_{i\cdot}$, $p_{\cdot s}=1-\sum\limits_{j=1}^{s-1}p_{\cdot j}$ 可得出 $p_{r\cdot}$ 和 $p_{\cdot s}$ 的极大似然估计量为

$$\hat{p}_{r\cdot}=1-\sum_{k=1}^{r-1}\hat{p}_{k\cdot},\hat{p}_{\cdot s}=1-\sum_{k=1}^{s-1}\hat{p}_{\cdot k}.$$

在 H_0 成立的条件下,检验统计量为

$$\begin{aligned}\sum_{i=1}^{r}\sum_{j=1}^{s}\frac{(\nu_{ij}-n\hat{p}_{ij})^2}{n\hat{p}_{ij}}&=\sum_{i=1}^{r}\sum_{j=1}^{s}\frac{(\nu_{ij}-n\hat{p}_{i\cdot}\,\hat{p}_{\cdot j})^2}{n\hat{p}_{i\cdot}\,\hat{p}_{\cdot j}}=\sum_{i=1}^{r}\sum_{j=1}^{s}\frac{\left(\nu_{ij}-n\dfrac{n_{i\cdot}}{n}\dfrac{n_{\cdot j}}{n}\right)^2}{n\dfrac{n_{i\cdot}}{n}\dfrac{n_{\cdot j}}{n}}\\&=n\sum_{i=1}^{r}\sum_{j=1}^{s}\frac{\left(\nu_{ij}-\dfrac{n_{i\cdot}n_{\cdot j}}{n}\right)^2}{n_{i\cdot}n_{\cdot j}}\sim\chi^2(rs-(r-1)-(s-1)-1)\\&=\chi^2((r-1)(s-1)).\end{aligned}$$

H_0 的拒绝域为(见图 3.12)

$$n\sum_{i=1}^{r}\sum_{j=1}^{s}\frac{\left(\nu_{ij}-\frac{n_{i\cdot}n_{\cdot j}}{n}\right)^2}{n_{i\cdot}n_{\cdot j}}>\chi^2_{1-\alpha}((r-1)(s-1)).$$

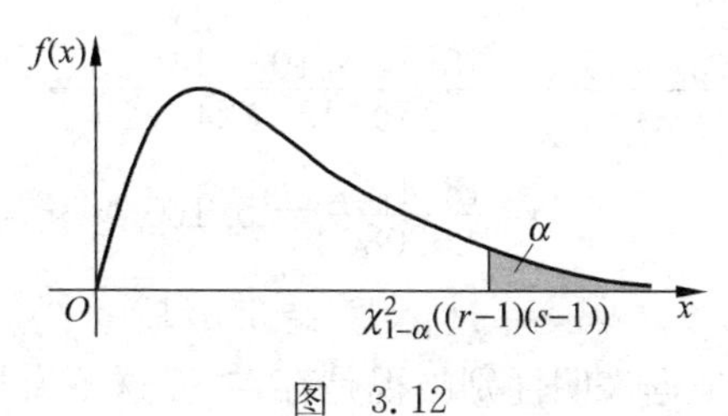

图 3.12

当 $r=s=2$ 时,得 2×2 列联表,如表 3.17 所示.

表 3.17 2×2 列联表

X	Y		$n_{i\cdot}$
	b_1	b_2	
a_1	n_{11}	n_{12}	$n_{1\cdot}$
a_2	n_{21}	n_{22}	$n_{2\cdot}$
$n_{\cdot j}$	$n_{\cdot 1}$	$n_{\cdot 2}$	n

检验统计量可化简为

$$\chi^2=\frac{n(n_{11}n_{22}-n_{21}n_{12})^2}{n_{1\cdot}n_{2\cdot}n_{\cdot 1}n_{\cdot 2}}\sim\chi^2(1),$$

H_0 的拒绝域为

$$\frac{n(n_{11}n_{22}-n_{21}n_{12})^2}{n_{1\cdot}n_{2\cdot}n_{\cdot 1}n_{\cdot 2}}>\chi^2_{1-\alpha}(1).$$

例 3.17 某公司的人力资源部到某大学招聘 35 名毕业生,公布招聘消息后,投简历的毕业生中有男生和女生各 24 名,该公司录用了 21 名男生,14 名女生,如表 3.18 所示. 根据这个招聘结果,你认为该公司在招聘高校毕业生时是否存在性别歧视?(检验水平 $\alpha=0.05$)

解 H_0:该公司在招聘毕业生中不存在性别歧视(即观察中的任何差异都是随机因素造成的). H_1:存在性别歧视.

如果用 X 表示应聘学生是否被录用,Y 表示应聘学生的性别. 该问题就转化为检验 X 与 Y 是否独立,所以原假设和备择假设表示为

$$H_0: X 与 Y 独立, \quad H_1: X 与 Y 不独立.$$

表 3.18 招聘结果

X(是否录用)	Y(性别)		$n_{i\cdot}$
	男性	女性	
录用	21(n_{11})	14(n_{12})	(35)$n_{1\cdot}$
不录用	3(n_{21})	10(n_{22})	(13)$n_{2\cdot}$
$n_{\cdot j}$	24($n_{\cdot 1}$)	24($n_{\cdot 2}$)	48

H_0 的拒绝域为

$$\frac{n(n_{11}n_{22}-n_{21}n_{12})^2}{n_{1.}n_{2.}n_{.1}n_{.2}}>\chi^2_{1-\alpha}(1).$$

$$\frac{n(n_{11}n_{22}-n_{21}n_{12})^2}{n_{1.}n_{2.}n_{.1}n_{.2}}=\frac{48(21\times 10-14\times 3)^2}{35\times 13\times 24\times 24}$$

$$=\frac{1354752}{262080}=5.169>\chi^2_{1-0.05}(1)$$

$$=\chi^2_{0.95}(1)=3.841.$$

拒绝原假设,有非常充足的证据表明性别歧视是存在的.这不奇怪,因为一个女生到公司或企业之后成家做了母亲,她的主要精力放在自己的家庭,对公司的贡献可能小于男生所做的贡献.

例 3.18(手机与驾驶) 驾驶时使用手机是否会导致车祸这个问题是很难进行实证研究的.观察研究需要比较使用者和不使用者的事故率,而这受限于很多复杂的原因,如年龄、性别、时间和驾驶地点.随机化控制试验随机地指定驾驶者使用或不使用手机,这是行不通的.其部分原因是蓄意将人们暴露在潜在的危险情况下是不道德的.研究的方法是从具有手机且已卷入汽车碰撞事故的驾驶员中,调查他们在碰撞前 10min 是否使用过手机,剔除各种混杂因素,调查的结果如表 3.19 所示,考察驾驶员驾驶时使用手机是否能引起更多的事故?(检验水平 $\alpha=0.05$)

表 3.19 碰撞事故与驾驶员的手机使用抽样数据

X(碰撞)	Y(碰撞前)		$n_{i.}$
	使用电话	没有使用电话	
碰撞	13(n_{11})	157(n_{12})	(170)$n_{1.}$
没有碰撞	24(n_{21})	505(n_{22})	(529)$n_{2.}$
$n_{.j}$	37($n_{.1}$)	662($n_{.2}$)	699

解 H_0: X 与 Y 独立,H_1: X 与 Y 不独立.

H_0 的拒绝域为

$$\frac{n\,(n_{11}n_{22}-n_{21}n_{12})^2}{n_{1.}n_{2.}n_{.1}n_{.2}}>\chi^2_{1-\alpha(1)}.$$

$$\frac{n\,(n_{11}n_{22}-n_{21}n_{12})^2}{n_{1.}n_{2.}n_{.1}n_{.2}}=\frac{699(13\times 505-24\times 157)^2}{170\times 529\times 37\times 662}$$

$$=2.4825,\chi^2_{1-\alpha}(1)=\chi^2_{0.95}(1)=3.841.$$

由于 $2.4825<3.841$,所以

$$\frac{n\,(n_{11}n_{22}-n_{21}n_{12})^2}{n_{1.}n_{2.}n_{.1}n_{.2}}<\chi^2_{1-\alpha}(1)=\chi^2_{0.95}(1),$$

接受原假设,车辆发生碰撞与是否使用手机是相互独立的,没有关系的.这一结论不一定说明驾驶时使用手机就能引起更多的交通事故.但经验告诉我们:在驾驶时使用手机相对来说引起交通事故的可能性要大一些,如驾驶员在情绪低落时,更可能使用手机,而使用手机会较少地留意驾驶.

3.3.3 两总体分布比较的假设检验

许多科学验证或社会经济调查中,常常需要比较两个总体有无明显差异,而总体的分布往往是不清楚的,甚至调查结果都很难从数量上把握.例如,让消费者品尝评判不同品牌啤酒的质量,他们只能判断较好、较差或给出质量等级分.下面介绍两种常用的方法:符号检验法和秩和检验法.

1. 问题的描述

设 $F_X(x)$,$F_Y(x)$分别为连续型总体 X,Y 的分布函数,$f_X(x)$,$f_Y(x)$分别为它们的密度函数,这些函数都未知. $X_1,X_2,\cdots,X_n$ 和 $Y_1,Y_2,\cdots,Y_m$ 是分别来自总体 X 和 Y 的样本,且相互独立,样本观察值分别为 $x_1,x_2,\cdots,x_n$ 和 $y_1,y_2,\cdots,y_m$. 统计假设是

$$H_0:F_X(x)=F_Y(x);\quad H_1:F_X(x)\neq F_Y(x).$$

2. 检验方法

方法 1 符号检验法(配对检验法)

符号检验法要求配对样本,也称为配对检验法,即 $n=m$,且假设 $X_i\neq Y_i(i=1,2,\cdots,n)$. 若出现 $X_i=Y_i$,则从样本中剔除,样本容量相应减少.

令

$$Z_i=\begin{cases}1,X_i>Y_i,\\0,X_i<Y_i\end{cases}\quad i=1,2,\cdots,n$$

易见,$Z_1,Z_2,\cdots,Z_n$ 是独立同分布的随机变量,且 $Z_i\sim B(1,p)$,其中 $p=P(X_i>Y_i)$. 当 H_0 成立时有

$$p=P(X>Y)=\iint_{X>Y}f_X(x)f_Y(y)\mathrm{d}x\mathrm{d}y=\frac{1}{2}.$$

$n^+=\sum_{i=1}^{n}Z_i$ 表示配对样本中 $X_i>Y_i$ 的个数,$n^-=n-n^+$ 表示 $X_i<Y_i$ 的个数,则在 H_0 成立的条件下,$n^++n^-=n$,$n^+\sim N(n,0.5)$,$n^-\sim N(n,0.5)$,并且 n^+,n^-应大致相等,都应接近$\frac{n}{2}$. 于是,选择检验统计量

$$s=\min\{n^+,n^-\}.$$

在 H_0 成立的条件下,s 不应太小. 当 s 小到一定的程度时,应该拒绝 H_0,所以 H_0 的拒绝域为

$$K_0=\{s<S_\alpha\},$$

其中 S_α 是符号检验的 α 分位数,可通过查表获得.

例 3.19 某钢铁股份有限公司为比较白班与夜班的产量是否有明显差异,随机抽取了16天的产量进行观察,产量比较结果如表 3.20 所示(单位:件). 在显著水平 $\alpha=0.05$ 下判断白班与夜班的生产是否存在显著性差异?

表 3.20 白班与夜班产量比较表

白班产量>夜班产量	样本数为 9
白班产量<夜班产量	样本数为 4
白班产量=夜班产量	样本数为 3

解 设 X 表示白班的产量，Y 表示夜班的产量，分布函数分别是 $F_X(x)$，$F_Y(x)$，则统计假设为

$$H_0: F_X(x)=F_Y(x), \quad H_1: F_X(x)\neq F_Y(x).$$

由题意知，有3个白班和夜班的产量相等的样本，应从样本中剔除，所以 $n=13$，当 $\alpha=0.05$ 时，拒绝域为

$$s\leqslant S_{0.05}(13).$$

而 $n^+=9, n^-=4, s=\min\{n^+,n^-\}=4$，$s>S_{0.05}(13)=2$. 故接受 H_0，可以认为白班与夜班生产不存在显著性差异.

方法2 秩和检验法

秩和检验也是检验两个总体分布是否有明显差异或两个独立样本是否来自同一总体的方法. 它与符号检验法主要的差别在于符号检验只考虑样本差数的符号，而秩和检验既要考虑样本差数的符号，又要考虑差数的顺序. 在利用样本信息方面比符号检验更充分，效力更强，是一种有效而又方便的检验方法. 另外，秩和检验法不要求配对样本.

(1) 秩的概念

将样本 $X_1,X_2,\cdots,X_n$ 的样本值 $x_1,x_2,\cdots,x_n$ 按由小到大顺序排成一排，得

$$x_{(1)},x_{(2)},\cdots,x_{(n)}.$$

如果 $x_i=x_{(k)}$，则称 k 是 $X_i(i=1,2,\cdots,n)$ 的秩. 事实上，X_i 的秩就是按观察值的大小排序后所占的位次. 将样本 $X_1,X_2,\cdots,X_n$ 与样本 $Y_1,Y_2,\cdots,Y_m$ 的观察值混合，且按观察值从小到大的顺序排列. 可得每个变量的秩. 若出现几个样本观察值相同，则它们的秩为它们在排列顺序中位置数的平均值. 如混合样本值的排例顺序为

$$2,3,3,3,5,5,8,9,12,$$

则2的秩是1，3的秩是 $(2+3+4)/3=3$，5的秩为 $(5+6)/2=5.5$.

(2) 秩和检验法

设 $n\leqslant m$，将 $X_1,X_2,\cdots,X_n$ 在 $X_1,X_2,\cdots,X_n$ 与 $Y_1,Y_2,\cdots,Y_m$ 的混合样本中的秩相加，其和记为 T，则有

$$\frac{1}{2}n(n+1)\leqslant T\leqslant \frac{1}{2}n(n+2m+1).$$

在 H_0 成立的条件下，两个独立样本 $X_1,X_2,\cdots,X_n$ 与 $Y_1,Y_2,\cdots,Y_m$ 应来自同一总体，这时 $X_1,X_2,\cdots,X_n$ 应随机地分散在 $Y_1,Y_2,\cdots,Y_m$ 中，因而 T 不应太大，也不应太小，否则认为 H_0 不成立. 于是 H_0 的拒绝域为

$$\{T<t_1\} \text{ 或 } \{T>t_2\}, \text{其中 } t_1<t_2.$$

不妨令

$$P(T<t_1 \mid H_0 \text{ 成立})=P(T>t_2 \mid H_0 \text{ 成立})=\frac{\alpha}{2}.$$

临界值 t_1,t_2 通过查表获得. 一般秩和检验表只列出了 $n,m\leqslant 10$ 的临界值. 但由于在 H_0 成立的条件下，有

$$T\overset{\text{近似}}{\sim} N\left(\frac{n(n+m+1)}{2},\frac{nm(n+m+1)}{12}\right),$$

从而

$$u=\frac{T-\frac{1}{2}n(n+m+1)}{\sqrt{\frac{nm(n+m+1)}{12}}}\overset{\text{近似}}{\sim}N(0,1).$$

因此当 $n,m>10$ 时，可选择 u 检验统计量，这时拒绝域为

$$\{|u|>u_{1-\frac{\alpha}{2}}\}.$$

例 3.20 为了比较两种不同材料制造电脑的某零件在同一高温下的寿命，分别从甲、乙两种材料制成的零件中分别随机地抽取若干零件进行寿命试验，测得数据(单位：天)如表 3.21 所示。

表 3.21 两种不同材料下的寿命

材料品种	样本产品的寿命					
甲材料	420	450	425	470	465	480
乙材料	425	445	410	420	415	

试检验这两种不同材料制成的零件寿命是否有明显的差异?

解 设 X,Y 分别表示甲、乙两种材料制成的零件使用寿命，$F_X(x)$，$F_Y(x)$ 分别为它们的分布函数，则统计假设为

$$H_0: F_X(x)=F_Y(x);\quad H_1: F_X(x)\neq F_Y(x).$$

样本混合后按由小到大顺序排列的结果以及秩见表 3.22.

表 3.22 混合秩序表

秩	1	2	3.5	3.5	5.5	5.5	7	8	9	10	11
数据	410*	415*	420	420*	425*	425	445*	450	465	470	480

由于 $m=5<n=6$，所以选择乙的样本秩和 T 作为检验统计量(上表中以“*”为上角标的数据是乙的样本值). 在 $\alpha=0.05$ 时，H_0 的拒绝域为

$$(T<t_1(5,6)=20)\quad \text{或}\quad (T>t_2(5,6)=40).$$

T 的样本值为 $1+2+3.5+5.5+7=19$，落在拒绝域内，故拒绝原假设，接受备择假设，即认为两个总体分布存在明显差异，如果检验出的结果是无显著差异，从节约成本的角度上说，应该选择成本较低的材料进行生产。

3.4 案例及统计分析软件的训练

训练项目 1 单个正态总体均值的假设检验

案例 1 某计算机公司使用的现行系统，测试每个程序所需的平均时间为 45s，现在使用一个新的系统运行 12 个程序，测试所需的时间分别为(单位：s)

47 48 45 30 37 42 35 36 40 44 38 43

若假设一个系统测试一个程序的时间服从正态分布，那么据此数据用假设检验的方法推断新系统与现行系统在测试一个程序上所有的时间是否相等.

R软件 采用t. test()函数来实现对总体均值的假设检验，具体操作如下。

```
>hour=c(47,48,45,30,37,42,35,36,40,44,38,43)  #输入测试所需时间,构成样本数据
>t.test(hour,alternative="two.sided", mu=45)  #对样本数据 hour 进行假设检验
        One Sample t-test                      #以下皆为假设检验的结果
data: hour                                     #假设检验中使用的数据 hour
t=-2.9487, df=11, p-value=0.01324              #假设检验的结果
alternative hypothesis: true mean is not equal to 45       #表明备择假设为: μ≠45
95percent confidence interval:
36.99554 43.83779
sample estimates:
mean of x
40.41667
```

对于假设检验的结果"t=-2.9487,df=11,p-value=0.01324"，其中"t=-2.9487"表示假设检验中t检验统计量的计算值为-2.9487，"df=11"表示使用的t统计量的自由度为11，"p-value=0.01324"表示显著概率p值为0.01324，此结果表明，在显著性水平α为0.05时，假设检验作出拒绝原假设的判断，而在显著性水平α为0.01时，假设检验作出接受原假设的判断. R软件中的假设检验是通过比较计算的显著性概率p值和预先给定的显著性水平α值来进行判断的. 若$p<\alpha$，则拒绝原假设，反之，则接受原假设.

t. test()函数的调用方式为

```
t.test(x, alternative=c("two.sided", "less", "greater"), mu=0)
```

其中，alternative=c("two. sided", "less", "greater")规定了假设检验中的备择假设，two. sided对应着备择假设$H_1:\mu=\mu_0$，less对应着备择假设$H_1:\mu<\mu_0$，greater对应着备择假设$H_1:\mu>\mu_0$. mu为要比较的均值μ_0，系统默认值为0.

SPSS软件 SPSS软件采用"单一样本T检验"功能来实现对总体均值的假设检验，单个正态总体均值假设检验的具体操作如下：

步骤1 在"变量视图"窗口定义"时间"变量，如图3.13所示；

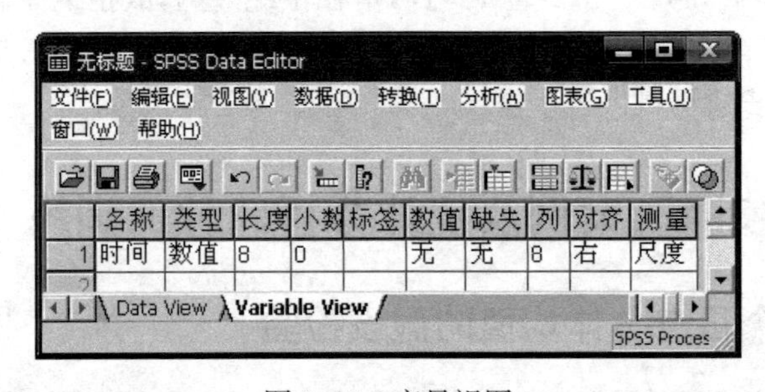

图3.13 变量视图

步骤2 在"数据视图"窗口输入时间数据，如图3.14所示；

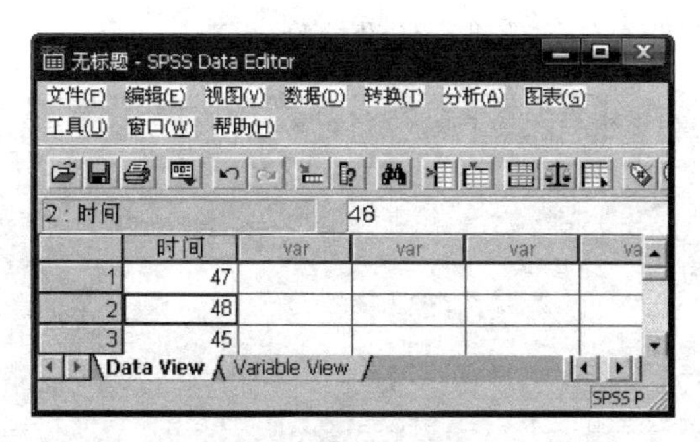

图 3.14 数据视图

步骤 3 通过"分析—比较均值—单一样本 T 检验"步骤,弹出"单一样本 T 检验"对话框,然后将变量"时间"移入"检验变量"窗口,在"检验值"的位置输入要比较的值"45",如图 3.15 所示,然后单击"确定"按钮,就可得检验结果,见表 3.23.

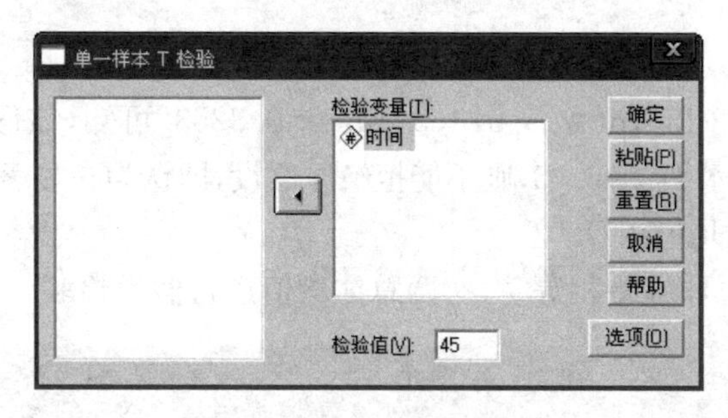

图 3.15 单一样本 T 检验

表 3.23 单一样本检验

	检验值=45			
	t	df	Sig.(双侧)	均值差值
时间	−2.949	11	0.013	−4.583

由表 3.23 可得检验的 t 统计量值为 -2.949,显著性概率为 $0.013<\alpha=0.05$,即在显著性水平 $\alpha=0.05$ 时应拒绝原假设,故认为新系统与现行系统在测试一个程序上所用的时间有显著差异.

训练项目 2 两个正态总体均值的假设检验

案例 2 甲、乙两台机床加工同一种产品.现从这两台机床加工的产品中随机抽取若干件,测得产品的直径为(单位:cm)

甲机床:19.9 19.1 19.9 20.0 20.1 20.0 19.3 20.6 20.2 19.9

乙机床:20.2 19.6 19.9 19.7 18.6 19.1 20.0 20.0 20.0

设甲、乙两台机床加工的产品的直径分别服从正态分布 $N(\mu_1,\sigma_1^2)$ 和 $N(\mu_2,\sigma_2^2)$.试在两总体方差未知不等和相等的情况下,分别比较两台机床加工的产品的直径是否有显著差异?

R 软件 R 软件采用 t.test()函数来实现两总体均值比较的假设检验,下面的程序是在两总体方差不等时，对两总体均值进行假设检验.

```
>x=c(19.9,19.1,19.9,20.0,20.1,20.0,19.3,20.6,20.2,19.9)      #样本数据 x
>y=c(20.2,19.6,19.9,19.7,18.6,19.1,20.0,20.0,20.0)           #样本数据 y
>t.test(x,y,alternative="two.sided",var.equal=FALSE) #对两总体的均值进行假设检验
    Welch Two Sample t-test                                   #以下为假设检验的结果
data: x and y                                         #假设检验计算用的数据为 x 和 y
t=1.0155, df=15.612, p-value=0.3253                          #假设检验的计算结果
alternative hypothesis: true difference in means is not equal to 0
                                                     #规定备择假设 H1:μ1-μ2=0
95 percent confidence interval:
-0.2425978  0.6870422
sample estimates:
mean of x mean of y
19.90000  19.67778
```

由检验结果“t=1.0155，df=15.612，p-value=0.3253”可知，该假设检验的显著性概率 $p=0.3253$ 大于显著性水平 $\alpha=0.05$，则不能拒绝原假设，即认为在显著性水平 $\alpha=0.05$ 下，两总体在总体方差不等时均值相等.

下面是在认为两总体方差相等时，对两总体均值进行假设检验.

```
>x=c(19.9,19.1,19.9,20.0,20.1,20.0,19.3,20.6,20.2,19.9)   #样本数据 x
>y=c(20.2,19.6,19.9,19.7,18.6,19.1,20.0,20.0,20.0)        #样本数据 y
>t.test(x,y,alternative="less",var.equal=TRUE)      #对两总体的均值进行假设检验
    Two Sample t-test                                      #以下为假设检验的结果
data: x and y                                      #假设检验计算用的数据为 x 和 y
t=1.0263, df=17, p-value=0.3191                           #假设检验的计算结果
alternative hypothesis: true difference in means is not equal to 0
                                                  #规定备择假设 H1: μ1-μ2≠0
95 percent confidence interval:
    -0.2346198  0.6790642
sample estimates:
mean of x mean of y
  19.90000  19.67778
```

由检验结果“t=1.0263，df=17，p-value=0.3191”可知，该假设检验的显著性概率 $p=0.3191$ 大于显著性水平 $\alpha=0.05$ 则不能拒绝原假设，即认为在显著性水平 $\alpha=0.05$ 下，两总体在总体方差相等时均值相等。

SPSS 软件 SPSS 软件采用“独立样本 T 检验”功能模块来实现两独立样本的均值检验，两总体均值检验的具体步骤如下：

步骤 1 在“变量视图”窗口定义两个变量，一个为分组变量，用来确定甲、乙机床生产的产品，在变量值标签中用“1”代表甲机床，“2”代表乙机床，如图 3.16 所示；

步骤 2 在“数据视图”窗口输入分组数据和产品直径，其中，分组数据的取值为“1”和

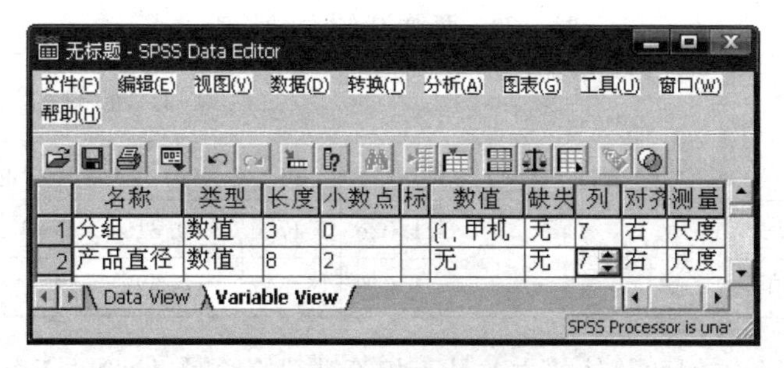

图 3.16 变量视图

“2”，且“1”的个数和“2”的个数分别与甲、乙机床生产的产品个数相等，等于 10 和 9. 同时，对分组数据为“1”的行，直径为甲机床生产的产品直径，对分组数据为“2”的行，直径为乙机床生产的产品直径，如图 3.17 所示；

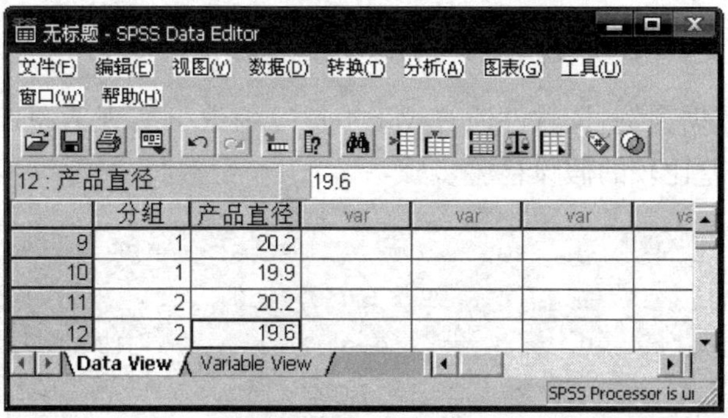

无标题 - SPSS Data Editor

文件(F) 编辑(E) 视图(V) 数据(D) 转换(T) 分析(A) 图表(G) 工具(U) 窗口(W) 帮助(H)

12：产品直径 19.6

	分组	产品直径	var	var	var	va
9	1	20.2				
10	1	19.9				
11	2	20.2				
12	2	19.6				

Data View Variable View

SPSS Processor is ui

图 3.17 数据视图

步骤 3 通过“分析—比较均值—独立样本 T 检验”步骤，弹出“独立样本 T 检验”对话框，将变量“产品直径”移入“检验变量”框，将变量“分组”移入“分组变量”框，并单击“定义组”按钮，在弹出的定义组框中，对比较的两组样本，组 1 的值设定为 1，组 2 的值设定为 2. 若变量“分组”的取值大于等于 3，则此时可任意选择需要比较的两组样本，如图 3.18 所示.

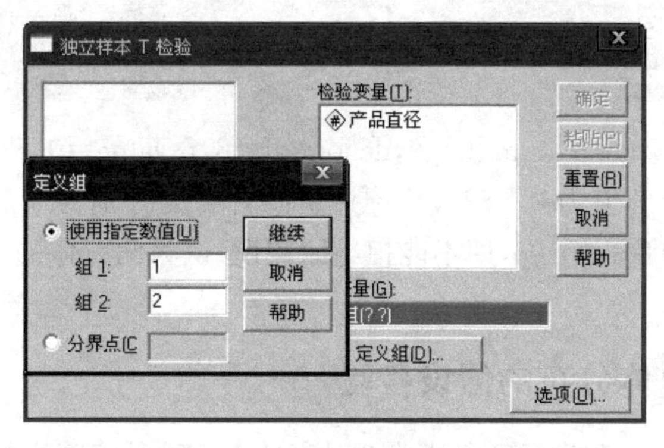

图 3.18 独立样本 T 检验

然后单击“确定”按钮，即可实现对两总体均值的比较检验，结果如表 3.24 所示.

表 3.24 两独立样本均值检验

		方差方程的 Levene 检验		均值方程的 t 检验				
		F	Sig.	t	df	Sig.(双侧)	均值差值	标准误差值
产品直径	假设方差相等	0.538	0.473	1.026	17	0.319	0.2222	0.2165
	假设方差不相等			1.016	15.612	0.325	0.2222	0.2188

由表 3.24 可得,在对两总体的方差是否相等进行检验时,检验的 F 统计量值为 0.538,显著性概率为 $0.473>\alpha=0.1$,即在显著性水平 0.1 的条件下,不能拒绝原假设,认为两总体的方差相等.此时,对产品直径的比较将在方差相等的条件下进行.从表 3.24 中可得,对两总体均值的比较采用的是 t 检验法,对应的 t 统计量的值为 1.026,显著性概率为 $0.319>\alpha=0.1$,即在显著性水平 $\alpha=0.1$ 的条件下,不能拒绝原假设,认为两总体的均值相等.

训练项目 3 两个正态总体方差的假设检验

以案例 2 中的数据为例,R 软件通过 var.test()函数可实现两总体方差比较的假设检验,下面是两总体方差比较的假设检验步骤:

```
>x=c(19.9,19.1,19.9,20.0,20.1,20.0,19.3,20.6,20.2,19.9)   #样本数据 x
>y=c(20.2,19.6,19.9,19.7,18.6,19.1,20.0,20.0,20.0)        #样本数据 y
>var.test(x,y,alternative="two.sided")                    #对两总体的方差进行假设检验
       F test to compare two variances                    #以下是方差假设检验的结果
data: x and y                                             #假设检验计算用的数据为 x 和 y
F=0.6826, num df=9, denom df=8, p-value=0.5798            #假设检验的计算结果
alternative hypothesis: true ratio of variances is not equal to 1
                                                          #规定备择假设 H1:σ1²/σ2²≠1
95 percent confidence interval:
0.1566642 2.8000863
sample estimates:
ratio of variances
   0.6826223
```

从检验结果"F=0.6826,num df=9,denom df=8,p-value=0.5798"可得,假设检验中使用的 F 检验统计量的值为 0.6826,F 统计量的自由度分别为 9 和 8,显著性概率 $p=0.5798$ 大于显著性水平 $\alpha=0.05$,即不能拒绝原假设,认为两总体的方差比为 1,即两总体的方差相等.

训练项目 4 单总体分布的假设检验

案例 3 某消费者协会为了确定消费者对市场上 5 种品牌啤酒的喜好情况,随机抽取了 1000 名啤酒爱好者作为样本进行如下试验:每个人得到 5 种品牌的啤酒各一瓶,啤酒未标明牌子,仅用 A,B,C,D,E 字母进行表示,试验完毕,整理各种品牌啤酒爱好者的频数分布如表 3.25 所示.试根据这些数据判断消费者对这 5 种品牌啤酒的爱好有无显著差异.

表 3.25 5 种品牌啤酒爱好者的频数分布

最喜欢的牌子	A	B	C	D	E
人数 X	210	312	170	85	223

R 软件 通过 chisq. test()函数对单总体的分布进行检验,下面是单总体分布是否为均匀分布的假设检验步骤:

```
>x=c(210,312,170,85,223)                        #样本数据 x
>chisq.test(x)                                  #对总体分布进行假设检验并显示结果
      Chi-squared test for given probabilities
data: x                                         #进行分布假设检验的数据
X-squared=136.49, df=4, p-value < 2.2e-16       #假设检验的结果
```

chisq. test 函数的调用方式为

```
chisq.test(x, p=rep(1/length(x), length(x)))
```

其中,x 为样本数据,p 对应着假设检验中理论分布的分组概率,默认为各组概率相等,即检验总体是否为均匀分布.

由检验结果"X-squared=136. 49,df=4, p-value<2. 2e-16"可知,检验的显著性概率 $p=2.2\times10^{-16}$小于显著性水平 $\alpha=0.01$,故拒绝原假设,认为总体不服从均匀分布.

SPSS 软件 SPSS 对单个总体分布的假设检验,可通过"非参数假设检验"方法实现,具体步骤如下:

步骤 1 在"变量视图"窗口定义"人数"变量,如图 3.19 所示;

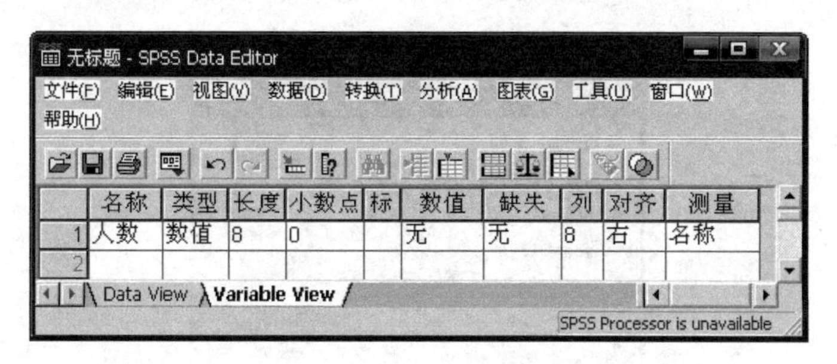

图 3.19 变量视图

步骤 2 在"数据视图"窗口输入各品牌啤酒的人数,其中用"1"代表第一种啤酒品牌,"2"第二种品牌啤酒,以此类推. 根据题目,在"数据视图"窗口输入 210 个 1,312 个 2,170 个 3,85 个 4,223 个 5,如图 3.20 所示;

步骤 3 执行"分析→非参数检验→单样本(Kolmogorov-Smimov 检验)"命令,弹出"单样本(Kolmogorov-Smimov 检验)"对话框,将"人数"添加到"检验变量列表(T)"中,在"检验分布"栏中勾选"均匀分布",见图 3.21. 单击"精确(X)"按钮,弹出"精确检验"对话框,选择

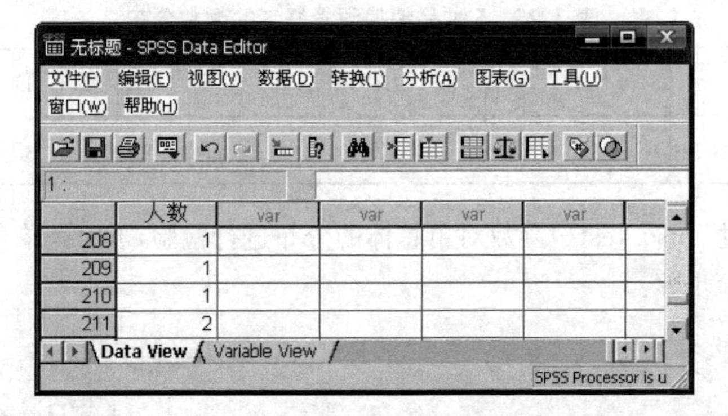

图 3.20 数据视图

置信水平,本案例设置为 95%,见图 3.22.再单击“确定”按钮,就可实现对啤酒人数的非参数检验,结果见图 3.23.

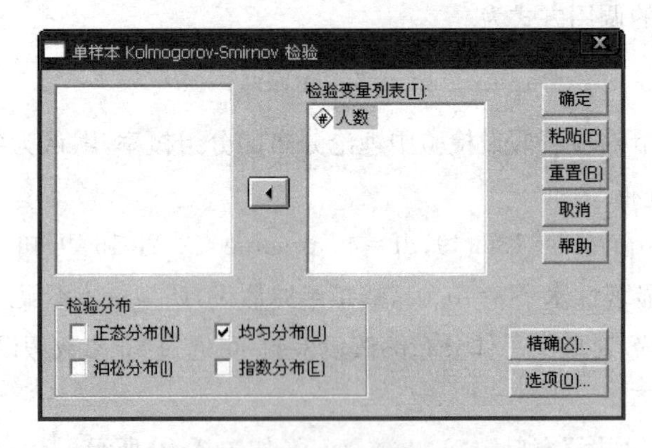

图 3.21 单样本非参数检验

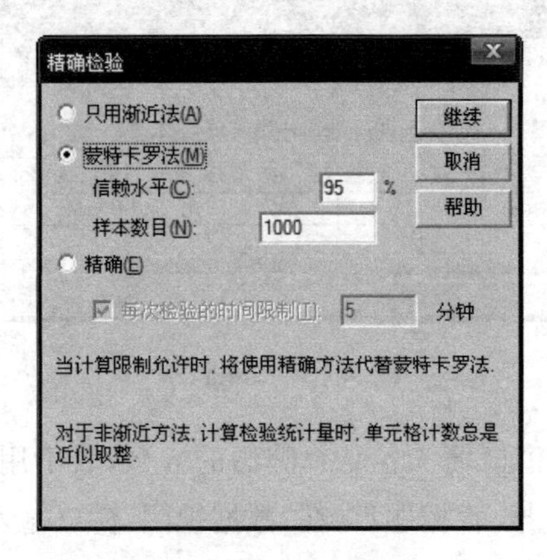

图 3.22 精确检验

由图 3.23 可见,本次检验的原假设为各品牌啤酒爱好者人数相等,检验的显著性概率为 $p=0.000$,该值小于显著性水平 $\alpha=0.05$,故应拒绝原假设,认为各品牌啤酒爱好者人数有显著差异.

One-Sample Kolmogorov-Smirnov Test

			人数
N			1000
Uniform Parameters[a,b]	Minimum		1
	Maximum		5
Most Extreme Differences	Absolute		.272
	Positive		.272
	Negative		-.223
Kolmogorov-Smirnov Z			8.601
Asymp. Sig. (2-tailed)			.000
Monte Carlo Sig. (2-tailed)	Sig.		.000[c]
	95% Confidence Interval	Lower Bound	.000
		Upper Bound	.000

图 3.23 假设检验结果

案例 4 某班 55 名学生在期末数理统计课程的考试成绩如表 3.26 所示. 试检验该班同学的成绩是否服从正态分布.

表 3.26 55 名学生的考试成绩

87	89	89	89	90	91	92	100	78	79	81
83	84	84	84	85	86	86	86	25	45	50
54	55	64	61	68	75	72	75	67	82	74
69	52	85	80	93	99	86	78	76	45	60
77	73	86	83	78	83	79	88	89	63	87

R 软件 用 Kolmogorov-Smirnov 方法检验经验分布 $F_n(x)$与假设的总体分布函数 $F_0(x)$之间的差异. R 软件中的 ks. test()函数给出了 Kolmogorov-Smirnov 检验方法,其使用方法为:

```
ks.test(x, y, ..., alternative=c("two.sided", "less", "greater" ), exact=NULL)
```

其中 x 是待检测的样本构成的向量,y 是原假设的数据向量或描述原假设的字符串. 具体步骤如下:

```
>Score=c(87,89,89,89,90,91,92,100,78,79,81, #由所有分数构成样本数据,可换行输入
+83,84,84,84,85,86,86,86,25,45,50,
+54,55,64,61,68,75,72,75,67,82,74,
+69,52,85,80,93,99,86,78,76,45,60,
+77,73,86,83,78,83,79,88,89,63,87)
>ks.test(Score,"pnorm",mean(Score),sd(Score))
   #检验样本是否来自均值为 mean(Score),标准差为 sd(Score)的正态分布,并显示结果
  One-sample Kolmogorov-Smirnov test

data: Score
D=0.1528, p-value=0.1534
alternative hypothesis: two-sided
```

由检验结果“D=0.1528,p-value=0.1534”可以看到,假设检验中的显著性概率 $p=0.1534$ 大于显著性水平 $\alpha=0.05$,即在显著性水平 $\alpha=0.05$ 下接受原假设,认为学生的考试成绩服从正态分布。

SPSS 软件 在定义好变量“考试成绩”后,在“数据视图”窗口输入所有考试成绩,采用与 SPSS 软件处理案例 3 相同的步骤,在弹出的“Kolmogorov-Smimov 检验”对话框中,选中“正态分布”复选框. 再执行“确定→运行”命令,就可实现对考试成绩分布的非参数检验,结果见图 3.24.

One-Sample Kolmogorov-Smirnov Test

			VAR00001
N			55
Normal Parameters[a,b]	Mean		76.7091
	Std. Deviation		14.86566
Most Extreme Differences	Absolute		.153
	Positive		.100
	Negative		-.153
Kolmogorov-Smirnov Z			1.133
Asymp. Sig. (2-tailed)			.153
Monte Carlo Sig. (2-tailed)	Sig.		.140[c]
	95% Confidence Interval	Lower Bound	.133
		Upper Bound	.146

图 3.24 考试成绩分布的检验

由图 3.24 可得,在原假设为“分数的分布为正态分布”的假定下,假设检验的显著性概率 $p=0.153$,该值大于显著性水平 $\alpha=0.05$,故不能拒绝原假设,认为学生的考试成绩服从正态分布.

训练项目 5 两个总体独立性假设检验

案例 5 为了研究吸烟是否与患肺癌存在显著关系,某研究机构对 46 名肺癌患者和 85 名非肺癌患者中的吸烟人数进行了统计,统计结果如表 3.27 所示. 试根据调查结果判断吸烟与患肺癌有关.

表 3.27 吸烟人数统计

	患肺癌	不患肺癌	合计
吸烟	44	64	108
不吸烟	2	21	23
合计	46	85	131

R 软件 利用 R 软件的 chisq. test 函数可实现两总体的独立性检验,只需将表 3.27 中的数据写成矩阵形式即可,步骤如下.

```
>x=c(44,2,64,21)                        #将样本数据输入命令框
>dim(x)=c(2,2)                          #将向量 x 变为 2*2 的矩阵
```

```
>chisq.test(x,correct=FALSE)      #进行独立性检验,corret 用于设定不进行连续修正
        Pearson's Chi-squared test
data: x
X-squared=8.5461, df=1, p-value=0.003463        #独立性检验的结果
```

由检验结果“X-squared = 8.5461, df = 1, p-value = 0.003463”可以看到,假设检验中的显著性概率 $p=0.003463$ 小于显著性水平 $\alpha=0.01$,即在显著性水平 $\alpha=0.01$ 下拒绝原假设,认为吸烟与患肺癌有关.

SPSS 软件 利用 SPSS 软件可通过描述分析中的卡方检验来实现,操作步骤如下:

步骤 1 在“变量视图”窗口定义“吸烟”和“肺癌”两个变量. 对变量“吸烟”,在变量值标签栏,令“1”代表吸烟,“2”代表不吸烟. 对变量“肺癌”,在变量值标签栏,令“1”表示患肺癌,“2”表示不患肺癌. 如图 3.25 所示;

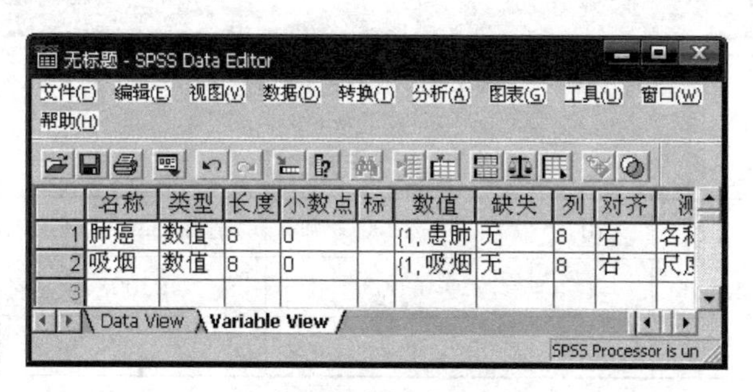

图 3.25 变量制图

步骤 2 在“数据视图”窗口输入调查数据,其中{(患肺癌,吸烟)=(1,1)}的数据共有 44 组(表示患肺癌且吸烟的人数);{(患肺癌,吸烟)=(1,2)}的数据共有 2 组(表示患肺癌且不吸烟的人数),{(患肺癌,吸烟)=(2,1)}的数据共有 64 组(表示不患肺癌且吸烟的人数),{(患肺癌,吸烟)=(2,2)}的数据共有 21 组(表示不患肺癌且不吸烟的人数),如图 3.26 所示;

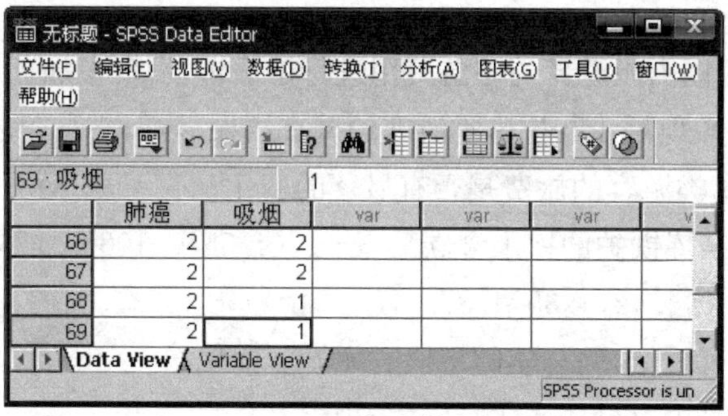

图 3.26 吸烟与患肺癌的数据视图

步骤 3 执行“分析→描述统计→交叉表”命令,弹出交叉表对话框,将变量“吸烟”移入“行”窗口,将变量“肺癌”移入“列”窗口,单击“统计量”按钮,在“交叉表:统计量”对话框中,选中“卡方”复选框,对数据进行卡方检验,见图 3.27 所示. 然后“继续→确定”,即可实现对“肺癌”和“吸烟”的相关性检验,如表 3.28 所示.

图 3.27　相关性检验

表 3.28　卡方检验

	值	df	渐进 Sig.（双侧）	精确 Sig.（双侧）	精确 Sig.（单侧）
Pearson 卡方	8.546	1	0.003	0.003	0.002
有效案例中的 N	131				

从表 3.28 可见，针对两总体的相关性检验，卡方统计量的值为 8.546，对应的显著性概率 $p=0.003$，该值小于显著性水平 $\alpha=0.05$，故拒绝原假设，认为吸烟与患肺癌之间有显著的相关关系.

习　题　3

A 组

1. 某旅游公司对国内旅游者的旅游费用进行了分析，发现参加五日游游客旅费服从正态分布 $N(1010,205^2)$. 现对 400 位这类游客的调查结果显示，平均每位游客的旅费是 1250（元）. 问与过去比较这类游客的旅费是否有显著的变化？（$\alpha=0.05$）

2. 正常情况下，某炼铁炉的铁水含碳量 $X\sim N(4.55,0.108^2)$. 现测试了 5 炉铁水，其含碳量分别为 4.28，4.40，4.42，4.35，4.37.

(1) 如果方差没有改变，问总体的均值有无显著变化？

(2) 问总体方差是否有显著变化？（$\alpha=0.05$）

3. 一种电子元件，要求其寿命不低于 1000h. 现抽测 25 件，得其均值为 $\overline{X}=95$h. 已知该元件寿命 $X\sim N(\mu,100)$，问这批元件是否合格？（$\alpha=0.05$）

4. 电工器材厂生产一批保险丝，抽取 10 根试验其熔化时间，得到数据如下：

$$65,75,78,71,59,57,68,55,54,67.$$

设整批保险丝的熔化时间服从正态分布，是否可以认为总体标准差 $\sigma=12$？（$\alpha=0.05$）

5. 已知某厂生产的维尼纶纤度 $X \sim N(a, 0.048^2)$，某日抽测8根纤维，其纤度分别为1.32，1.41，1.55，1.36，1.40，1.50，1.44，1.39，问这天生产的维尼纶纤度的方差 σ^2 是否明显变大了？（$\alpha=0.05$）

6. 某种产品的次品率为0.17，对这种产品进行新工艺试验，从中抽取400件检验，发现有60件次品，能否认为此项新工艺提高了产品的质量？（$\alpha=0.05$）

7. 从甲、乙两煤矿取若干个样品，得其含灰率(%)为

甲：24.3，20.8，23.7，21.3，17.4；

乙：18.2，16.9，20.2，16.7.

假定含灰率均服从正态分布且 $\sigma_1^2=\sigma_2^2$. 问甲、乙两煤矿的含灰率有无显著差异？（$\alpha=0.05$）

8. 设甲、乙两种零件彼此可以代替，但乙零件比甲零件制造简单，造价也低. 经过试验获得它们的抗拉强度分别为(单位：kg/cm^2)

甲：88，87，92，90，91；

乙：89，89，90，84，88.

假定两种零件的抗拉强度都服从正态分布且 $\sigma_1^2=\sigma_2^2$. 问甲零件的抗拉强度是否比乙零件的高？（$\alpha=0.05$）

9. (婚姻的稳定性与教育程度)对出现在某杂志中的妇女进行人口研究，编制至少结婚一次的1436个妇女的数据如下表所示，婚姻状况与受教育程度之间有关系吗？（$\alpha=0.05$）

教育程度	结婚一次	结婚两次以上	总计
大学以上	550	61	611
没有上过大学的	681	144	825
总计	1231	205	1436

10. 观察得两样本值如下表：

Ⅰ	2.36	3.14	7.52	3.48	2.76	5.43	6.54	7.41
Ⅱ	4.38	4.25	6.54	3.28	7.21	6.54		

问这两样本是否来自同一总体？（$\alpha=0.05$）

11. 检查产品质量时，每次抽取10个产品检验，共抽取100次，得下表：

次品数	0	1	2	3	4	5	6	7	8	9	10
频数	35	40	18	5	1	1	0	0	0	0	0

问次品数是否服从二项分布？（$\alpha=0.05$）

12. 请71人比较A，B两种型号电视机的画面好坏，认为A好的有23人，认为B好的有45人，拿不定主意的有3人，是否可以认为B的画面比A的画面好？（$\alpha=0.10$）

13. 下表为某药治疗感冒效果的列表：

疗效	儿童	成年	老年	$n_{i\cdot}$
一般	58	38	32	128
较差	28	44	45	117
显著	23	18	14	55
$n_{\cdot j}$	109	100	91	300

试问该药疗效是否与年龄无关？($\alpha=0.05$)

B组

1. 总体 $X\sim B(2,p)$，X_1,X_2,X_3 为从总体中抽出的样本，$H_0:p=\frac{1}{2}$，$H_1:p=\frac{1}{3}$，H_0 的拒绝域为 $\sum_{i=1}^{3}X_i\geqslant 2$.

(1) 求犯两类错误的概率 α,β；

(2) 当 $\overline{X}=1$ 时，p 的值为多少？

2. 设需要对某一正态总体 $N(\mu,4)$ 的均值进行假设检验 $H_0:\mu=15$，$H_1:\mu<15$，取检验水平 $\alpha=0.05$，试写出检验 H_0 的统计量和拒绝域. 若要求当 H_1 中的 $\mu=13$ 时犯第Ⅱ类错误的概率不超过 $\beta=0.05$，确定样本容量 n.

3. 设 $X_1,X_2,\cdots,X_n$ 为来自总体 $X\sim N(\mu,\sigma_0^2)$ 的样本，σ_0^2 为已知，对假设 $H_0:\mu=\mu_0$，$H_1:\mu=\mu_1$，其中 $\mu_0\neq\mu_1$，试证明

$$n=(\mu_{1-\alpha}+\mu_{1-\beta})^2\frac{\sigma_0^2}{(\mu_1-\mu_0)^2}.$$

4. 从过去几年收集的大量记录中发现，某种癌症用外科方法治疗只有2%的治愈率. 一个主张化学疗法的医生认为他的非外科方法比外科方法更有效. 为了用实验数据证实他的看法，他用他的方法治疗200个癌症病人，其中有6人治好了. 这个医生断言这组样本中的3%治愈率足够证实他的看法.

(1) 试用假设检验方法检验这个医生的看法；

(2) 如果该医生实际得到了4.5%治愈率，问检验将证实化学疗法比外科方法更有效的概率是多少？

5. 从总体 X 中抽取容量为80的样本，其频数分布如下表：

区间	$\left[0,\frac{1}{4}\right]$	$\left[\frac{1}{4},\frac{1}{2}\right]$	$\left[\frac{1}{2},\frac{3}{4}\right]$	$\left[\frac{3}{4},1\right]$
频数	6	18	20	36

试问总体 X 的分布函数是否为($\alpha=0.05$)：

$$F_0(x)=\begin{cases}0, & x\leqslant 0,\\ x^2, & 0<x\leqslant 1,\\ 1, & x>1.\end{cases}$$

6. (作者风格的鉴别)现要采用统计分析的方法判断甲作者是否与乙作者的写作风格相同或相似，请你写出你的统计分析方法，说明理由.

Chapter 4 第 4 章

方 差 分 析

方差分析(analysis of variance)是 20 世纪 20 年代发展起来的一种统计方法,它在本质上所研究的是变量之间的关系,尤其是研究一个(或多个)分类型自变量与一个数值型因变量之间的关系. 从形式上看,方差分析是比较多个总体的均值是否相等,虽然我们感兴趣的是均值是否相等,但在判断均值之间是否有差异时需要借助于方差,所以称为方差分析. 它在分析心理学、生物学、工程和医药的试验数据分析等领域获得了成功的应用. 方差分析按影响试验指标的因素个数进行分类,可分为单因素方差分析(只有一个因素的方差分析)、双因素方差分析和多因素方差分析. 本章只介绍单因素方差分析和双因素方差分析.

4.1 单因素方差分析

4.1.1 方差分析的基本原理

在试验中所关心的试验结果称为试验指标,试验中需要考察的、可以控制的条件称为因素或因子,因素所处的不同状态称为水平. 一般地,各因素对试验指标的影响是不同的,而且一个因素所处的不同水平对试验指标的影响往往也是不同的. 将数据分成多组,同一组中的数据可认为来源于同一总体,方差分析就是通过对这些分组数据进行分析,检验在一定假设条件下各组的均值是否相等,由此判断因素的各水平对试验指标的影响是否显著,从而选出对试验指标起重要作用的因素或因素的水平.

例 4.1 消费者与产品生产者,消费者与服务的提供者之间经常发生纠纷. 当发生纠纷后,消费者常常向消费者协会投诉. 为了对几个行业的服务质量进行评估,消费者协会在零售业、旅游业、航空公司、家电制造业分别抽取了不同的企业作为样本. 其中零售业抽取 7 家,旅游业抽取 6 家,航空公司抽取 5 家,家电制造业抽取 5 家,每个行业中所抽取的这些企业,在服务对象、服务内容、企业规模等方面基本上是相同的,然后统计出最近一年中消费者对总共 23 家企业投诉的次数,结果如表 4.1 所示.

表 4.1 消费者对 4 个行业的投诉次数

行业	样本观察值						
	1	2	3	4	5	6	7
零售业	57	66	49	40	34	53	44
旅游业	68	39	29	45	56	51	
航空公司	31	49	21	34	40		
家电制造业	44	51	65	77	58		

此例属于单因素方差分析问题，行业是我们要检验的对象，我们称它为“因素”或因子，零售业、旅游业、航空公司、家电制造业是行业这一因素的具体表现，表示行业的4种不同状态，我们称为水平. 因素的每一个水平可看成是一个总体，如零售业、旅游业、航空公司、家电制造业可以看成4个总体，表4.1的数据可看成是从4个总体中抽取的样本数据.

在单因素方差分析中，涉及两个变量，一个是分类型自变量，一个是数值型的因变量，当我们研究分类型自变量对数值型因变量的影响时，所用的方法就是方差分析. 在例4.1中，我们研究行业对投诉次数是否有影响，这里的行业就是自变量，它是一个分类变量，零售业、旅游业、航空公司、家电制造业就是行业这个自变量的具体取值，投诉次数是因变量，它是一个数值型变量，不同的投诉次数就是因变量的取值.

4.1.2 单因素方差分析

1. 方差分析模型

单因素方差分析只考虑一个因素 A 对试验指标的影响，取因素 A 的 r 个水平 $A_1,A_2,\cdots,A_r$，在水平 A_i 下重复进行 n_i 次试验，可获得试验指标的 n_i 个数据：$y_{i1},y_{i2},\cdots,y_{in_i}$ $(i=1,2,\cdots,r)$.

假定用 y_i 代表水平 A_i 下的总体，则 $y_i(i=1,2,\cdots,r)$ 为 r 个相互独立的正态总体，分别服从正态分布 $N(\mu_i,\sigma^2)$，$y_{i1},y_{i2},\cdots,y_{in_i}$ 表示从总体 y_i 中抽取的容量为 n_i 样本观察值，其数据结构见表4.2.

表4.2 单因素方差分析数据结构表

水平号	试验指标观察值	均值	方差
1	$y_{11},y_{12},\cdots,y_{1n_1}$	$\bar{y}_1$	S_1^2
2	$y_{21},y_{22},\cdots,y_{2n_2}$	$\bar{y}_2$	S_2^2
$\vdots$	$\vdots$	$\vdots$	$\vdots$
r	$y_{r1},y_{r2},\cdots,y_{rn_r}$	$\bar{y}_r$	S_r^2

针对上面提出的问题，提出两个基本假定：

(1) 总体 $y_1,y_2,\cdots,y_r$ 相互独立，且 $y_i\sim N(\mu_i,\sigma^2)(i=1,2,\cdots,r)$，其中 μ_i 和 σ^2 未知；

(2) 在各总体 y_i 下，诸 $y_{ij}(j=1,2,\cdots,n_i)$ 独立同分布，且

$$y_{ij}\sim N(\mu_i,\sigma^2),\quad i=1,2,\cdots,r,\quad j=1,2,\cdots,n_i.$$

记 $e_{ij}=y_{ij}-\mu_i,\quad n=\sum_{i=1}^{r}n_i,\quad \alpha_i=\mu_i-\bar{\mu},\quad \bar{\mu}=\dfrac{\sum_{i=1}^{r}n_i\mu_i}{n}$，

其中 μ_i 表示组内数据的理论均值；e_{ij} 表示随机误差，是由某些不可控制或不可预知因素引起的误差，并假定随机误差服从相互独立的正态分布 $N(0,\sigma^2)$；n 表示数据总数；α_i 为第 i 个水平 A_i 对试验指标的效应值，反映水平 A_i 对试验指标的影响大小，显然 $\sum_{i=1}^{r}n_i\alpha_i=0$.

单因素方差分析的模型如下：

$$\begin{cases} y_{ij}=\bar{\mu}+\alpha_i+e_{ij}, i=1,2,\cdots,r; j=1,2,\cdots,n_i, \\ e_{ij}\sim N(0,\sigma^2), \text{且诸 } e_{ij} \text{ 相互独立}, \\ \sum_{i=1}^{r} n_i\alpha_i=0. \end{cases}$$

2. 方差分析

因素的不同水平对试验指标影响是否有显著差异归结为统计检验假设

$H_0:\mu_1=\mu_2=\cdots=\mu_r$(或 $\alpha_1=\alpha_2=\cdots=\alpha_r=0$)，　$H_1:\exists i\neq j, \text{s.t.} \mu_i\neq\mu_j$.

有读者想借鉴两正态总体在方差相等的假定下循环检验均值是否相等的 t 检验法，但这种检验方法需检验$\frac{r(r-1)}{2}$次，在 r 比较大时，计算量也较大. 这种检验方法虽可行但不是一个好方法. 统计学家 Fisher 给出了上述统计检验假设的方差分析检验法. 为介绍这一方法，引入一些统计量的记号. 参照表 4.2，记

$$\bar{y}_{i\cdot}=\frac{1}{n_i}\sum_{j=1}^{n_i} y_{ij}, i=1,2,\cdots,r, \quad \bar{y}=\frac{1}{n}\sum_{i=1}^{r}\sum_{j=1}^{n_i} y_{ij}=\frac{1}{n}\sum_{i=1}^{r}n_i\bar{y}_{i\cdot}.$$

其中 $n=\sum_{i=1}^{r} n_i$ 为样本总数，$\bar{y}_{i\cdot}$ 和$\bar{y}$ 分别为第 i 组样本均值和总的样本均值. 容易发现

$$E\bar{y}_{i\cdot}=\mu_i, E\bar{y}=\frac{1}{n}\sum_{i=1}^{r}n_i\mu_i=\bar{\mu}.$$

记 $S_T^2=\sum_{i=1}^{r}\sum_{j=1}^{n_i}(y_{ij}-\bar{y})^2$ 表示总平方和，表示全部数据离散程度的指标；$S_A^2=\sum_{i=1}^{r} n_i(\bar{y}_{i\cdot}-\bar{y})^2$ 表示组间误差平方和，是描述样本组的中心位置相对于全体样本中心位置的总离散程度，也反映因子的不同水平引起试验指标变化的总度量，也称为系统误差；$S_E^2=\sum_{i=1}^{r}\sum_{j=1}^{n_i}(y_{ij}-\bar{y}_{i\cdot})^2$ 表示组内误差平方和，是第 i 组样本产生的随机误差，描述所有随机误差引起试验指标的变化，也称误差平方和. 各平方和有如下关系：

$$S_T^2=S_A^2+S_E^2.$$

证明

$$\begin{aligned} S_T^2&=\sum_{i=1}^{r}\sum_{j=1}^{n_i}(y_{ij}-\bar{y})^2=\sum_{i=1}^{r}\sum_{j=1}^{n_i}(y_{ij}-\bar{y}_{i\cdot}+\bar{y}_{i\cdot}-\bar{y})^2 \\ &=\sum_{i=1}^{r}\sum_{j=1}^{n_i}[(y_{ij}-\bar{y}_{i\cdot})+(\bar{y}_{i\cdot}-\bar{y})]^2 \\ &=\sum_{i=1}^{r}\sum_{j=1}^{n_i}[(y_{ij}-\bar{y}_{i\cdot})^2+2(y_{ij}-\bar{y}_{i\cdot})(\bar{y}_{i\cdot}-\bar{y})+(\bar{y}_{i\cdot}-\bar{y})^2] \\ &=\sum_{i=1}^{r}\sum_{j=1}^{n_i}(y_{ij}-\bar{y}_{i\cdot})^2+\sum_{i=1}^{r}n_i(\bar{y}_{i\cdot}-\bar{y})^2 \\ &\quad+2\sum_{i=1}^{r}\sum_{j=1}^{n_i}(y_{ij}-\bar{y}_{i\cdot})(\bar{y}_{i\cdot}-\bar{y}) \\ &=S_E^2+S_A^2+2\sum_{i=1}^{r}\sum_{j=1}^{n_i}(y_{ij}-\bar{y}_{i\cdot})(\bar{y}_{i\cdot}-\bar{y}), \end{aligned}$$

$$\sum_{i=1}^{r}\sum_{j=1}^{n_i}(y_{ij}-\bar{y}_{i\cdot})(\bar{y}_{i\cdot}-\bar{y}) = \sum_{i=1}^{r}(\bar{y}_{i\cdot}-\bar{y})\sum_{j=1}^{n_i}(y_{ij}-\bar{y}_{i\cdot})$$
$$= \sum_{i=1}^{r}(\bar{y}_{i\cdot}-\bar{y})\left(\sum_{j=1}^{n_i}y_{ij}-n_i\bar{y}_{i\cdot}\right)$$
$$= \sum_{i=1}^{r}(\bar{y}_{i\cdot}-\bar{y})\left(\sum_{j=1}^{n_i}y_{ij}-n_i\bar{y}_{i\cdot}\right)$$
$$= \sum_{i=1}^{r}(\bar{y}_{i\cdot}-\bar{y})(n_i\bar{y}_{i\cdot}-n_i\bar{y}_{i\cdot}) = 0.$$

所以 $S_T^2 = S_E^2 + S_A^2$.

$S_A^2 = \sum_{i=1}^{r} n_i(\bar{y}_{i\cdot}-\bar{y})^2$ 是组间差异平方和,$S_E^2 = \sum_{i=1}^{r}\sum_{j=1}^{n_i}(y_{ij}-\bar{y}_{i\cdot})^2$ 是组内误差平方和. 若 S_A^2 显著大于 S_E^2,说明各总体 Y_i 之间的差异就越明显,越不利于原假设,我们利用$\frac{S_A^2}{S_E^2}$作为检验统计量,H_0 的拒绝域形式应设置为

$$\frac{S_A^2}{S_E^2} > c \quad (c\text{ 为临界常数}).$$

$\frac{S_A^2}{\sigma^2}$服从 χ^2 分布,自由度为分组数减 1,即 $r-1$;$\frac{S_E^2}{\sigma^2}$服从 χ^2 分布,自由度为样本容量减分组数,即 $n-r$,且 S_A^2 与 S_E^2 是相互独立的,即

$$\frac{S_A^2}{\sigma^2} \sim \chi^2(r-1);\ \frac{S_E^2}{\sigma^2} \sim \chi^2(n-r).$$

根据 F 分布的定义

$$\frac{\frac{S_A^2}{\sigma^2(r-1)}}{\frac{S_E^2}{\sigma^2(n-r)}} = \frac{\frac{S_A^2}{r-1}}{\frac{S_E^2}{n-r}} = \frac{\bar{S}_A^2}{\bar{S}_E^2} \sim F(r-1,n-r),$$

其中$\bar{S}_A^2=\frac{S_A^2}{r-1}$,$\bar{S}_E^2=\frac{S_E^2}{n-r}$称为平均平方和.

给出检验显著性水平 α,因为

$$P\left(\frac{\bar{S}_A^2}{\bar{S}_E^2} > F_{1-\alpha}(r-1,n-r)\right) = P\left(\frac{\frac{S_A^2}{r-1}}{\frac{S_E^2}{n-r}} > F_{1-\alpha}(r-1,n-r)\right)$$
$$= P\left(\frac{S_A^2}{S_E^2} > \frac{r-1}{n-r}F_{1-\alpha}(r-1,n-r)\right)$$
$$= \alpha,$$

所以 H_0 的拒绝域为

$$\frac{\bar{S}_A^2}{\bar{S}_E^2} > F_{1-\alpha}(r-1,n-r) \quad \text{或} \quad \frac{S_A^2}{S_E^2} > \frac{r-1}{n-r}F_{1-\alpha}(r-1,n-r),$$

分位数 $F_{1-\alpha}(r-1,n-r)$的值可通过查表或通过统计分析软件计算获得.

进行单因素方差分析时,需要将有关统计量和分析结果用表格的方式呈现,见表 4.3. 这个表称为单因素方差分析表,软件程序输出 p 值,即 $p=P(F>F_{1-p}(r-1,n-r))$,我们

称为尾概率. 当 $p<\alpha$ 时(α 为给定的检验显著水平),拒绝原假设 H_0,这种检验结果与通过拒绝域的判断结果是一致的.

表 4.3 单因素方差分析表

方差来源	自由度	平方和	均方	F 值	概率
因素 A	$r-1$	S_A^2	$\overline{S}_A^2$	$F=\dfrac{\overline{S}_A^2}{\overline{S}_E^2}$	p
随机误差 E	$n-r$	S_E^2	$\overline{S}_E^2$		
总和	$n-1$	S_T^2			

表 4.3 中的平方和的实际计算公式如下:

$$S_A^2=\sum_{i=1}^{r}n_i\,\overline{y}_{i\cdot}^2-n\,\overline{y}^2,\quad S_E^2=\sum_{i=1}^{r}\sum_{j=1}^{n_i}y_{ij}^2-\sum_{i=1}^{r}n_i\,\overline{y}_{i\cdot}^2.$$

例 4.2(灯丝配料方案的优选) 某灯泡厂用 4 种不同配料方案制成的灯丝,生产了 4 批灯泡. 在每批灯泡中随机抽取若干灯泡测得其使用寿命(单位: h)数据如表 4.4. 试问用这 4 种灯丝生产的灯泡使用寿命有无显著差异($\alpha=0.05$)?

表 4.4 测试灯泡使用寿命样本观察数据表

灯丝的配料方案 \ 使用寿命 \ 灯泡样本	1	2	3	4	5	6	7	8
甲	1600	1610	1650	1680	1700	1720	1800	
乙	1580	1640	1640	1700	1750			
丙	1460	1550	1600	1640	1660	1740	1820	1820
丁	1510	1520	1530	1570	1600	1680		

解 记 y_1,y_2,y_3,y_4 分别为这 4 种灯泡的使用寿命,即 4 个总体. $y_{i1},y_{i2},\cdots,y_{in_i}$ 为 y_i 的样本,视 $y_i\sim N(\mu_i,\sigma^2)(i=1,2,3,4)$. 我们的问题就归结为判断原假设 $H_0:\mu_1=\mu_2=\mu_3=\mu_4$ 是否成立.

因为 H_0 的拒绝域为

$$\frac{\overline{S}_A^2}{\overline{S}_E^2}>F_{1-\alpha}(r-1,n-r),$$

根据题目中提供的数据,我们计算出 $S_A^2=44560.7$, $S_E^2=151351.3$. 由于 $r=4,n=26$,故

$$\overline{S}_A^2=\frac{S_A^2}{r-1}=\frac{44560.7}{3}=14786.9,\overline{S}_E^2=\frac{S_E^2}{n-r}=\frac{151351.3}{22}=6879.6.$$

所以 $\dfrac{\overline{S}_A^2}{\overline{S}_E^2}=\dfrac{14786.9}{6879.6}=2.15$,查表得 $F_{1-\alpha}(r-1,n-r)=F_{0.95}(3,22)=3.05$. 因为 $2.15<3.05$,所以 $\dfrac{\overline{S}_A^2}{\overline{S}_E^2}<F_{1-\alpha}(r-1,n-r)$. 因此在置信度 0.95 下接受 H_0,即用这 4 种配料灯丝所生产的灯泡寿命之间没有显著差异,也即配料方案对灯泡的寿命没有显著的影响.

例 4.3　某厂为实现多元化经营,减少该企业的风险.分析是否扩大一种销路比较好的产品规模,需要检验本厂产品与国内外产品的磨损变化率是否有显著差异.现从国外、本厂、国内甲厂、国内乙厂的同类产品中分别抽取了容量为 2,10,6,6 的产品做 300h 连续磨损老化试验,得变化率数据如表 4.5 所示.

表 4.5　变化率样本数据

产品变化率	样本序号									
	1	2	3	4	5	6	7	8	9	10
国外产品	12	14								
本厂产品	20	18	19	17	15	16	13	18	22	17
国内甲产品	26	19	26	28	23	25				
国内乙产品	24	25	18	22	27	24				

假定各来源渠道产品磨损变化率服从等方差的正态分布,检验将会得出什么结论($\alpha=0.05$)?

解　记 y_1,y_2,y_3,y_4分别为 4 个不同渠道产品的变化率,它们分别代表 4 个正态总体,即 $y_i \sim N(\mu_i,\sigma^2)(i=1,2,3,4)$.问题归结于检验假设 $H_0:\mu_1=\mu_2=\mu_3=\mu_4$ 是否成立.根据表 4.5的数据,采用 SPSS统计分析软件,得到方差分析表,如表 4.6 所示.

表 4.6　单因素方差分析表

方差来源	平方和	自由度	样本方差	F 值
组间	346.000	3	115.333	14.661
组内	157.333	20	7.867	
总和	503.333	23		

对给定的 $\alpha=0.05$,查表得 $F_{0.95}(3,20)=3.10$,因为 $F=14.661>F_{0.95}(3,20)=3.10$ 所以拒绝 H_0,即这 4 类产品的磨损变化率有显著差异.

3. 统计分析

在因素 A 对试验指标有显著影响的情况下,因素 A 的第 i 个水平效应 $\alpha_i(=\mu_i-\bar{\mu})$反映了因素 A 的第i 个水平对试验指标的影响,各水平效应不完全相同,可以从中选出效应值最大(或最小)的水平(称为最优水平)作为实施方案,究竟选择效应最大还是最小,根据实际问题确定.下面就通过统计分析求出 $\alpha_i(i=1,2,\cdots,r)$的点估计和各参数 μ_i 的置信区间.

由于$\bar{y}_{i\cdot}=\dfrac{1}{n_i}\sum\limits_{i=1}^{n_i}y_{ij}$ 是μ_i 的无偏估计,即$E\bar{y}_{i\cdot}=\mu_i$,$E\bar{y}=E\left(\dfrac{1}{n}\sum\limits_{i=1}^{r}n_i\bar{y}_{i\cdot}\right)=\dfrac{1}{n}\sum\limits_{i=1}^{r}n_i\mu_i=\bar{\mu}$.令 $\hat{\alpha}_i=\bar{y}_{i\cdot}-\bar{y}(i=1,2,\cdots,r)$,因为 $E\hat{\alpha}_i=E\bar{y}_{i\cdot}-E\bar{y}=\mu_i-\bar{\mu}$,所以$\hat{\alpha}_i$ 是 α_i 的无偏估计量.构造统计量 $T=\dfrac{\bar{y}_{i\cdot}-\mu_i}{\sigma/\sqrt{n_i}}\sqrt{\dfrac{(n-r)\sigma^2}{S_E^2}}\sim t(n-r)$,可推导出正态总体均值 μ_i 的置信度为 $1-\alpha$ 的置信区间为

$$\left(\bar{y}_{i\cdot}-\sqrt{\frac{S_E^2}{n_i(n-r)}}t_{1-\frac{\alpha}{2}}(n-r),\bar{y}_{i\cdot}+\sqrt{\frac{S_E^2}{n_i(n-r)}}t_{1-\frac{\alpha}{2}}(n-r)\right),\quad i=1,2,\cdots,r.$$

4.2 双因素方差分析

在许多实际问题中，有时需要同时考虑两个因素对试验指标的影响. 如电视机的销售，除了关心品牌之外，我们还想了解不同地区是否会对销售量产生影响. 双因素方差分析就是研究两种因素对试验指标影响程度的一种应用统计方法.

由于存在两个因素对试验指标的影响，那么两个因素的不同水平搭配可能对试验指标产生新的影响，这种现象在统计上称为交互作用. 如电视机的销售问题，如果不同地区的消费者对某品牌电视机具有与其他地区消费者不同的特殊偏爱，这就是两个因素结合后产生的新效应，两因素存在交互作用. 两个因素间是否存在交互作用是双因素方差分析产生的新问题，反映了单因素方差分析与双因素方差分析的本质区别，下面分两种情况讨论.

4.2.1 无交互作用的双因素方差分析

1. 方差分析模型

设有两个因素 A,B 影响试验指标，因素 A 有 r 个水平，因素 B 有 s 个水平，因素 A,B 的不同水平的搭配都只做一次试验，这种情况下两因素间无交互作用，其数据结构见表 4.7.

表 4.7 无交互作用的双因素方差分析数据结构

因素 A	因素 B				平均值
	B_1	B_2	$\cdots$	B_s	
A_1	y_{11}	y_{12}	$\cdots$	y_{1s}	$\bar{y}_{1\cdot}$
A_2	y_{21}	y_{22}	$\cdots$	y_{2s}	$\bar{y}_{2\cdot}$
$\vdots$	$\vdots$	$\vdots$		$\vdots$	$\vdots$
A_r	y_{r1}	y_{r2}	$\cdots$	y_{rs}	$\bar{y}_{r\cdot}$
平均值	$\bar{y}_{\cdot 1}$	$\bar{y}_{\cdot 2}$	$\cdots$	$\bar{y}_{\cdot s}$	

假设 $y_{ij}(i=1,2,\cdots,r;j=1,2,\cdots,s)$之间相互独立，且 $y_{ij}\sim N(\mu_{ij},\sigma^2)$，则 $y_{ij}=\mu_{ij}+e_{ij}$，其中各 e_{ij}之间均独立同分布，且 $e_{ij}\sim N(0,\sigma^2)$. 记

$$\bar{\mu}=\frac{1}{rs}\sum_{i=1}^{r}\sum_{j=1}^{s}\mu_{ij},\quad \bar{\mu}_{i\cdot}=\frac{1}{s}\sum_{j=1}^{s}\mu_{ij},\quad \alpha_i=\bar{\mu}_{i\cdot}-\bar{\mu},\quad \bar{\mu}_{\cdot j}=\frac{1}{r}\sum_{i=1}^{r}\bar{\mu}_{ij},\quad \beta_j=\mu_{\cdot j}-\bar{\mu}.$$

称$\bar{\mu}$为总平均值，α_i 为因素 A 在水平 i 下对试验指标的效应，β_j 为因素 B 在水平 j 下对试验指标的效应，得到方差分析模型如下：

$$\begin{cases} y_{ij}=\bar{\mu}+\alpha_i+\beta_j+e_{ij}, \\ e_{ij}\sim N(0,\sigma^2)\text{，且各 } e_{ij} \text{ 相互独立}, \\ \sum\limits_{i=1}^{r}\alpha_i=\sum\limits_{j=1}^{s}\beta_j=0. \end{cases}$$

2. 方差分析

方差分析的主要任务是系统分析因素 A 和因素 B 对试验指标的影响大小，在给定水平 α 下，可提出如下统计假设：

对因素 A，原假设为因素 A 对试验指标影响不显著，等价于 $H_{01}:\alpha_1=\alpha_2=\cdots=\alpha_r=0$；

对因素 B，原假设为因素 B 对试验指标影响不显著，等价于 $H_{02}:\beta_1=\beta_2=\cdots=\beta_s=0$.

检验假设 H_{01} 或 H_{02} 的方法类似于单因素方差分析，利用平方和分解公式中的各个平方和，构造 F 统计量，对照表 4.7 的符号，记

$$\bar{y}=\frac{1}{rs}\sum_{i=1}^{r}\sum_{j=1}^{s}y_{ij},\quad \bar{y}_{i\cdot}=\frac{1}{s}\sum_{j=1}^{s}y_{ij},\bar{y}_{\cdot j}=\frac{1}{r}\sum_{i=1}^{r}y_{ij},$$

$$S_T^2=\sum_{i=1}^{r}\sum_{j=1}^{s}(y_{ij}-\bar{y})^2,\quad S_A^2=s\sum_{i=1}^{r}(\bar{y}_{i\cdot}-\bar{y})^2,\quad S_B^2=r\sum_{j=1}^{s}(\bar{y}_{\cdot j}-\bar{y})^2,$$

$$S_E^2=\sum_{i=1}^{r}\sum_{j=1}^{s}(y_{ij}-\bar{y}_{i\cdot}-\bar{y}_{\cdot j}+\bar{y})^2.$$

同样，可以得到下面的平方和分解定理：

$$S_T^2=S_A^2+S_B^2+S_E^2.$$

称 S_T^2 为总偏差平方和；S_E^2 为误差平方和；S_A^2，S_B^2 分别为因素 A，B 的效应平方和；样本总数为 $n=rs$，并且

$$\frac{S_T^2}{\sigma^2}\sim\chi^2(n-1);\quad \frac{S_A^2}{\sigma^2}\sim\chi^2(r-1);\frac{S_B^2}{\sigma^2}\sim\chi^2(s-1),$$

$$\frac{S_E^2}{\sigma^2}\sim\chi^2((n-1)-(r-1)-(s-1)),\quad n=rs,$$

即

$$\frac{S_E^2}{\sigma^2}\sim\chi^2((r-1)(s-1)),$$

由此可以构造两个 F 检验统计量：

$$F_A=\frac{S_A^2/(r-1)}{S_E^2/(r-1)(s-1)}\sim F(r-1,(r-1)(s-1)),$$

$$F_B=\frac{S_B^2/(s-1)}{S_E^2/(r-1)(s-1)}\sim F(s-1,(r-1)(s-1)).$$

有关统计量和分析结果已列入表 4.8. 检验是否接受假设 H_{01}，H_{02} 有两种方法：

方法 1 根据 F 值进行推断：

当 $F_A>F_{1-\alpha}(r-1,(r-1)(s-1))$ 时，拒绝 H_{01}；

当 $F_B>F_{1-\alpha}(s-1,(r-1)(s-1))$ 时，拒绝 H_{02}.

方法 2 根据 p 值进行推断：

当 $p_A<\alpha$ 时，拒绝 H_{01}；

当 $p_B<\alpha$ 时，拒绝 H_{02}.

其中 $p_A=P(F_A>F_{1-\alpha}(r-1,(r-1)(s-1)))$，$p_B=P(F_B>F_{1-\alpha}(s-1,(r-1)(s-1)))$.
p_A，p_B 值是由统计分析软件通过计算输出的值.

表 4.8 无交互作用的双因素方差分析表

方差来源	自由度	平方和	均方	F 值	p 值
因素 A	$r-1$	S_A^2	$S_A^2/r-1$	$F_A=\dfrac{S_A^2/(r-1)}{S_E^2/(r-1)(s-1)}$	p_A
因素 B	$s-1$	S_B^2	$S_B^2/s-1$	$F_B=\dfrac{S_B^2/(s-1)}{S_E^2/(r-1)(s-1)}$	p_B
误差	$(r-1)(s-1)$	S_E^2	$S_E^2/(r-1)(s-1)$		
总和	$rs-1$	S_T^2			

例 4.4 假设有 4 个品牌的彩色电视机在 5 个地区销售，为分析彩色电视机品牌（因素 A）和销售地区（因素 B）对销售量是否有影响，采集每个品牌在各地区的销售量数据如表 4.9 所示. 试分析品牌和销售地区对彩色电视机的销售量是否有显著影响（$\alpha=0.05$）？

表 4.9 不同品牌的彩色电视机在各地区的销售量数据

品牌（因素 A）	销售地区（因素 B）				
	B_1	B_2	B_3	B_4	B_5
A_1	365	350	343	340	323
A_2	345	368	363	330	333
A_3	358	323	353	343	308
A_4	288	280	298	260	298

解 设有两个因素 A，B. 因素 A 有 4 个水平，因素 B 有 5 个水平，且不考虑交互效应. 根据上面所采用的符号，原问题可转化为检验：$H_{01}:\alpha_1=\alpha_2=\alpha_3=\alpha_4=0$ 及 $H_{02}:\beta_1=\beta_2=\cdots=\beta_5=0$ 是否成立. 经过计算得方差分析表 4.10.

表 4.10 方差分析表

方差来源	平方和	自由度	样本方差	F 值
因素 A	13004.55	3	4334.85	18.11
因素 B	2011.7	4	502.925	2.10
误差	2872.7	12	239.3917	
总和	17888.95	19		

给定显著水平 $\alpha=0.05$，查表得 $F_{0.95}(3,12)=3.49$，$F_{0.95}(4,12)=3.26$.

因为 $F_A=18.11>F_{0.95}(3,12)=3.49$ 以及 $F_B=2.10<F_{0.95}(4,12)=3.26$；所以拒绝 H_{01}，接受 H_{02}，说明彩色电视机的品牌对销售量有显著影响，销售地区对彩色电视机的销售量没有显著影响.

4.2.2 有交互作用的双因素方差分析

1. 方差分析模型

一般情况下，除了因素 A 和因素 B 对试验的单独影响外，两个因素的搭配还会对试验数据产生一种新的影响，这种情况就称为因素 A 和因素 B 有交互作用，对应的数据结构如表 4.11 所示.

表 4.11 有交互作用的方差分析数据结构表

因素 A	因素 B			
	B_1	B_2	…	B_s
A_1	y_{111} y_{112} … y_{11n}	y_{121} y_{122} … y_{12n}	…	y_{1s1} y_{1s2} … y_{1sn}
A_2	y_{211} y_{212} … y_{21n}	y_{221} y_{222} … y_{22n}	…	y_{2s1} y_{2s2} … y_{2sn}
⋮	⋮	⋮		⋮
A_r	y_{r11} y_{r12} … y_{r1n}	y_{r21} y_{r22} … y_{r2n}	…	y_{rs1} y_{rs2} … y_{rsn}

表 4.11 中数据代表三层含义，y_{ijk} 表示因素 A 和因素 B 分别在第 i 和第 j 水平状态下第 k 个样本观察值，在数据组(A_i, B_j)中，假定获取的样本容量 n 都相同. 假设 $y_{ijk} \sim N(\mu_{ij}, \sigma^2)$，$k=1,2,\cdots,n$，且组内及组间样本均相互独立. 得到方差分析模型如下：

$$\begin{cases} y_{ijk} = \bar{\mu} + \alpha_i + \beta_j + \gamma_{ij} + e_{ijk}, i = 1,2,\cdots,r; j = 1,2,\cdots,s; k = 1,2,\cdots,n, \\ e_{ijk} \sim N(0,\sigma^2), \text{且各 } e_{ijk} \text{ 相互独立}, \\ \sum_{i=1}^{r} \alpha_i = \sum_{j=1}^{s} \beta_j = \sum_{i=1}^{r} \gamma_{ij} = \sum_{j=1}^{s} \gamma_{ij} = 0. \end{cases}$$

其中$\bar{\mu}$为总平均值，α_i，β_j 分别表示因素 A，B 对试验指标的效应，$\gamma_{ij} = \mu_{ij} - \bar{\mu} - \alpha_i - \beta_j$称为 A_i 与 B_j 对试验指标的交互效应，其中 $\mu_{ij} - \bar{\mu}$反映水平搭配(A_i, B_j)对试验指标的总效应.

2. 方差分析

方差分析的主要任务是系统分析因素 A 和因素 B 以及因素 A，B 交叉效应对试验指标的影响大小，在给定水平 α 下，可提出如下统计假设：

对因素 A，原假设为因素 A 对试验指标影响不显著，等价于 $H_{01}: \alpha_1 = \alpha_2 = \cdots = \alpha_r = 0$，

对因素 B，原假设为因素 B 对试验指标影响不显著，等价于 $H_{02}: \beta_1 = \beta_2 = \cdots = \beta_s = 0$，

对交互效应 $A \times B$：原假设为 $A \times B$ 对试验指标影响不显著，等价于

$$H_{03}: \gamma_{ij} = 0, i = 1,2,\cdots,r; j = 1,2,\cdots,s$$

与无交互效应的方差相比，不同的是增加了交互效应项 γ_{ij}，相应的统计分析和结果都复杂化了.

记

$$S_T^2 = \sum_{i=1}^{r} \sum_{j=1}^{s} \sum_{k=1}^{n} (y_{ijk} - \bar{y})^2, \quad S_A^2 = \sum_{i=1}^{r} \sum_{j=1}^{s} \sum_{k=1}^{n} (\bar{y}_{i\cdot\cdot} - \bar{y})^2,$$

$$S_B^2 = \sum_{i=1}^{r} \sum_{j=1}^{s} \sum_{k=1}^{n} (\bar{y}_{\cdot j\cdot} - \bar{y})^2, \quad S_{A\times B}^2 = \sum_{i=1}^{r} \sum_{j=1}^{s} \sum_{k=1}^{n} (\bar{y}_{ij\cdot} - \bar{y}_{i\cdot\cdot} - \bar{y}_{\cdot j\cdot} + \bar{y})^2,$$

$$S_E^2 = \sum_{i=1}^{r} \sum_{j=1}^{s} \sum_{k=1}^{n} (y_{ijk} - \bar{y}_{ij\cdot})^2,$$

可以证明

$$S_T^2 = S_A^2 + S_B^2 + S_{A\times B}^2 + S_E^2,$$

其中，S_A^2，S_B^2分别称为因素 A，B 的效应平方和，$S_{A\times B}^2$称为 A，B 的交互效应平方和，S_E^2 称为

误差平方和，S_T^2 称为总偏差平方和. 通过计算可得方差分析表 4.12.

检验是否接受假设 H_{01}，H_{02}，H_{03} 有两种方法：

方法 1 根据 F 值进行推断：当 $F_A>F_{1-\alpha}(r-1,rs(n-1))$ 或 $F_B>F_{1-\alpha}(s-1,rs(n-1))$，或 $F_{A\times B}>F_{1-\alpha}((r-1)(s-1),rs(n-1))$ 时，拒绝 H_{01} 或 H_{02} 或 H_{03}；

方法 2 根据 p 值进行推断：当 $p_A<\alpha$ 或 $p_B<\alpha$ 或 $p_{A\times B}<\alpha$ 时，拒绝 H_{01} 或 H_{02} 或 H_{03}，其中

$$p_A=P\left(F_A>F_{1-\alpha}\left(r-1,rs(n-1)\right)\right),$$
$$p_B=P\left(F_B>F_{1-\alpha}\left(s-1,rs(n-1)\right)\right),$$
$$p_{A\times B}=P\left(F_{A\times B}>F_{1-\alpha}\left((r-1)(s-1),rs(n-1)\right)\right).$$

表 4.12 有交互作用的双因素方差分析表

方差来源	自由度	平方和	均方差	F 值	p 值
因素 A	$r-1$	S_A^2	$S_A^2/r-1$	$F_A=\dfrac{S_A^2/(r-1)}{S_E^2/rs(n-1)}$	p_A
因素 B	$s-1$	S_B^2	$S_B^2/s-1$	$F_B=\dfrac{S_B^2/(s-1)}{S_E^2/rs(n-1)}$	p_B
交互效应 $A\times B$	$(r-1)(s-1)$	$S_{A\times B}^2$	$S_{A\times B}^2/(r-1)(s-1)$	$F_{A\times B}=\dfrac{S_{A\times B}^2/(r-1)(s-1)}{S_E^2/rs(n-1)}$	$p_{A\times B}$
误差 E	$rs(n-1)$	S_E^2	$S_E^2/rs(n-1)$		
总和	$rsn-1$	S_T^2			

例 4.5 有些行业实行弹性工作制度，体能消耗会随着工作时间及工作强度而有所不同. 为调查某行业正常人在一天内不同时间和不同工作强度下体能消耗情况，对该行业的 32 个正常人作了某种体能测试，将一天分为 4 个不同的时间段，又将人的工作强度分为 4 种(按正常工作强度的 60%，80%，100%，120%)，试验指标是正常人在不同时间段和不同工作强度下的体能消耗值，如表 4.13 所示，试判断工作时间和工作强度以及它们的交互作用对体能消耗有无显著影响($\alpha=0.01$).

表 4.13 受试者在 4 种不同时间以 4 种不同工作速度的能量消耗

人的工作强度(A)	工作测试时间(B)							
	1		2		3		4	
60%	2.70	3.30	1.71	2.14	1.90	2.00	2.72	1.85
80%	1.38	1.35	1.74	1.56	3.14	2.29	3.51	3.15
100%	2.35	1.95	1.67	1.50	1.63	1.05	1.39	1.72
120%	2.26	2.13	3.41	2.56	3.17	3.18	2.22	2.19

解 设两个因素 A，B 分别表示人的工作强度和时间，这是一个双因素的方差分析问题，两个因素都分别有 4 个水平，在每一个水平状态(A_i,B_j)搭配下均抽取两个样本. 此种情况应考虑两个因素的交互效应 $A\times B$，根据表 4.13，计算得到双因素方差分析表(见表 4.14).

表 4.14 体能消耗试验方差分析表

方差来源	平方和	自由度	均方	F 值	显著性
因素 A	3.9948	3	1.3316	11.90	* *
因素 B	0.4541	3	0.1514	1.35	
交互效应 $A\times B$	8.4123	9	0.9347	8.35	* *
误差 E	1.7902	16	0.1119		
总和	14.6514	31			

经检验知，因素 A（工作强度）对试验指标影响显著，因素 B（工作时间）对试样指标影响不显著，而两因素的交互效应 $A\times B$ 对试验指标影响显著.（注：表 4.14 中的“* *”表示在显著水平 0.01 下显著.）

4.3 案例及统计分析软件训练

训练项目1 单因素方差分析

案例1 某高校为了评估不同学院的学生在数值分析课程考试成绩上是否有显著差异，现随机抽取了 2009—2010 学年第一学期共 70 名同学的考试成绩，共涉及 6 个学院，具体数据如表 4.15 所示. 试通过上述抽样数据分析不同学院学生的考试成绩有无显著差异.

表 4.15 70 名同学“数值分析”考试成绩

	学生成绩											
机械学院	87	71	75	78	76	66	61	67	82	74	72	71
动力学院	89	77	96	83	80	94	66	70	73	85	69	83
光电学院	77	80	89	83	86	70	80	90	69	82	67	
物理学院	68	92	77	73	77	89	70	83	82	80	58	69
土木学院	59	67	77	60	73	75	74	59	84	68	71	59
化工学院	83	60	66	57	81	76	74	76	70	65	60	

R 软件 R 软件采用 aov() 函数来完成数据间的单因素方差分析，为了对不同学院的学生分数间的差异做单因素方差分析，还必须确定试验误差服从正态分布，以及试验数据满足方差相等的条件. 为此，我们将通过误差正态性检验、数据满足方差齐性检验以及方差分析三个步骤完成所要求的分析.

```
#数据准备
>score=data.frame(
+x=c(87,71,75,78,76,66,61,67,82,74,72,71, 89,77,96,83,80,94,66,70,73,85,
69,83,
```

```
+77,80,89,83,86,70,80,90,69,82,67, 68,92,77,73,77,89,70,83,82,80,58,69,
+59,67,77,60,73,75,74,59,84,68,71,59, 83,60,66,57,81,76,74,76,70,65,60),
+g=factor(rep(c('j','d','g','w','t','h'),c(12,12,11,12,12,11)))
+)      #将数据用数据框给出。其中 x 表示 70 名学生的分数。g 表示产生一个因子,用来对数
据进行分组,用"j"代表机械学院,属于"j"的分数为第 1 到 12 个,用"d"代表动力学院,属于"d"
的分数为第 13 到第 24 个,以次类推。
```

在准备好数据后，首先，对各学院学生成绩的误差进行正态性检验：

```
>attach(score) #用 attach()函数表示以下数据是来自于 score
>shapiro.test(x[g=='j']) #对属于"j"即属于机械学院的学生成绩进行正态性检验
        Shapiro-Wilk normality test
data: x[g =="j"]
W=0.9873, p-value=0.9987 #检验的显著性概率值 p=0.9987 大于显著性水平 α=0.05,故不
能拒绝原假设,认为误差服从正态分布。以下对各学院成绩的误差正态性检验分析相同。

>shapiro.test(x[g=='d'])
        Shapiro-Wilk normality test
data: x[g =="d"]
W=0.9608, p-value=0.795

>shapiro.test(x[g=='g'])
        Shapiro-Wilk normality test
data: x[g =="g"]
W=0.932, p-value=0.4312

>shapiro.test(x[g=='w'])
        Shapiro-Wilk normality test
data: x[g =="w"]
W=0.9812, p-value=0.988

>shapiro.test(x[g=='t'])
        Shapiro-Wilk normality test
data: x[g =="t"]
W=0.915, p-value=0.2468

>shapiro.test(x[g=='h'])
        Shapiro-Wilk normality test
data: x[g =="h"]
W=0.9443, p-value=0.5728
```

由上述分析结果可以看到，各学院学生成绩的误差皆服从正态分布，满足方差分析要求的正态性假定.

接下来，对试验数据进行方差齐性检验.

```
>bartlett.test(x~g,data=scor)
        Bartlett test of homogeneity of variances
data: x by g
Bartlett's K-squared=1.509, df=5, p-value=0.912
```

由检验结果“Bartlett’s K-squared=1.509,df=5,p-value=0.912”可得,假设检验的显著性概率 $p=0.912$ 大于显著性水平 $\alpha=0.05$,故不能拒绝原假设,认为试验数据满足方差相等的条件.

最后,对学生分数进行方差分析.

```
>s.aov=aov(x~g,data=scor)          #对学生分数进行方差分析
>summary(s.aov)                     #显示方差分析的结果
        Df    Sum Sq    Mean Sq    F value    Pr(>F)
g       5     1368      273.57     3.666      0.00559 **
Residuals 64 4776 74.63
---
Signif. codes: 0 '***' 0.001 '**' 0.01 '*' 0.05 '.' 0.1
```

显然,方差分析的显著性概率 $p=0.00559$ 小于显著性水平 $\alpha=0.01$,且显著性标记为“**”,表示极为显著,故不能接受原假设,认为不同学院学生的“数值分析”课程考试成绩有显著差异.

SPSS 软件 SPSS 软件中有用于单因素方差分析的功能模块,为“单因素 ANOVA”,操作步骤如下:

步骤 1 在“变量视图”窗口定义两个变量“分组”和“考试成绩”,其中“分组”变量的取值为 1,2,…,6,分别代表机械学院、动力学院、光电学院等,见图 4.1.

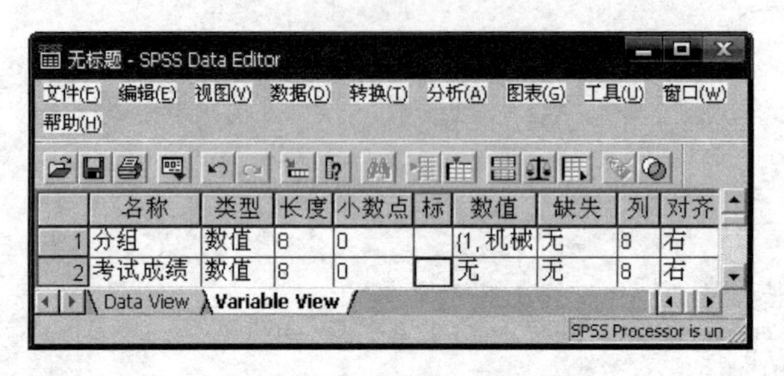

图 4.1 考试成绩变量视图

步骤 2 在“数据视图”窗口输入数据,因机械学院的学生人数为 12 人,故“分组”变量取值为“1”的数据有 12 个,而动力学院的学生人数为 12 人,故“分组”变量取值为“2”的数据有 12 个,其他取值类似. 在“分组”变量取值为“1”的地方,对应的“考试成绩”变量的值为机械学院学生的考试成绩,在“分组”变量取值为“2”的地方,对应的“考试成绩”变量的值为动力学院学生的考试成绩. 其他类似,见图 4.2.

步骤 3 根据“分析—比较均值—单因素 ANOVA”步骤,弹出“单因素方差分析”对话框,将变量“考试成绩”移入“因变量列”栏,将“分组”变量移入“因子”栏,如图 4.3 所示. 单击“确定”按钮,即可实现单因素方差分析,结果见表 4.16 所示.

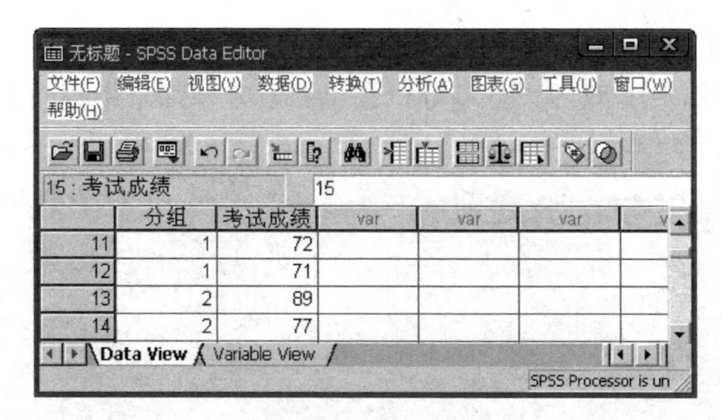

图 4.2 考试成绩数据视图

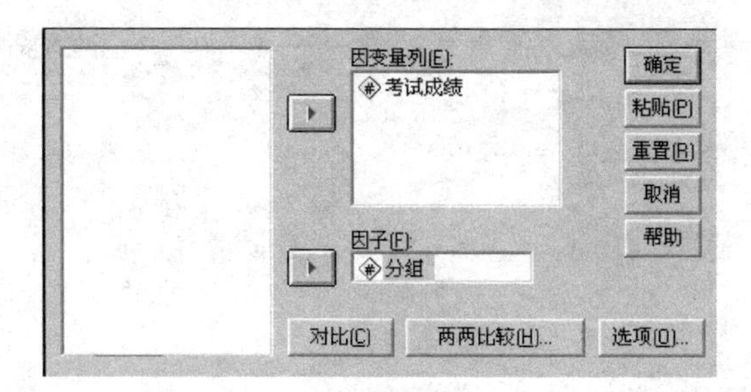

图 4.3 单因素方差分析

表 4.16 考试成绩的单因素方差分析

	平方和	df	均方	F	显著性
组间	1367.854	5	273.571	3.666	0.006
组内	4776.432	64	74.632		
总数	6144.286	69			

由表 4.16 可见，对考试成绩进行的单因素方差分析，检验的 F 统计量值为 3.666，对应的显著性概率 $p=0.006$，小于显著性水平 $\alpha=0.01$，即拒绝 H_0，表明在方差相等的条件下，各学院学生的数值分析考试成绩有明显差异.

训练项目 2 双因素方差分析

案例 2 为研究人们在催眠状态下对各种情绪的反应是否有差异，选取了 8 个受试者. 在催眠状态下，要求每人按任意次序做出恐惧、愉快、忧虑和平静 4 种反应. 各受试者在处于这 4 种情绪下皮肤的电位变化值如表 4.17 所示.

表 4.17 4 种情绪状态下皮肤的电位变化值

情绪状态	受试者							
	1	2	3	4	5	6	7	8
恐惧	23.1	57.6	10.5	23.6	11.9	54.6	21.0	20.3
愉快	22.7	53.2	9.7	19.6	13.8	47.1	13.6	23.6
忧虑	22.5	53.7	10.8	21.1	13.7	39.2	13.7	16.3
平静	22.6	53.1	8.3	21.6	13.3	37.0	14.8	14.8

试检验受试者在催眠状态下对这4种情绪的反应力是否有显著差异.

R软件 在R软件中,双因素方差分析和单因素方差都采用相同的函数aov()来进行实现.

```
>value=data.frame(
+x=c(23.1,57.6,10.5,23.6,11.9,54.6,21.0,20.3, 22.7,53.2,9.7,19.6,13.8,47.1,
13.6,23.6,
+22.5,53.7,10.8,21.1,13.7,39.2,13.7,16.3, 22.6,53.1,8.3,21.6,13.3,37.0,14.8,
14.8),                                         #所有的应力值
+A=gl(4,8),                                    #生成因子A
+B=gl(8,1,32)
  #生成因子B.用因子A与B目的是用来确定输入的应力值是属于"某种情绪和第几个人"的.
+)
>value.aov=aov(x~A+B,data=value)               #进行双因素方差分析
>summary(value.aov)                            #显示双因素方差分析的结果
          Df Sum     Sq Mean   Sq F   value    Pr(>F)
A         3           101       33.8   3.467    0.0345 *
B         7           7022      1003.1 102.858  8.3e-15 ***
Residuals 21          205       9.8
---
Signif. codes: 0 '***' 0.001 '**' 0.01 '*' 0.05 '.' 0.1 ' ' 1
```

由上述检验结果可以看到,对因素A的检验,检验的显著性标记为"*",表示因素A即不同情绪的反应力有显著差异,对因素B的检验,检验的显著性标记为"***",表示因素B即不同人的反应力有非常强的差异.

SPSS软件 在SPSS软件中,双因素方差分析采用功能模型"一般线性模型"来实现.操作步骤如下:

步骤1 在"变量视图"窗口定义变量"情绪","受访者"以及"电位".其中,"情绪"变量的变量值标签为"1"代表"恐惧","2"代表"愉快","3"代表"忧虑","4"代表"平静".如图4.4所示.

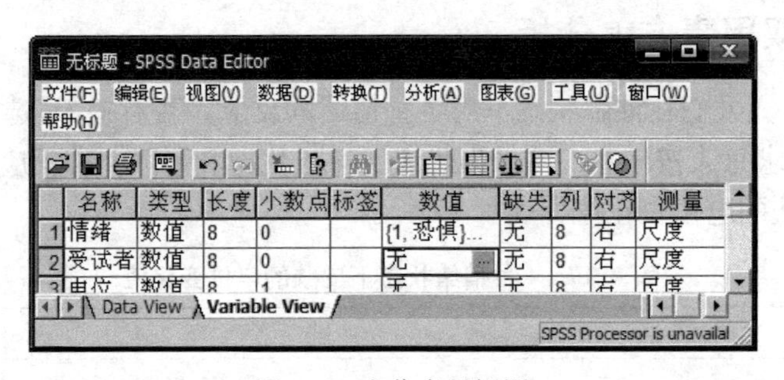

图4.4 电位变量视图

步骤2 在"数据视图"窗口输入数据.其中,变量"情绪"有8个值为"1",且此时变量"受试者"的取值依次为1,2,3,4,5,6,7,8,而变量"电位"的取值分别为在恐惧情绪下8个受试者的电位变化值,其余类似.如图4.5所示.

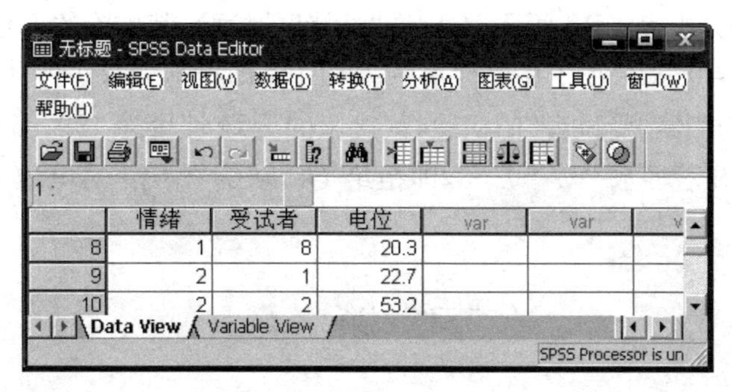

图 4.5 电位数据视图

步骤 3 根据“分析—一般线性模型—单因变量…”步骤，弹出“单因变量”对话框，将“电位”移入因变量栏，将“情绪”和“受试者”移入固定因子栏，如图 4.6 所示. 单击“模型”按钮，在弹出的“单变量：模型”对话框中，在制定模型栏选择“设定”选项，并将“因子与协变量”栏中的“情绪”和“受试者”移入“模型”栏中，在“类型”栏中，选择“主效应”选项，然后“继续→确定”，即可执行对电位变化值的双因素方差分析，结果见表 4.18 所示.

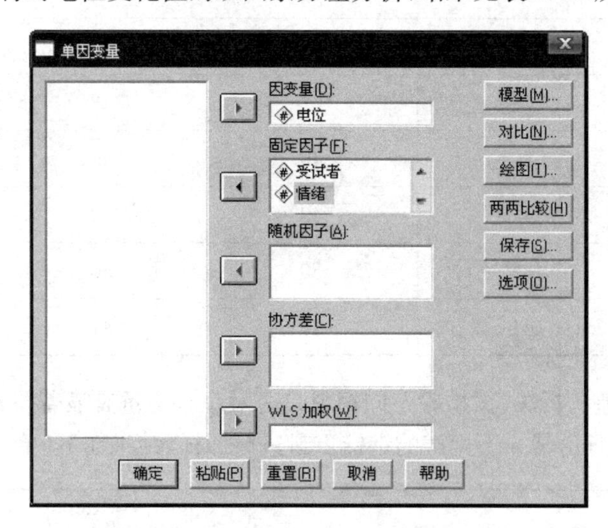

图 4.6 单因变量对话框

表 4.18 双因素方差分析表

源	Ⅱ型平方和	df	均方	F	Sig.
模型	27243.477[a]	11	2476.680	253.953	0.000
情绪	101.433	3	33.811	3.467	0.034
受试者	7021.865	7	1003.124	102.858	0.000
误差	204.803	21	9.753		
总计	27448.280	32			

a. R 方=0.993(调整 R 方=0.989)

由双因素方差分析表 4.18 所示，对因素“情绪”的检验，其检验的 F 统计量为 3.467，对应的显著性概率 $p=0.034$，小于显著性水平 $\alpha=0.05$，即拒绝 H_0，认为“情绪”对电位变化值的影响是显著的. 对因素“受试者“的检验，其检验的 F 统计量为 102.858，对应的显著性概率 $p=0.000$，小于显著性水平 $\alpha=0.05$，即拒绝 H_0，认为“情绪”对电位变化值的影响是显著的.

习 题 4

A组

1. 某养鸡场为检验 4 种不同饲料对肉鸡的增重是否有显著影响，每种饲料选择 6 只小鸡作试验，20 天后测得增重数据如下表所示：

样本	饲料品种			
	甲	乙	丙	丁
1	41	37	49	38
2	48	42	38	34
3	40	45	40	40
4	42	49	39	38
5	38	50	50	47
6	41	45	41	36

利用单因素方差分析法，试检验不同饲料是否对小鸡增重有显著差异($\alpha=0.05$)?

2. 某钢厂对 1 月份某 5 天生产的钢锭重量进行抽样，结果如下(单位：kg)：

抽样	重　量			
1	5500	5800	5740	5710
2	5440	5680	5240	5600
3	5400	5410	5430	5400
4	5640	5700	5660	5700
5	5610	5700	5610	5400

试检验不同日期生产的钢锭的平均重量有无显著差异($\alpha=0.05$)?

B组

1. 甲、乙、丙、丁四个工人操作机器Ⅰ、Ⅱ、Ⅲ各一天，其产品产量如下表所示，问工人和机器对产品产量是否有显著影响($\alpha=0.05$)?

工人 A \ 机器 B	Ⅰ(B_1)	Ⅱ(B_2)	Ⅲ(B_3)
甲 A_1	50	63	52
乙 A_2	47	54	42
丙 A_3	47	57	41
丁 A_4	53	58	48

2. 试验某种钢的冲击值(kg·m/cm^2),影响该指标的因素有两个,一个是含铜量 A,另一个是温度 B,不同状态下的实测数据如下:

含铜量	试验温度			
	20℃	0℃	−20℃	−40℃
0.2%	10.6	7.0	4.2	4.2
0.4%	11.6	11.0	6.8	6.3
0.8%	14.5	13.3	11.5	8.7

试检验含铜量和试验温度是否会对钢的冲击值产生显著差异($\alpha=0.05$)?

3. 在橡胶生产过程中,选择 4 种不同的配料方案及 5 种不同的硫化时间,测得产品的抗断强度如下(单位:kg/cm^2):

配料方案 \ 硫化时间	B_1	B_2	B_3	B_4	B_5
A_1	151	157	144	134	136
A_2	144	162	128	138	132
A_3	134	133	130	122	125
A_4	131	126	124	126	121

检验配料方案及硫化时间对产品的抗断强度是否有显著影响($\alpha=0.05$)?

4. 下面记录了 3 位操作工分别在 4 种不同的机器上操作 3 天的日产量:

机器	操作工		
	B_1	B_2	B_3
M_1	15,15,17	19,19,16	16,18,21
M_2	17,17,17	15,15,15	19,22,22
M_3	15,17,16	18,17,16	18,18,18
M_4	18,20,22	15,16,17	17,17,17

问:

(1) 操作工之间的差异是否显著?

(2) 机器之间的差异是否显著?

(3) 它们的交互效应是否显著?

5. 在某化工产品的生产过程中,对3种浓度A和4种温度B的每一种搭配重复试验两次,测得产量如下(单位:kg):

温度B	浓度A		
	A_1	A_2	A_3
B_1	21,23	23,25	26,23
B_2	22,23	26,24	29,27
B_3	25,23	28,27	24,25
B_4	27,25	26,24	24,23

试检验不同的浓度、不同的温度和它们的交互效应对产量是否有显著性影响($\alpha=0.05$)?

6. 请你解释双因素方差分析中交互效应的含义,并举一个你的专业领域具有交互效应的例子.

正交试验设计

在实际生产和科学研究中，如果要考察的指标是产品技术革新、科技攻关等，常常需要做试验. 影响试验的因素很多，要通过试验来选择各个因素的最佳试验水平，就需要对试验进行合理的设计，否则不仅会造成大量的浪费，而且即使进行多次试验，结果也不一定会令人满意. 因此，如何合理地安排一定数量的试验就能够获得足够的信息就成为一个很重要的问题. 试验设计是数理统计的一个重要分支，它的主要内容就是研究如何合理地安排尽可能少的试验次数，并对试验所得的数据进行分析等.

试验设计的基本思想和方法是英国统计学家费歇尔(R. A. Fisher)于 20 世纪 20 年代创立的，最初用于农业生产试验，以后逐渐推广被应用于工业生产和科学技术研究. 正交试验设计是由日本质量管理专家田口玄一(Tachugi)提出的，他在多因素试验设计方法的基础上，研发出来了这种试验设计技术. 正交试验设计是最常用的一类试验设计方法，使用一种规范化的表格进行试验设计，可以用较少的试验次数，取得较为准确、可靠的优选结论，它是一种高效率、快速、经济的实验设计方法.

5.1 正交表与正交试验设计

5.1.1 正交表

1. 正交表表示

正交表是正交拉丁方的推广，它是根据组合理论，按照一定的规律构造成的矩形表格. 正交表实际上是满足一些条件的矩阵，一般记成 $L_n(r_1 \times r_2 \times \cdots \times r_m)$，其中 L 代表正交表，n 表示正交表的行数，表示试验次数，m 表示正交表的列数，表示试验至多可以安排的因子数，r_j 表示第 j 个因子的水平数. 特别地，当 $r_1 = r_2 = \cdots = r_m = r$ 时，$L_n(r_1 \times r_2 \times \cdots \times r_m)$ 记为 $L_n(r^m)$. 如 $L_4(2^3)$ 表示 3 因子 2 水平共需做 4 次试验的正交表，见表 5.1 所示.

表 5.1 $L_4(2^3)$ 正交表

试验号 \ 列号	1	2	3
1	1	1	1
2	1	2	2
3	2	1	1
4	2	2	2

$L_8(4\times 2^4)$表示第一个因子安排4个水平,后4因子两个水平共需8次试验的正交表,如表5.2所示.

表5.2 $L_8(4\times 2^4)$正交表

试验号＼列号	1	2	3	4	5
1	1	1	1	1	1
2	1	2	2	2	2
3	2	1	1	2	2
4	2	2	2	1	1
5	3	1	2	1	2
6	3	2	1	2	1
7	4	1	2	2	1
8	4	2	1	1	2

2. 正交表的定义

称矩阵$\boldsymbol{H}=[h_{ij}]_{n\times m}$是一个$L_n(r_1\times r_2\times\cdots\times r_m)$型正交表,如果它满足下列3个条件:

(1) $\forall j\in\{1,2,\cdots,m\},h_{ij}\in\{1,2,\cdots,r_j\},i=1,2,\cdots,n$

(2) 在任一列中,每个水平的重复次数相等,即$\forall j\in\{1,2,\cdots,m\}$,$h_{ij}$的值出现在第$j$列中的次数均等于$\frac{n}{r_j}$.

(3) 任意两列中,同行数字(水平)构成的数对包含着所有可能的数对,且每个数对重复次数相等,即$\forall j_1,j_2\in\{1,2,\cdots,m\}$,且$j_1\neq j_2$,则$(h_{ij_1},h_{ij_2})$的值在$j_1$列与$j_2$列中出现的次数均等于$\frac{n}{r_{j_1}r_{j_2}}$.

如正交表$L_4(2^3)$中,$r_1=r_2=r_3=2$,$h_{12}=1\in\{1,2\}$,h_{12}在第二列中出现的次数均为$2=\frac{4}{2}$,且每个h_{i2}在第二列中出现的次数均为2. $(h_{41},h_{43})=(2,2)$在由第一列和第三列组成的矩阵中出现的次数为1.

称(2)与(3)为正交表的正交性.根据上述定义可知,对正交表进行行置换或列置换后,正交表的正交性不变.

正交表的两个重要特点:

特点1 整齐可比性,即每一列中,不同的数字出现的次数相等;

特点2 均衡搭配性,即任意两列中,把同一行的两个数字看成一对有序数对时,不同的有序数对出现的次数相等.

正交表的这两个特点,使得表中安排的试验方案在全部试验方案中是均匀分散的,很有代表性,由这一小部分试验结果所得到的分析结论能反映由全面试验结果所做的分析结论,可以从中找出最优或较优的试验方案.

3. 正交表安排试验的原则

(1) 每个因子占用一个列号,一个列号上只能放置一个因子.正交表的列数不能少于因子的个数.

(2) 因子的水平数要与因子所在列号的水平数一致，即 r 个水平的因子应放在有 r 个水平的列号上. 列号水平数 r 对应于因子水平数.

(3) 如果要考察两因子之间的交互作用，则在正交表上要选用列号反映这个交互作用. 将交互作用视为一个因子，用列号来安置. 如何安置交互作用需查所选用的正交表的交互作用表.

在多因素试验中，如果因素 A 对试验指标的影响与因素 B 所取水平有关系，就称因素 A 与因素 B 这两个因素有交互作用，并用 $A\times B$ 表示.

5.1.2 正交试验设计

例 5.1 某化工厂为了提高产品的转化率，决定进行试验，寻找较好的(或最好)生产工艺条件. 根据历史资料，认为可能有 4 个因素影响转化率指标，它们分别是反应温度A(℃)、反应时间 B(min) 、用碱量 C(kg)和反应压力 D(Pa). 假定不考虑这些因素间的交互作用，且每个因素有 3 个水平，如表 5.3 所示. 问应如何安排试验?

表 5.3 不同因素下的转换率

水平 \ 因素	A	B	C	D
1	80	90	5	2
2	85	120	6	2.5
3	90	150	7	3

在设计试验方案时，首先要明确试验要解决的问题，即明确试验指标——产品转化率(越高越好)；然后明确影响试验指标的主要因素(反应温度、反应时间、用碱量和反应压力)，选取适当的因素水平(每个因素均有 3 个水平). 如果 4 个因素进行全面试验，即将 4 个因子的各个水平全面搭配，需做 $3^4=81$ 次试验，试验次数太多，实际情况不允许. 因此考虑用正交表来安排试验，可供选择的是 $L_9(3^4)$和 $L_{27}(3^4)$，由于不考虑因素间的交互作用，因此要尽可能地减少试验次数，自然选择安排正交表 $L_9(3^4)$，只需要做 9 次试验，如表 5.4 所示.

表 5.4 $L_9(3^4)$正交表

试验号 \ 水平 \ 列号	A	B	C	D
	1	2	3	4
1	1(80)	1(90)	1(5)	1(2)
2	1	2(120)	2(6)	2(2.5)
3	1	3(150)	3(7)	3(3)
4	2(85)	1	2	3
5	2	2	3	1
6	2	3	1	2
7	3(90)	1	3	2
8	3	2	1	3
9	3	3	2	1

5.2 正交试验的结果分析

正交试验方案一旦确定，就按照各种试验条件进行试验，并记录试验结果. 通过分析试验所取得的数据，可获得最优决策方案. 正交试验分析方法一般采用直观分析法或方差分析法. 直观分析法简单易懂、实用性强、应用广泛，但比较粗糙；方差分析法比较精细，但计算量稍大.

5.2.1 直观分析法

直观分析法是先简单计算各因素水平对试验结果的影响，可用图表形式将这些影响表示出来，然后通过极差分析（找出最大值、最小值）确定优化的水平搭配方案.

以例5.1为例，按正交表 $L_9(3^4)$ 安排9次试验，观察产品的转化率数据如表5.5所示.

表5.5 直观分析计算数据表

列号 / 水平 / 试验号	A	B	C	D	转化率
	1	2	3	4	y_i(%)
1	1(80)	1(90)	1(5)	1(2)	31
2	1	2(120)	2(6)	2(2.5)	54
3	1	3(150)	3(7)	3(3)	38
4	2(85)	1	2	3	53
5	2	2	3	1	49
6	2	3	1	2	42
7	3(90)	1	3	2	57
8	3	2	1	3	62
9	3	3	2	1	64
K_{j1}	123	141	135	144	
K_{j2}	144	165	171	153	
K_{j3}	183	144	144	153	
$\overline{K}_{j1}$	41	47	45	48	
$\overline{K}_{j2}$	48	55	57	51	
$\overline{K}_{j3}$	61	48	48	51	
R_j	20	8	12	3	

其中 K_{jl} 表示第 j 列中对应水平 l 的试验指标数据之和，$l=1,2,3$. 如第1列，$K_{11}=31+54+38=123$，$\overline{K}_{jl}=K_{jl}/3$，$R_j=\max\{\overline{K}_{j1},\overline{K}_{j2},\overline{K}_{j3}\}-\min\{\overline{K}_{j1},\overline{K}_{j2},\overline{K}_{j3}\}$.

试验结果分析包含3个方面的内容：

(1) 分清各因素对试验指标影响的主次顺序.

R_j 越大表明该因子对试验指标作用越大，也越重要. 在表 5.5 中按极差 R_j 的大小选取各因子的重要性，通过比较得出因子重要性从大到小的顺序是 $A \to C \to B \to D$；

(2) 找出优化生产方案，即确定出采用什么样的因素水平组合才能使试验指标达到最优.

当试验指标越大越好时，在每个因子中选择 $\max\{K_{j1}, K_{j2}, K_{j3}\}$ 对应的水平为最佳水平. 当试验指标越小越好时，在每个因子中选择 $\min\{K_{j1}, K_{j2}, K_{j3}\}$ 对应的水平为最佳水平. 如例 5.1 是试验指标越高越好，因此按 $\max\{K_{j1}, K_{j2}, K_{j3}\}$ 原则选取各因子的最优水平，最优搭配方案的选取结果为 $A_3C_2B_2D_2$ 或 $A_3C_2B_2D_3$.

(3) 分析试验因素对试验指标的影响，为进一步试验指明方向.

如在例 5.1 中，因素 A, C, B 重要，D 不重要. 最优生产条件是 $A_3C_2B_2D_2$，即反应温度 90℃，反应时间是 120min，用碱量 6kg，反应压力为 2.5(或 3)Pa.

5.2.2 方差分析法

直观分析法的优点是简单易懂，但极差分析不能把试验过程中的试验条件的改变(因素水平的改变)所引起的数据波动与试验误差所引起的数据波动区分开来，也无法对因素影响的重要程度给出精确的定量估计. 为弥补直观分析法的不足，可用方差分析法对试验结果进行计算分析. 方差分析法是把试验数据总的波动分成两部分，一部分反映因素水平变化引起的波动，另一部分反映试验误差所引起的波动.

为了说明方差分析法，我们仍然以例 5.1 为例，假定生产过程恒定在 2.5Pa 下，生产过程的产出就只与反应温度 A(℃)、反应时间 B(min)和用碱量 C(kg)3 个因素有关. 每个因素有 3 个水平，我们查找相应的正交表，选取试验次数最少的正交试验表，见表 5.6，然后按照下列步骤进行试验与分析.

步骤 1 把表中的因素和相应的水平与我们研究的因素和相应的水平建立一一映射，并按规定的方案采用随机方法做完每一号试验，即使根据有关专业知识可以断定其中某个试验的效果肯定不好，仍需认真完成. 每一号试验的结果都将从不同的角度提供有用的信息. 记录试验结果 $y_1, y_2, \cdots, y_n$，标在正交表的最后一列上.

步骤 2 计算各个统计量的观察值.

假定每个因子取 r 种不同的水平，每种水平在试验方案中出现了 m 次，则总的试验次数(即所用正交表行数)$n=rm$. 设试验结果为 $y_1, y_2, \cdots, y_n$. 对所有正交表的第 j 列(包括空列)，令 K_{jl} 表示第 j 列(j 因素)中相应于水平 $l(l=1,2,\cdots,r)$ 的 m 个试验结果之和. 如表 5.6 中，$r=3, m=3, n=9, K_{11}=y_1+y_2+y_3, K_{23}=y_3+y_6+y_9$ 等. 记 $K=\sum_{l=1}^{r} K_{jl}$，易见，K 是全体试验结果之和 $\sum_{i=1}^{n} y_i$，因此 K 与 j 无关. 令

$$P=\frac{K^2}{n}, \quad Q_j=\frac{1}{m}\sum_{l=1}^{r} K_{jl}^2, S_j^2=Q_j-P, \quad Q=\sum_{i=1}^{n} y_i^2, S_T^2=Q-P.$$

不难证明

$$S_T^2=\sum_{i=1}^{n}(y_i-\bar{y})^2=\sum_j S_j^2, \quad 其中\bar{y}=\frac{K}{n}.$$

如表5.6中，$L_9(3^4)$中有4列，因此$S_T^2=S_1^2+S_2^2+S_3^2+S_4^2$.

按所给数据算出必要的统计量的观察之后，列出计算表5.6.

表5.6 计算表

	A	B	C	空列	
	1	2	3	4	
1	1(80)	1(90)	1(5)		31(y_1)
2	1	2(120)	2(6)		54(y_2)
3	1	3(150)	3(7)		38(y_3)
4	2(85)	1	2		53(y_4)
5	2	2	3		49(y_5)
6	2	3	1		42(y_6)
7	3(90)	1	3		57(y_7)
8	3	2	1		62(y_8)
9	3	3	2		64(y_9)
K_{j1}	$K_{11}=y_1+y_2+y_3$ $=123$	$K_{21}=y_1+y_4+y_7$ $=141$	$K_{31}=y_1+y_6+y_8$ $=135$		$K=\sum_{i=1}^{9} y_i$ $=450$
K_{j2}	$K_{12}=y_4+y_5+y_6$ $=144$	$K_{22}=y_2+y_5+y_8$ $=165$	$K_{32}=y_2+y_4+y_9$ $=171$		$P=\frac{K^2}{9}$ $=22500$
K_{j3}	$K_{13}=y_7+y_8+y_9$ $=183$	$K_{23}=y_3+y_6+y_9$ $=144$	$K_{33}=y_3+y_5+y_7$ $=144$		
Q_j	$Q_1=\frac{1}{3}\sum_{l=1}^{3}K_{1l}^2$ $=23118$	$Q_2=\frac{1}{3}\sum_{l=1}^{3}K_{2l}^2$ $=22614$	$Q_3=\frac{1}{3}\sum_{l=1}^{3}K_{3l}^2$ $=22734$		$Q=\sum_{i=1}^{9} y_i^2$ $=23484$
S_j^2	$S_1^2=Q_1-P$ $=618$	$S_2^2=Q_2-P$ $=114$	$S_3^2=Q_3-P$ $=234$	$S_4^2=S_E^2$ $=18$	$S_T^2=Q-P$ $=984$

步骤3 方差分析.

我们要考察每个因子在各个水平下的效应是否有显著差异，即要分别检验

$$H_{0A}:\alpha_1=\alpha_2=\alpha_3=0,$$
$$H_{0B}:\beta_1=\beta_2=\beta_3=0,$$
$$H_{0C}:\delta_1=\delta_2=\delta_3=0,$$

其中α_j表示因子A在第j个水平下的效应，β_j表示因子B在第j个水平下的效应，δ_j表示因子C在第j个水平下的效应($j=1,2,3$). 这些效应必须满足

$$\sum_{j=1}^{3}\alpha_j=0,\quad \sum_{j=1}^{3}\beta_j=0,\quad \sum_{j=1}^{3}\delta_j=0.$$

方差分析中因子j的离差平方和恰是该因子所在列相应的S_j^2，其中自由度为该因子所取的水平数减1(即$r-1$). 总离差平方和S_T^2的自由度为总的试验次数减1(即$n-1$). 而误差平方和S_E^2恰是空列所对应的那些S_j^2之和，其自由度为S_T^2的自由度减去诸因子离差平

方和的自由度之和. 表 5.6 中, $S_A^2=S_1^2, S_B^2=S_2^2, S_C^2=S_3^2, S_E^2=S_4^2, S_A^2, S_B^2, S_C^2$ 的自由度都是 $2(2=3-1)$, S_T^2 的自由度是 $8(8=(9-1))$, S_E^2 的自由度是 2. 按照上述计算法则, 列出方差分析表 5.7.

表 5.7 方差分析表

方差来源	平方和	自由度	均方差	F 值
因子 A	618	2	309	34.33
因子 B	114	2	57	6.33
因子 C	234	2	117	13.00
误差	18	2	9	
总和	984	8		

如果给出显著性水平 $\alpha=0.05$, 查相应的分位数值 $F_{0.95}(2,2)=19.00$, 将方差分析表中的 F 值与分位数值比较可得出检验结果.

步骤 4 得出最终结论.

由差方分析表看出, 因子 B 的作用不显著, 即可以认为时间是影响该种化工产品转化率的次要因素. 从节约的角度出发, 采用时间为 90min(即 B_1)这一方案. 另外, 因子 A 的作用显著, 因子 C 的作用比较显著. 由计算表看出

$$K_{13}>K_{12}>K_{11}, \quad K_{32}>K_{33}>K_{31}.$$

因此较优的水平是 A_3 与 C_2. 较好的因子水平搭配是 $A_3B_1C_2$, 即以后可采用温度为 90℃, 时间为 90min, 用碱量为 6kg 这一方案来组织生产.

正交表的均衡搭配性保证所做试验的水平搭配均衡地分散在所有各种水平搭配之中, 因而代表性强, 容易从中找到较优水平搭配; 正交表的整齐可比性保证了 K_{jl} 中最大限度地排除了其他因子的干扰, 通过比较 $K_{j1}, K_{j2}, K_{j3}, \cdots, K_{jr}$ 的值来找出较优的水平.

习 题 5

A 组

1. 试说明下列正交表符号及数字的含义:

$$L_{12}(2^{11}), L_{16}(4^5), \quad L_{16}(4^2\times 2^8), \quad L_{16}(8\times 2^8).$$

2. 某轴承厂为了提高轴承圈退火的质量, 确定出下表所示的影响因素及水平:

水平	因素		
	上升温度 A/℃	保温时间 B/h	出炉温度 C/℃
水平 1	800	6	400
水平 2	820	8	500

(1)若考虑两因素之间的交互效应, 问应选用哪张正交表来安排试验, 并写出第 3 号试验方案;

(2)若不考虑交互效应，选取正交表 $L_4(2^3)$，试验结果如下表所列：

试验号	1	2	3	4
硬度合格率/%	100	45	85	70

试给出正交试验结果分析表，并对试验结果进行直观分析和方差分析，确定最佳试验方案.

B组

1. 磁鼓电机是彩色录像机磁鼓组件的关键部件之一，按质量要求其输出力矩应大于210N·cm. 某生产厂过去这项指标的合格率较低，从而希望通过试验找出好的条件，以提高磁鼓电机的输出力矩. 经分析，影响输出力矩的可能因素有3个，A：充磁量，B：定位角度，C：定子线圈匝数，根据各个因素的可能取值范围，经专业人员分析研究，确定出下表所示的因素及水平：

水平	因　素		
	充磁量 $A/10^{-4}$T	定位角度 $B/(\pi/180)$rad	定子线圈匝数 C/匝
1	900	10	70
2	110	11	80
3	1300	12	90

(1) 如果不考虑交互效应，试选用合适的正交表，进行表头设计，列出第5号试验方案；

(2) 如果不考虑交互效应，选用正交表 $L_9(3^4)$，9个试验的输出力矩(N·cm)为：160，215，180，168，236，190，157，205，140. 试给出正交试验结果分析表，并对试验结果进行直观分析和方差分析，给出因素对试验指标影响的顺序，确定最佳试验方案.

2. 在某种化油器设计中，希望寻找一种结构，使在不同天气条件下均具有较小的油耗. 试验中考察的因素及水平如下表所示：

水平	因　素				
	大喉管直径 A/mm	中喉管直径 B/mm	环形小喉管直径 C/mm	空气量孔直径 D/mm	天气 E
1	32	22	10	1.2	高气压
2	34	21	9	1.0	低气压
3	36	20	8	0.8	

(1) 如果不考虑交互效应，试选用合适的正交表，进行表头设计，列出第6号试验方案；

(2) 如果不考虑交互效应，选用的正交表是 $L_{18}(2\times3^7)$，试验结果的油耗为：

240.7，230.1，236.5，217.1，210.5，306.8，

247.1，228.3，237.7，208.4，253.3，232.0，

209.2，245.1，234.1，217.7，209.7，339.8.

试对试验结果进行直观分析和方差分析，给出因素对试验指标影响的顺序，确定最佳的

试验方案(提示：计算步骤和计算方法与水平数相等的情形一样).

3. 结合工作实际或生活实际,给出一个试验设计问题,并回答下列问题：

(1) 试验设计的问题是什么?

(2) 试验设计的目的是什么?

(3) 试验设计的指标是什么?

(4) 选择的因素及水平是什么?

(5) 选择的正交表及表头设计是什么?

(6) 给出试验结果后,数据分析过程及分析结果是什么?

第6章 Chapter 6

回归分析

回归的概念是英国生物学家 Galton 提出的,他发现高个子父母的子代一般也高,但不如父母那么高;矮个子父母的子代一般也矮,但不如父母那么矮. 于是他猜想人应有个平均高度,在遗传过程中,子代的高度会逐渐回归到人的平均高度. 如若不然,高个子的子代比父代个子高,矮个子的子代比父代个子矮,各代人在身高分布上将呈现两极分化的趋势,甚至矮个子的子代高度还会趋于零,这显然与现实不符.

回归分析是研究数值型自变量与数值型因变量之间的相关关系的一种统计分析方法. 回归分析按所处理的变量多少为标准划分成一元回归分析和多元回归分析. 一元回归分析是研究两个变量之间的相关关系;多元回归分析是研究两个以上的变量之间的相关关系. 按变量之间的关系形态为标准划分成线性回归和非线性回归分析。本章主要介绍线性回归,简单介绍非线性回归。

6.1 一元线性回归分析

6.1.1 一元线性回归模型

一元线性回归分析是研究两个变量之间的线性相关关系,这种相关关系不是确定的函数关系,即给出自变量的值不能确定因变量的值. 如农作物的亩产量和施肥量之间有密切的相关关系,但施肥量确定以后,我们不能确定亩产量的准确值,会有误差. 误差来源于测量的误差、没有考虑到的影响因素(如温度、光照浓度,二氧化碳的浓度,株距,行距)、天灾人祸等. 又如某种新商品的销售收入与广告费用是有密切关系,即便广告费用确定了,仍不能确定商品的销售收入,但这两者之间是有一定的变化趋势. 现将采集到的 24 个样本数据形成二维数据图(散点图),如图 6.1 所示,其中横坐标 x 表示广告费用,纵坐标 y 表示销售收入.

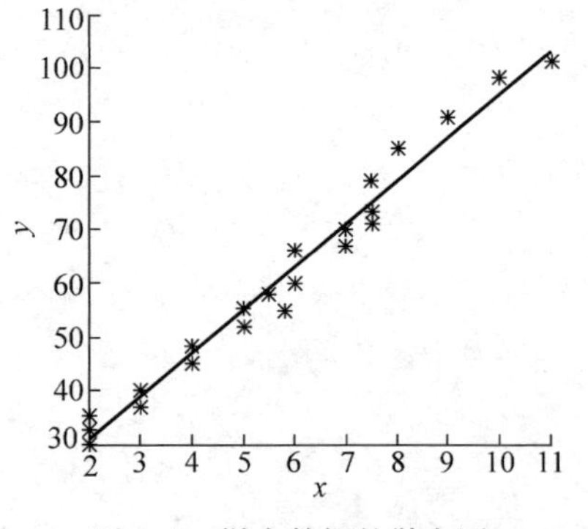

图 6.1 样本数据的散点图

从图 6.1 可以看出:样本数据 (x_i, y_i) $(i=1, 2, \cdots, 24)$ 呈现在一条直线附近,说明变量 x 不能完全确定变量 y,其原因是销售收入与商品本身的质量、销售的季节性、消费者的偏好及消费者周围朋友的偏好等因素都有关,但 x 与 y 之间具有明显的线性相关关系,这种线性关系我们用直线来表示,但又不是完全的线性关系,应在线性模型中添加一个扰动项 ε,这个扰

动项 ε 就代表误差,它反映了除 x 和 y 之间的线性关系之外的随机因素对 y 的影响,是不能由 x 和 y 之间的线性关系所解释的变异性,因此一元线性回归模型为

$$y=\beta_0+\beta_1 x+\varepsilon,\quad \varepsilon\sim N(0,\sigma^2).$$

对样本观察数据 $(x_i,y_i)(i=1,2,\cdots,n)$ 满足:

$$\begin{cases} y_i=\beta_0+\beta_1 x_i+\varepsilon_i, \\ \varepsilon_i\sim N(0,\sigma^2), i=1,2,\cdots,n, \\ \operatorname{cov}(\varepsilon_i,\varepsilon_j)=E\varepsilon_i\varepsilon_j=0, i\neq j. \end{cases}$$

6.1.2 一元线性回归方程

根据回归方程的假定,有 $E\varepsilon=0$,$Ey=\beta_0+\beta_1 x$,即 y 的期望值 Ey 是 x 的线性函数,描述因变量 y 的期望值如何依赖于自变量 x 的方程称为回归方程. 它的图示是一条直线,因此也称为直线回归方程. 由于总体的回归参数 β_0,β_1 是未知的,必须用样本数据去估计它们的值,用样本统计量 $\hat{\beta}_0,\hat{\beta}_1$ 代替回归方程中的未知参数 β_0,β_1 就得到估计的回归方程,也称为经验回归直线方程,记为 $\hat{y}_i=\hat{\beta}_0+\hat{\beta}_1 x_i$.

6.1.3 回归参数的最小二乘估计

如何利用样本观察值对回归方程 $Ey=\beta_0+\beta_1 x$ 的两个参数 β_0,β_1 进行估计需要一个评价标准,假设 β_0,β_1 的估计值分别为 $\hat{\beta}_0$ 和 $\hat{\beta}_1$,用 $\hat{y}_i=\hat{\beta}_0+\hat{\beta}_1 x_i$ 作为 y_i 的估计值(预测值),这就产生了一个误差(或称残差) $e_i=y_i-\hat{y}_i$,直观的想法就是使得误差和 $\sum\limits_{i=1}^{n}(y_i-\hat{y}_i)$ 的绝对值越小越好,但误差有正负,在有些点的估计误差为很大的正数,在有些点的估计误差为很大的负数,把它们相加,正负相抵,仍然可以使得 $\sum\limits_{i=1}^{n}(y_i-\hat{y}_i)$ 很小,因此不能让它们正负相抵,应该使得误差的绝对值之和 $\sum\limits_{i=1}^{n}|y_i-\hat{y}_i|$ 达到最小,但绝对值不好计算,由于 $\sum\limits_{i=1}^{n}|y_i-\hat{y}_i|$ 与 $\sum\limits_{i=1}^{n}(y_i-\hat{y}_i)^2$ 同时达到最小,最后确定估计参数 $\hat{\beta}_0$ 和 $\hat{\beta}_1$ 应使得误差平方和 $\sum\limits_{i=1}^{n}(y_i-\hat{y}_i)^2$ 达到最小,这种估计参数的方法称为最小二乘法.

记 $S_E^2(\hat{\beta}_0,\hat{\beta}_1)=\sum\limits_{i=1}^{n}(y_i-\hat{y}_i)^2=\sum\limits_{i=1}^{n}(y_i-\hat{\beta}_0-\hat{\beta}_1 x_i)^2$,这个误差平方和显然是 $\hat{\beta}_0,\hat{\beta}_1$ 的二元函数,根据极值原理求出它的最小值点. 首先求出驻点,即

$$\begin{cases} \dfrac{\partial S_E^2(\hat{\beta}_0,\hat{\beta}_1)}{\partial \hat{\beta}_0}=-2\sum\limits_{i=1}^{n}(y_i-\hat{\beta}_0-\hat{\beta}_1 x_i)=-2\left[\sum\limits_{i=1}^{n}y_i-n\hat{\beta}_0-\sum\limits_{i=1}^{n}x_i\hat{\beta}_1\right]=0, \\ \dfrac{\partial S_E^2(\hat{\beta}_0,\hat{\beta}_1)}{\partial \hat{\beta}_1}=-2\sum\limits_{i=1}^{n}(y_i-\hat{\beta}_0-\hat{\beta}_1 x_i)x_i=-2\left[\sum\limits_{i=1}^{n}x_i y_i-\sum\limits_{i=1}^{n}x_i\hat{\beta}_0-\sum\limits_{i=1}^{n}x_i^2\hat{\beta}_1\right]=0. \end{cases}$$

将上面关于$\hat{\beta}_0$,$\hat{\beta}_1$ 的线性方程组化简得

$$\begin{cases} n\hat{\beta}_0 + \sum_{i=1}^{n} x_i \hat{\beta}_1 = \sum_{i=1}^{n} y_i, \\ \sum_{i=1}^{n} x_i \hat{\beta}_0 + \sum_{i=1}^{n} x_i^2 \hat{\beta}_1 = \sum_{i=1}^{n} x_i y_i. \end{cases}$$

采用克莱姆规则求解该线性方程组,得

$$D = \begin{vmatrix} n & \sum_{i=1}^{n} x_i \\ \sum_{i=1}^{n} x_i & \sum_{i=1}^{n} x_i^2 \end{vmatrix} = n\sum_{i=1}^{n} x_i^2 - \left(\sum_{i=1}^{n} x_i\right)^2,$$

$$D_{\hat{\beta}_1} = \begin{vmatrix} n & \sum_{i=1}^{n} y_i \\ \sum_{i=1}^{n} x_i & \sum_{i=1}^{n} x_i y_i \end{vmatrix} = n\sum_{i=1}^{n} x_i y_i - \sum_{i=1}^{n} x_i \sum_{i=1}^{n} y_i,$$

从而

$$\hat{\beta}_1 = \frac{D_{\hat{\beta}_1}}{D} = \frac{n\sum_{i=1}^{n} x_i y_i - \sum_{i=1}^{n} x_i \sum_{i=1}^{n} y_i}{n\sum_{i=1}^{n} x_i^2 - \left(\sum_{i=1}^{n} x_i\right)^2} = \frac{\sum_{i=1}^{n} x_i y_i - n\bar{x}\,\bar{y}}{\sum_{i=1}^{n} x_i^2 - n\bar{x}^2} = \frac{L_{xy}}{L_{xx}},$$

$$\hat{\beta}_0 = \bar{y} - \hat{\beta}_1 \bar{x},$$

其中

$$L_{xy} = \sum_{i=1}^{n} (x_i - \bar{x})(y_i - \bar{y}) = \sum_{i=1}^{n} x_i y_i - n\bar{x}\,\bar{y},$$

$$L_{xx} = \sum_{i=1}^{n} (x_i - \bar{x})^2 = \sum_{i=1}^{n} x_i^2 - n\bar{x}^2.$$

最后我们得到经验回归直线方程$\hat{y}_i = \hat{\beta}_0 + \hat{\beta}_1 x_i$,可以验证,点$(\bar{x}, \bar{y})$在这条经验回归直线上.

$\hat{\beta}_1$ 表示自变量改变一个单位,估计的因变量改变$\hat{\beta}_1$ 个单位.

6.1.4 最小二乘估计的性质

性质 1 残差和为零,即$\sum_{i=1}^{n} e_i = 0$.

证明 因为$e_i = y_i - \hat{y}_i = (y_i - \bar{y}) - \hat{\beta}_1(x_i - \bar{x})$,所以

$$\sum_{i=1}^{n} e_i = \sum_{i=1}^{n} (y_i - \bar{y}) - \hat{\beta}_1 \sum_{i=1}^{n} (x_i - \bar{x}) = \sum_{i=1}^{n} y_i - n\bar{y} = n\bar{y} - n\bar{y} = 0.$$

性质 2 $\hat{\beta}_1 \sim N\left(\beta_1, \frac{\sigma^2}{L_{xx}}\right)$.

证明 $$\hat{\beta}_1=\frac{L_{xy}}{L_{xx}}=\frac{\sum\limits_{i=1}^{n}(x_i-\bar{x})(y_i-\bar{y})}{L_{xx}}=\frac{\sum\limits_{i=1}^{n}(x_i-\bar{x})y_i-\bar{y}\sum\limits_{i=1}^{n}(x_i-\bar{x})}{L_{xx}}$$

$$=\frac{\sum\limits_{i=1}^{n}(x_i-\bar{x})y_i}{L_{xx}}=\frac{\sum\limits_{i=1}^{n}(x_i-\bar{x})(\beta_0+\beta_1x_i+\varepsilon_i)}{L_{xx}}$$

$$=\frac{\beta_0\sum\limits_{i=1}^{n}(x_i-\bar{x})+\beta_1\sum\limits_{i=1}^{n}(x_i-\bar{x})x_i+\sum\limits_{i=1}^{n}(x_i-\bar{x})\varepsilon_i}{L_{xx}}$$

$$=\frac{\beta_1\sum\limits_{i=1}^{n}(x_i-\bar{x})x_i-\beta_1\sum\limits_{i=1}^{n}(x_i-\bar{x})\bar{x}+\sum\limits_{i=1}^{n}(x_i-\bar{x})\varepsilon_i}{L_{xx}}$$

$$=\frac{\beta_1\sum\limits_{i=1}^{n}(x_i-\bar{x})^2+\sum\limits_{i=1}^{n}(x_i-\bar{x})\varepsilon_i}{L_{xx}}=\beta_1+\frac{\sum\limits_{i=1}^{n}(x_i-\bar{x})\varepsilon_i}{L_{xx}},$$

$$E\hat{\beta}_1=E\left(\beta_1+\frac{\sum\limits_{i=1}^{n}(x_i-\bar{x})\varepsilon_i}{L_{xx}}\right)=\beta_1,$$

$$D\hat{\beta}_1=D\,\frac{\sum\limits_{i=1}^{n}(x_i-\bar{x})\varepsilon_i}{L_{xx}}=\frac{\sum\limits_{i=1}^{n}(x_i-\bar{x})^2D\varepsilon_i}{L_{xx}^2}=\frac{\sigma^2}{L_{xx}},$$

故

$$\hat{\beta}_1\sim N(E\hat{\beta}_1,D\hat{\beta}_1)=N\left(\beta_1,\frac{\sigma^2}{L_{xx}}\right).$$

性质 3 $\bar{y}$与$\hat{\beta}_1$ 独立,即 $\mathrm{cov}(\bar{y},\hat{\beta}_1)=0$.

证明 $\bar{y}=\beta_0+\beta_1\bar{x}+\bar{\varepsilon}$,$E\bar{y}=\beta_0+\beta_1\bar{x}$;$\hat{\beta}_1\sim N\left(\beta_1,\frac{\sigma^2}{L_{xx}}\right)$,$E\hat{\beta}_1=\beta_1$.

由于$\bar{y}$与$\hat{\beta}_1$ 均服从正态分布,两个正态分布独立的充要条件是它们的协方差为 0.

$$\mathrm{cov}(\bar{y},\hat{\beta}_1)=E(\bar{y}-E\bar{y})(\hat{\beta}_1-E\hat{\beta}_1)$$

$$=E\bar{\varepsilon}\,\frac{\sum\limits_{i=1}^{n}(x_i-\bar{x})\varepsilon_i}{L_{xx}}=\frac{\sum\limits_{i=1}^{n}(x_i-\bar{x})E\bar{\varepsilon}\varepsilon_i}{L_{xx}}$$

$$=\frac{\sigma^2\sum\limits_{i=1}^{n}(x_i-\bar{x})}{nL_{xx}}=0.$$

性质 4 $\hat{\beta}_0\sim N\left(\beta_0,\left(\frac{1}{n}+\frac{\bar{x}^2}{L_{xx}}\right)\sigma^2\right)$.

证明 $\hat{\beta}_0=\bar{y}-\hat{\beta}_1\bar{x}$,因为$\bar{y}$与$\hat{\beta}_1$均服从正态分布,正态分布的线性组合仍服从正态分布,故$\hat{\beta}_0$ 也服从正态分布,即$\hat{\beta}_0\sim N(E\hat{\beta}_0,D\hat{\beta}_0)$.

又 $$E\hat{\beta}_0=E(\bar{y}-\hat{\beta}_1\bar{x})=E\bar{y}-\bar{x}E\hat{\beta}_1=\beta_0+\bar{x}\beta_1-\bar{x}\beta_1=\beta_0,$$

$$D\hat{\beta}_0=D(\bar{y}-\hat{\beta}_1\bar{x})=D\bar{y}+\bar{x}^2D\hat{\beta}_1=\frac{\sigma^2}{n}+\frac{\bar{x}^2}{L_{xx}}\sigma^2=\left(\frac{1}{n}+\frac{\bar{x}^2}{L_{xx}}\right)\sigma^2.$$

所以$\hat{\beta}_0\sim N\left(\beta_0,\left(\frac{1}{n}+\frac{\bar{x}^2}{L_{xx}}\right)\sigma^2\right)$.

性质5 $\operatorname{cov}(\hat{\beta}_0,\hat{\beta}_1)=-\frac{\bar{x}}{L_{xx}}\sigma^2$.

证明 $\operatorname{cov}(\hat{\beta}_0,\hat{\beta}_1)=\operatorname{cov}(\bar{y}-\hat{\beta}_1\bar{x},\hat{\beta}_1)=\operatorname{cov}(\bar{y},\hat{\beta}_1)-\bar{x}\operatorname{cov}(\hat{\beta}_1,\hat{\beta}_1)=0-\bar{x}D\hat{\beta}_1=-\frac{\bar{x}}{L_{xx}}\sigma^2$.

性质6 $\hat{y}=\hat{\beta}_0+\hat{\beta}_1x\sim N\left(\beta_0+\beta_1x,\left(\frac{1}{n}+\frac{(x-\bar{x})^2}{L_{xx}}\right)\sigma^2\right)$.

证明 因为$\hat{\beta}_0,\hat{\beta}_1$服从正态分布，所以$\hat{y}=\hat{\beta}_0+\hat{\beta}_1x$也服从正态分布，故

$$\hat{y}\sim N(E\hat{y},D\hat{y}),$$

$$E\hat{y}=E(\hat{\beta}_0+\hat{\beta}_1x)=E\hat{\beta}_0+xE\hat{\beta}_1=\beta_0+\beta_1x,$$

$$\begin{aligned}D\hat{y}&=D(\hat{\beta}_0+\hat{\beta}_1x)=D\hat{\beta}_0+x^2D\hat{\beta}_1+2x\operatorname{cov}(\hat{\beta}_0,\hat{\beta}_1)\\&=\left(\frac{1}{n}+\frac{\bar{x}^2}{L_{xx}}\right)\sigma^2+x^2\frac{\sigma^2}{L_{xx}}-\frac{2x\bar{x}}{L_{xx}}\sigma^2\\&=\left[\frac{1}{n}+\frac{x^2-2x\bar{x}+\bar{x}^2}{L_{xx}}\right]\sigma^2=\left[\frac{1}{n}+\frac{(x-\bar{x})^2}{L_{xx}}\right]\sigma^2,\end{aligned}$$

所以$\hat{y}=\hat{\beta}_0+\hat{\beta}_1x\sim N\left(\beta_0+\beta_1x,\left(\frac{1}{n}+\frac{(x-\bar{x})^2}{L_{xx}}\right)\sigma^2\right)$.

记$S_T^2=\sum_{i=1}^{n}(y_i-\bar{y})^2$，$S_R^2=\sum_{i=1}^{n}(\hat{y}_i-\bar{y})^2$，$S_E^2=\sum_{i=1}^{n}(y_i-\hat{y}_i)^2$. $\sum_{i=1}^{n}(y_i-\bar{y})^2$反映了$y$的观察值的总离差，称为离差平方和；$\sum_{i=1}^{n}(\hat{y}_i-\bar{y})^2$反映回归直线引起的离差，称为回归平方和；$\sum_{i=1}^{n}(y_i-\hat{y}_i)^2$反映随机因素影响引起的偏差，称为残差平方和. 这三个平方和的关系就是下面的平方和分解定理.

性质7(平方和分解定理) 设S_T^2,S_E^2,S_R^2分别为总的离差平方和、残差平方和、回归平方和，则有$S_T^2=S_R^2+S_E^2$，即$\sum_{i=1}^{n}(y_i-\bar{y})^2=\sum_{i=1}^{n}(\hat{y}_i-\bar{y})^2+\sum_{i=1}^{n}(y_i-\hat{y}_i)^2$.

证明

$$\begin{aligned}\sum_{i=1}^{n}(y_i-\bar{y})^2&=\sum_{i=1}^{n}(y_i-\hat{y}_i+\hat{y}_i-\bar{y})^2=\sum_{i=1}^{n}[(y_i-\hat{y}_i)+(\hat{y}_i-\bar{y})]^2\\&=\sum_{i=1}^{n}(y_i-\hat{y}_i)^2+\sum_{i=1}^{n}(\hat{y}_i-\bar{y})^2+2\sum_{i=1}^{n}(y_i-\hat{y}_i)(\hat{y}_i-\bar{y}),\end{aligned}$$

$$\begin{aligned}\sum_{i=1}^{n}(y_i-\hat{y}_i)(\hat{y}_i-\bar{y})&=\sum_{i=1}^{n}(y_i-\hat{\beta}_0-\hat{\beta}_1x_i)(\hat{\beta}_0+\hat{\beta}_1x_i-\bar{y})\\&=\sum_{i=1}^{n}(y_i-\bar{y}+\hat{\beta}_1\bar{x}-\hat{\beta}_1x_i)(\bar{y}-\hat{\beta}_1\bar{x}+\hat{\beta}_1x_i-\bar{y})\end{aligned}$$

$$= \sum_{i=1}^{n} [(y_i - \bar{y}) - \hat{\beta}_1 (x_i - \bar{x})](x_i - \bar{x}) \hat{\beta}_1$$

$$= \hat{\beta}_1 \sum_{i=1}^{n} (x_i - \bar{x})(y_i - \bar{y}) - \hat{\beta}_1^2 \sum_{i=1}^{n} (x_i - \bar{x})^2$$

$$= \hat{\beta}_1 L_{xy} - \hat{\beta}_1^2 L_{xx} = \hat{\beta}_1 L_{xy} - \hat{\beta}_1 \frac{L_{xy}}{L_{xx}} L_{xx} = \hat{\beta}_1 L_{xy} - \hat{\beta}_1 L_{xy} = 0,$$

所以$\sum_{i=1}^{n} (y_i - \bar{y})^2 = \sum_{i=1}^{n} (\hat{y}_i - \bar{y})^2 + \sum_{i=1}^{n} (y_i - \hat{y}_i)^2$,即 $S_T^2 = S_R^2 + S_E^2$.

性质 8 $\hat{\sigma}^2 = \dfrac{S_E^2}{n-2}$ 是 σ^2 的无偏估计量.

证明 $y_i - \bar{y} = \beta_0 + \beta_1 x_i + \varepsilon_i - (\beta_0 + \beta_1 \bar{x} + \bar{\varepsilon}) = \beta_1 (x_i - \bar{x}) + (\varepsilon_i - \bar{\varepsilon})$,

$$E(y_i - \bar{y})^2 = E[\beta_1^2 (x_i - \bar{x})^2 + (\varepsilon_i - \bar{\varepsilon})^2 + 2\beta_1 (x_i - \bar{x})(\varepsilon_i - \bar{\varepsilon})]$$

$$= \beta_1^2 (x_i - \bar{x})^2 + E(\varepsilon_i - \bar{\varepsilon})^2 = \beta_1^2 (x_i - \bar{x})^2 + E[\varepsilon_i^2 - 2\varepsilon_i \bar{\varepsilon} + (\bar{\varepsilon})^2]$$

$$= \beta_1^2 (x_i - \bar{x})^2 + \sigma^2 - \frac{2\sigma^2}{n} + \frac{\sigma^2}{n} = \beta_1^2 (x_i - \bar{x})^2 + \frac{(n-1)\sigma^2}{n},$$

$$ES_T^2 = E\sum_{i=1}^{n} (y_i - \bar{y})^2 = \sum_{i=1}^{n} E(y_i - \bar{y})^2 = \sum_{i=1}^{n} \left(\beta_1^2 (x_i - \bar{x})^2 + \frac{(n-1)\sigma^2}{n}\right)$$

$$= \beta_1^2 L_{xx} + (n-1)\sigma^2,$$

$$S_R^2 = \sum_{i=1}^{n} (\hat{y}_i - \bar{y})^2 = \sum_{i=1}^{n} (\hat{\beta}_0 + \hat{\beta}_1 x_i - \bar{y})^2 = \sum_{i=1}^{n} (\bar{y} - \hat{\beta}_1 \bar{x} + \hat{\beta}_1 x_i - \bar{y})^2,$$

$$= \sum_{i=1}^{n} \hat{\beta}_1^2 (x_i - \bar{x})^2 = \hat{\beta}_1^2 L_{xx} = \hat{\beta}_1 L_{xy},$$

$$ES_R^2 = E\hat{\beta}_1^2 L_{xx} = L_{xx} E\hat{\beta}_1^2 = L_{xx}[D\hat{\beta}_1 + (E\hat{\beta}_1)^2] = L_{xx}\left(\frac{\sigma^2}{L_{xx}} + \beta_1^2\right) = \sigma^2 + L_{xx}\beta_1^2,$$

$$E(S_E^2) = E(S_T^2 - S_R^2) = ES_T^2 - ES_R^2 = \beta_1^2 L_{xx} + (n-1)\sigma^2 - (\sigma^2 + L_{xx}\beta_1^2) = (n-2)\sigma^2,$$

$$E\left(\frac{S_E^2}{n-2}\right) = \frac{1}{n-2} ES_E^2 = \frac{1}{n-2}(n-2)\sigma^2 = \sigma^2.$$

性质 9 $\hat{\beta}_0, \hat{\beta}_1$ 分别与 S_E^2 相互独立,S_E^2 与 S_R^2 独立.

证明略.

性质 10 当 $\beta_1 = 0$ 时,$\dfrac{S_E^2}{\sigma^2} \sim \chi^2(n-2)$,$\dfrac{S_R^2}{\sigma^2} \sim \chi^2(1)$.

证明 因为 $\beta_1 = 0$,$\hat{\beta}_1 \sim N\left(0, \dfrac{\sigma^2}{L_{xx}}\right)$,所以

$$\frac{\hat{\beta}_1 \sqrt{L_{xx}}}{\sigma} \sim N(0,1), \quad \frac{\hat{\beta}_1^2 L_{xx}}{\sigma^2} \sim \chi^2(1).$$

而 $S_R^2 = \hat{\beta}_1^2 L_{xx}$,所以$\dfrac{S_R^2}{\sigma^2} \sim \chi^2(1)$.

$$\frac{S_T^2}{\sigma^2} = \frac{S_R^2}{\sigma^2} + \frac{S_E^2}{\sigma^2}.$$

又因为 $\dfrac{S_T^2}{\sigma^2} \sim \chi^2(n-1)$,根据 χ^2 分布的可加性有 $\dfrac{S_E^2}{\sigma^2} \sim \chi^2(n-2)$.

6.1.5 显著性检验

若获得一组 x,y 的样本观察数据 (x_i,y_i)，$(i=1,2,\cdots,n)$，根据 $\hat{\beta}_0,\hat{\beta}_1$ 的最小二乘估计式可以得出一条经验回归直线 $\hat{y}_i=\hat{\beta}_0+\hat{\beta}_1 x_i$，若 y 与 x 不存在线性关系，则所求的经验回归直线就毫无意义和价值. 因此，需要对 y 与 x 是否存在线性关系进行检验. 当 $\beta_1=0$ 时，表明无论 x 如何变化，y 的值都不受影响，说明 y 与 x 不存在线性关系. 当 $\beta_1\neq 0$ 时，则说明 y 与 x 有线性相关关系. 于是，检验 y 与 x 是否存在线性关系转化为检验 β_1 是否为 0. 我们感兴趣的问题是 y 与 x 有线性相关关系，因此把 $\beta_1\neq 0$ 作为备择假设，设置的统计假设为

$$H_0:\beta_1=0;\quad H_0:\beta_1\neq 0.$$

对于这个统计假设的检验，我们介绍 3 种检验方法：

(1) F 检验法

$\hat{\beta}_1$ 是 β_1 的无偏估计量，$(\hat{\beta}_1-\beta_1)^2$ 应很小，当 H_0 成立时，$\hat{\beta}_1^2$ 也应很小，所以 H_0 的拒绝域形式为 $K_0=\{\hat{\beta}_1^2>c\}$，其中 c 是由犯第一类错误的概率 α 确定.

在 α 给定和 H_0 成立时，有

$$\frac{S_R^2}{\sigma^2}\sim\chi^2(1),\quad \frac{S_E^2}{\sigma^2}\sim\chi^2(n-2),\quad S_R^2=\hat{\beta}_1^2 L_{xx},$$

$$\frac{\dfrac{S_R^2}{\sigma^2}}{\dfrac{S_E^2}{(n-2)\sigma^2}}=\frac{(n-2)S_R^2}{S_E^2}=\frac{(n-2)\hat{\beta}_1^2 L_{xx}}{S_E^2}\sim F(1,n-2),$$

$$P(\hat{\beta}_1^2>c\mid H_0\text{ 成立})=P\left(\frac{(n-2)\hat{\beta}_1^2 L_{xx}}{S_E^2}>F_{1-\alpha}(1,n-2)\right)$$

$$=P\left(\hat{\beta}_1^2>\frac{F_{1-\alpha}(1,n-2)S_E^2}{(n-2)L_{xx}}\right)=\alpha.$$

H_0 的拒绝域的拒绝域为(见图 6.2)

$$\hat{\beta}_1^2>\frac{F_{1-\alpha}(1,n-2)S_E^2}{(n-2)L_{xx}}\quad\text{或}\quad\frac{(n-2)S_R^2}{S_E^2}>F_{1-\alpha}(1,n-2).$$

(2) t 检验法

因为 $\hat{\beta}_1\sim N\left(\beta_1,\frac{\sigma^2}{L_{xx}}\right)$，故 $\dfrac{\hat{\beta}_1-\beta_1}{\frac{\sigma}{\sqrt{L_{xx}}}}\sim N(0,1)$. 又因为 $\frac{S_E^2}{\sigma^2}\sim\chi^2(n-2)$，根据 t 分布的定义有

$$\frac{\dfrac{\hat{\beta}_1-\beta_1}{\frac{\sigma}{\sqrt{L_{xx}}}}}{\sqrt{\dfrac{S_E^2}{(n-2)\sigma^2}}}=\frac{(\hat{\beta}_1-\beta_1)\sqrt{L_{xx}}}{\sqrt{\dfrac{S_E^2}{(n-2)}}}=\frac{(\hat{\beta}_1-\beta_1)\sqrt{(n-2)L_{xx}}}{S_E}\sim t(n-2).$$

H_0 成立时，$\dfrac{\hat{\beta}_1\sqrt{(n-2)L_{xx}}}{S_E}\sim t(n-2)$. H_0 的拒绝域为(见图 6.3)

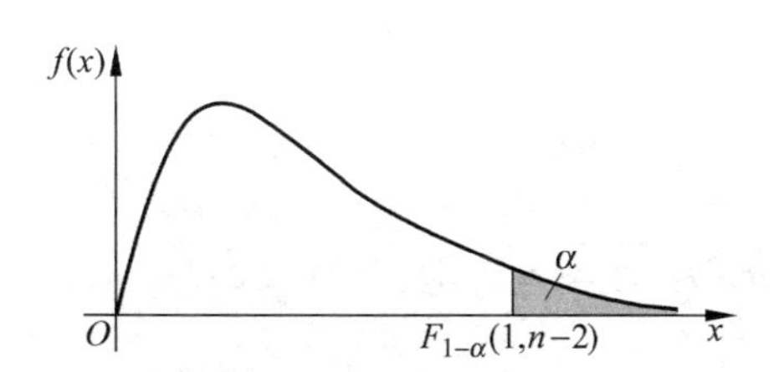

图 6.2 拒绝域和显著性水平的示意图

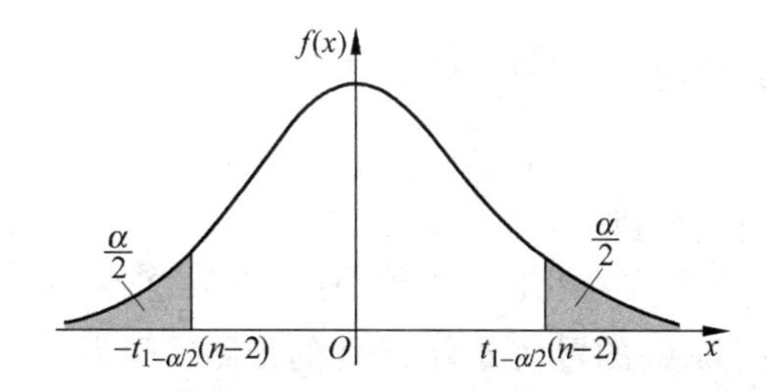

图 6.3 拒绝域和显著性水平的示意图

$$\frac{|\hat{\beta}_1|\sqrt{(n-2)L_{xx}}}{S_E} \geqslant t_{1-\frac{\alpha}{2}}(n-2)$$

(3) 相关系数检验法

$$S_E^2 = S_T^2 - S_R^2 = L_{yy} - \hat{\beta}_1^2 L_{xx} = L_{yy} - \frac{L_{xy}^2}{L_{xx}} = L_{yy}(1 - \frac{L_{xy}^2}{L_{xx}L_{yy}}) = L_{yy}(1-r^2) \geqslant 0,$$

其中 $r=\dfrac{L_{xy}}{\sqrt{L_{xx}L_{yy}}}$,该统计量称为样本相关系数.

由于 $1-r^2\geqslant0$,所以$|r|\leqslant1$. 当$|r|$接近 1 时,S_E^2 越接近于 0,总离差主要是由回归离差所引起的,y 与 x 的线性相关程度高;当$|r|$接近 0 时,表明总的离差主要是随机因素所引起的,y 与 x 的线性相关不显著. 因此,$|r|$大于某个临界常数 C 应该拒绝 H_0,对给定的 α,这个临界常数 C 为相关系数,检验临界值表查得 $C=r_\alpha(n-2)$. 所以 H_0 的拒绝域为

$$K_0 = \{|r| > r_\alpha(n-2)\}.$$

6.1.6 预测与控制

经验回归直线通过回归显著性检验后,它就可以用于预测和控制. 预测包括点预测和区间预测;控制就是使得因变量 y 落在某个指定的范围内,控制 x 的取值范围.

(1) 预测

点预测就是将 $x=x_0$ 代入经验回归直线方程$\hat{y}_0=\hat{\beta}_0+\hat{\beta}_1x_0$,将得到的$\hat{y}_0$ 作为 $x=x_0$ 时因变量实际值 $y_0=\beta_0+\beta_1x_0+\varepsilon_0$ 的预测值,区间预测是指 $x=x_0$ 时,对应因变量实际值 y_0 的置信区间.

因为

$$y_0 = \beta_0 + \beta_1 x_0 + \varepsilon_0 \sim N(\beta_0 + \beta_1 x_0, \sigma^2),$$

$$\hat{y}_0 = \hat{\beta}_0 + \hat{\beta}_1 x_0 \sim N\left(\beta_0 + \beta_1 x_0, \left[\frac{1}{n} + \frac{(x_0-\bar{x})^2}{L_{xx}}\right]\sigma^2\right).$$

由于 y_0 与$\hat{y}_0$ 相互独立,所以

$$y_0 - \hat{y}_0 \sim N\left(0, \left[1 + \frac{1}{n} + \frac{(x_0-\bar{x})^2}{L_{xx}}\right]\sigma^2\right).$$

记 $s(x_0)=\sqrt{1+\dfrac{1}{n}+\dfrac{(x_0-\bar{x})^2}{L_{xx}}}$,则 $y_0-\hat{y}_0\sim N(0,s^2(x_0)\sigma^2)$,$\dfrac{y_0-\hat{y}_0}{\sigma s(x_0)}\sim N(0,1)$. 又$\dfrac{S_E^2}{\sigma^2}\sim\chi^2(n-2)$,根据 t 分布的定义有

$$T = \frac{\dfrac{y_0-\hat{y}_0}{\sigma s(x_0)}}{\sqrt{\dfrac{S_E^2}{(n-2)\sigma^2}}} = \frac{y_0-\hat{y}_0}{s(x_0)\sqrt{\dfrac{S_E^2}{(n-2)}}} = \frac{y_0-\hat{y}_0}{s(x_0)\,\hat{\sigma}} \sim t(n-2),$$

其中记$\hat{\sigma}^2=\frac{S_E^2}{n-2}$，于是，对给定的置信度$1-\alpha$有

$$P(|T|<t_{1-\frac{\alpha}{2}}(n-2))=1-\alpha,$$

由此得到

$$P(\hat{y}_0-\hat{\sigma}s(x_0)t_{1-\frac{\alpha}{2}}(n-2)<y_0<\hat{y}_0+\hat{\sigma}s(x_0)t_{1-\frac{\alpha}{2}}(n-2))=1-\alpha,$$

从而y_0的置信度为$1-\alpha$的预测区间为

$$(\hat{y}_0-\hat{\sigma}s(x_0)t_{1-\frac{\alpha}{2}}(n-2),\hat{y}_0+\hat{\sigma}s(x_0)t_{1-\frac{\alpha}{2}}(n-2)).$$

y_0的预测区间具有如下特点：在一定的置信度下，x_0越接近$\bar{x}$，其预测区间越小，预测精度越高；x_0离$\bar{x}$越远，其预测区间越大，预测精度越低，预测区间形状呈喇叭形. 样本回归直线$\hat{y}=\hat{\beta}_0+\hat{\beta}_1x$夹在两条曲线

$$\hat{y}_1(x)=\hat{y}-\delta(x)=\hat{\beta}_0+\hat{\beta}_1x-\delta(x),$$

$$\hat{y}_2(x)=\hat{y}+\delta(x)=\hat{\beta}_0+\hat{\beta}_1x+\delta(x)$$

之间，其中$\delta(x)=\hat{\sigma}s(x)t_{1-\frac{\alpha}{2}}(n-2)$.

(2) 控制

要使真实值$y=\beta_0+\beta_1x+\varepsilon$以$1-\alpha$的概率落在指定的区间$(y_1,y_2)$内，即$P(y_1\leqslant y\leqslant y_2)=1-\alpha$，自变量$x$应控制在什么范围，这就是控制问题.

一般取

$$\begin{cases}\hat{\beta}_0+\hat{\beta}_1x-\delta(x)=y_1,\\ \hat{\beta}_0+\hat{\beta}_1x+\delta(x)=y_2,\end{cases}$$

其中$\delta(x)=\hat{\sigma}s(x)t_{1-\frac{\alpha}{2}}(n-2)$. 从这两个方程中分别解出$x$，得到控制区间$(x_1,x_2)$. 但由于$\delta(x)$是关于$x$的非线性函数，难以从上述方程中求出$x$. 当样本容量$n$很大，且$x$在$\bar{x}$附近时，$\delta(x)\approx\hat{\sigma}u_{1-\frac{\alpha}{2}}$，其中$\hat{\sigma}^2=\frac{S_E^2}{n-2}$，区间$(y_1,y_2)$的长度满足$|y_2-y_1|>2\hat{\sigma}u_{1-\frac{\alpha}{2}}$.

令

$$\begin{cases}\hat{\beta}_0+\hat{\beta}_1x_1-\hat{\sigma}u_{1-\frac{\alpha}{2}}=y_1,\\ \hat{\beta}_0+\hat{\beta}_1x_2+\hat{\sigma}u_{1-\frac{\alpha}{2}}=y_2,\end{cases}$$

由此可得

$$\begin{cases}x_1=\frac{1}{\hat{\beta}_1}(y_1-\hat{\beta}_0+\hat{\sigma}u_{1-\frac{\alpha}{2}}),\\ x_2=\frac{1}{\hat{\beta}_1}(y_2-\hat{\beta}_0-\hat{\sigma}u_{1-\frac{\alpha}{2}}).\end{cases}$$

若$\hat{\beta}_1>0$，控制区间是(x_1,x_2)，见图6.4；若$\hat{\beta}_1<0$，控制区间是(x_2,x_1)，见图6.5.

例6.1 为研究某单位的单身职工的月收入与其月生活费用支出的关系(单位：百元)，随机抽取了10个职工，得到10个样本观察数据，用x表示职工的月收入，y表示职工月生活费用支出，根据样本观察数据计算得到：

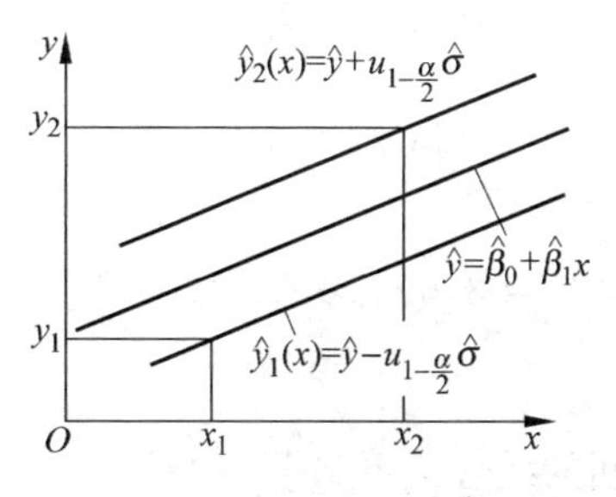

图 6.4 对 x 的控制图($\hat{\beta}_1>0$)

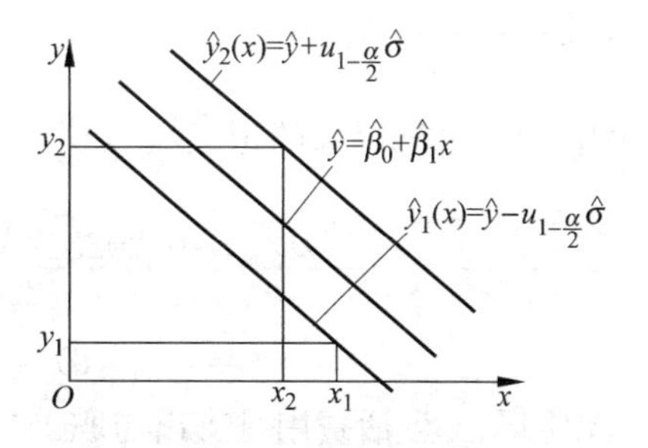

图 6.5 对 x 的控制图($\hat{\beta}_1<0$)

$$\sum_{i=1}^{10} x_i = 293,\quad \sum_{i=1}^{10} y_i = 81,\quad \sum_{i=1}^{10} x_i y_i = 2574,\quad \sum_{i=1}^{10} x_i^2 = 9577,\quad \sum_{i=1}^{10} y_i^2 = 701.$$

解答下面 3 个问题：

(1) 建立职工生活费用月支出对职工月收入的经验回归直线；

(2) 检验职工生活费用月支出与职工月收入之间的线性关系是否显著($\alpha=0.05$)；

(3) 预测当职工月收入为 4200 元时，职工的生活费用月支出及其置信度为 95%的预测区间.

解 (1) $\bar{x}=\frac{293}{10}=29.3, \bar{y}=\frac{81}{10}=8.1$,

$$L_{xy} = \sum_{i=1}^{n} x_i y_i - n\bar{x}\bar{y} = 2574 - 10\times 29.3\times 8.1 = 200.7,$$

$$L_{xx} = \sum x_i^2 - n\bar{x}^2 = 9577 - 10\times 29.3^2 = 992.1,$$

$$L_{yy} = \sum_{i=1}^{n} y_i^2 - n\bar{y}^2 = 701 - 10\times 8.1^2 = 44.9,$$

根据最小二乘法的计算公式可得

$$\hat{\beta}_1 = L_{xy}/L_{xx} = 200.7/992.1 = 0.2023,$$

$$\hat{\beta}_0 = \bar{y} - \hat{\beta}_1\bar{x} = 8.1 - 0.2023\times 29.3 = 2.1727.$$

所以职工生活费用月支出对职工月收入的样本回归直线方程为

$$\hat{y}_0 = \hat{\beta}_0 + \hat{\beta}_1 x = 2.1727 + 0.2023x.$$

该方程说明，当月收入为零时，也必须有 217.27 元的月生活费用支出，这部分支出可视为基本支出或固定支出水平；在一定范围内，月收入每增加 100 元，月生活费用支出就增加 20.23 元.

(2) $H_0:\beta_1=0, H_1:\beta_1\neq 0$.

F 检验法：H_0 的拒绝域为$\frac{(n-2)S_R^2}{S_E^2}>F_{1-\alpha}(1,n-2)$，而

$$S_R^2 = \hat{\beta}_1^2 L_{xx} = 40.601980209,$$

$$S_E^2 = S_T^2 - S_R^2 = L_{yy} - \hat{\beta}_1^2 L_{xx} = 44.9 - 0.2023^2\times 992.1 = 4.2983,$$

$$\frac{(n-2)S_R^2}{S_E^2} = \frac{8\times 40.6019}{4.2983} = 75.508 > F_{1-\alpha}(1,n-2) = F_{0.95}(1,8) = 5.32.$$

拒绝 H_0,说明职工生活费用月支出与职工月收入之间的线性关系显著.

如果用 t 检验法：H_0 的拒绝域为 $\dfrac{|\hat{\beta}_1|\sqrt{(n-2)L_{xx}}}{S_E} \geqslant t_{1-\frac{\alpha}{2}}(n-2)$,而

$$\frac{|\hat{\beta}_1|\sqrt{(n-2)L_{xx}}}{S_E} = \frac{0.2023 \times \sqrt{8 \times 992.1}}{2.073} = 8.693 \geqslant t_{1-\frac{\alpha}{2}}(n-2)$$
$$= t_{0.975}(8) = 2.306.$$

拒绝 H_0,说明职工生活费用月支出与职工月收入之间的线性关系显著.

相关系数(r)检验法：H_0 的拒绝域为 $|r| \geqslant r_\alpha(n-2)$. 因为

$$|r| = \frac{|L_{xy}|}{\sqrt{L_{yy}L_{xx}}} = \frac{200.7}{\sqrt{44.9 \times 992.1}} = 0.9509 > r_\alpha(n-2) = r_{0.05}(8) = 0.632.$$

拒绝 H_0,说明职工生活费用月支出与职工月收入之间的线性关系显著.

(3) 当职工月收入 $x_0=42$ 百元时,食品支出预测值为

$$\hat{y}_0 = \hat{\beta}_0 + \hat{\beta}_1 \times 42 = 2.1727 + 0.2023 \times 42 = 10.6693(\text{百元}),$$

置信度为 95%预测区间为 $(\hat{y}_0 - \delta(x_0), \hat{y}_0 + \delta(x_0))$,其中 $\delta(x_0) = \hat{\sigma}s(x_0)t_{1-\frac{\alpha}{2}}(n-2)$.

又因为 $s(x_0) = \sqrt{1 + \dfrac{1}{10} + \dfrac{(42-29.3)^2}{992.1}} = 1.1236$,

$$t_{1-\frac{\alpha}{2}}(n-2) = t_{0.975}(8) = 2.036, \quad \hat{\sigma} = \sqrt{\frac{s_E^2}{n-2}} = \sqrt{\frac{4.2983}{8}} = 0.7329,$$

$$\delta(x_0) = \hat{\sigma}s(x_0)t_{1-\frac{\alpha}{2}}(n-2) = 0.7329 \times 1.1236 \times 2.036 = 1.6766,$$

从而得

$$(\hat{y}_0 - \delta(x_0), \hat{y}_0 + \delta(x_0)) = (8.9927, 12.3459),$$

即有 95%的把握估计当职工月收入是 4200 元时,月生活费用支出额在 899.27 到 1234.59 元之间.

6.2 非线性回归

对于实际问题中的两个变量 x 和 y,因变量 y 与自变量 x 之间的关系并不总是线性关系,而是比较复杂的非线性关系,即非线性回归模型. 具体的做法是首先画出散点图,选择适当的非线性函数(曲线)形式,如：幂函数、指数函数、对数函数、有理函数等以及它们的复合函数. 非线性回归问题大多数可以通过适当的变量代换,使其转化为线性回归模型来求解. 在这里我们只介绍几种常见的曲线函数,并分别给出其线性化方法及图形.

1. 双曲线

若变量 x 随 y 而增加,最初变化很快,以后逐渐减慢并趋于稳定,则可以选用双曲线函数(图 6.6),其方程为

$$\frac{1}{y} = \beta_0 + \beta_1 \frac{1}{x}.$$

作变量代换：令 $y^* = \dfrac{1}{y}, x^* = \dfrac{1}{x}$,则有 $y^* = \beta_0 + \beta_1 x^*$.

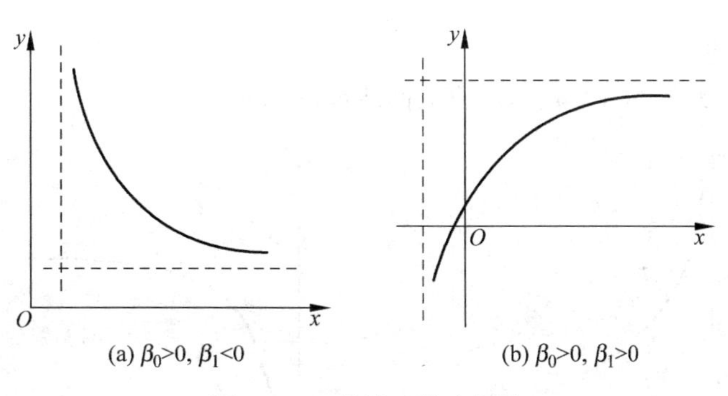

图 6.6 双曲线函数示意图

2. 幂函数曲线

若 x 与 y 都接近等比变化，即其环比分别接近于一个常数，可拟合幂函数曲线（如图 6.7 所示）. 其方程为

$$y = \alpha x^{\beta}.$$

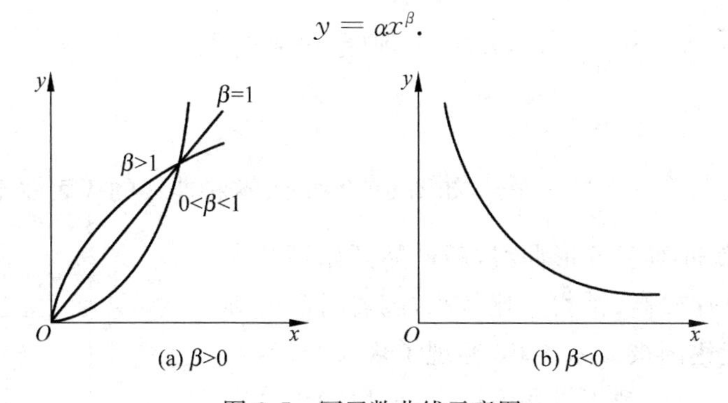

图 6.7 幂函数曲线示意图

两边取对数得 $\ln y = \ln\alpha + \beta\ln x$. 作变量代换 $y^* = \ln y, \beta_0 = \ln\alpha, x^* = \ln x$，则有 $y^* = \beta_0 + \beta x^*$.

3. 对数曲线

对数曲线的方程形式为 $y = \alpha + \beta\ln x$，见图 6.8.

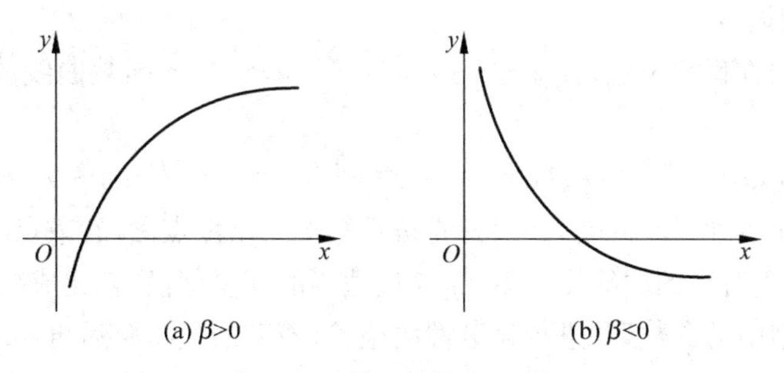

图 6.8 对数函数曲线示意图

作变量代换 $x^* = \ln x$，则有 $y = \alpha + \beta x^*$.

4. 倒指数曲线

倒指数曲线的方程为 $y=\alpha e^{\frac{\beta}{x}}$，对应的曲线如图 6.9.

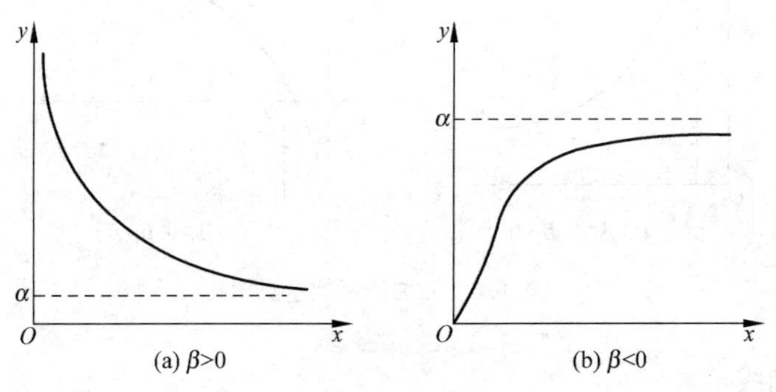

图 6.9 倒指数函数曲线示意图

对方程的两边同时取对数，得到 $\ln y=\ln\alpha+\beta\frac{1}{x}$.

作变量代换 $y^*=\ln y,\beta_0=\ln\alpha,x^*=\frac{1}{x}$，则有 $y^*=\beta_0+\beta x^*$.

5. S形曲线

S形曲线的方程为 $y=\frac{1}{\beta_0+\beta_1 e^{-x}}$，如图 6.10 所示. 这种曲线的代表性比较强，如一种新产品的销售曲线就近似于S形曲线，新产品开始不被大家所了解，且价格比较高，销售量比较小，随着时间的推移，新产品的功能逐渐被大家了解，实现了规模生产，生产成本下降，价格降低，销售量逐渐增大，最后趋于稳定状态，不过此时的函数曲线应该在 $x>0$ 部分才有意义.

将原方程变形为 $\frac{1}{y}=\beta_0+\beta_1 e^{-x}$，作变量代换 $y^*=\frac{1}{y},x^*=e^{-x}$，则有 $y^*=\beta_0+\beta_1 x^*$.

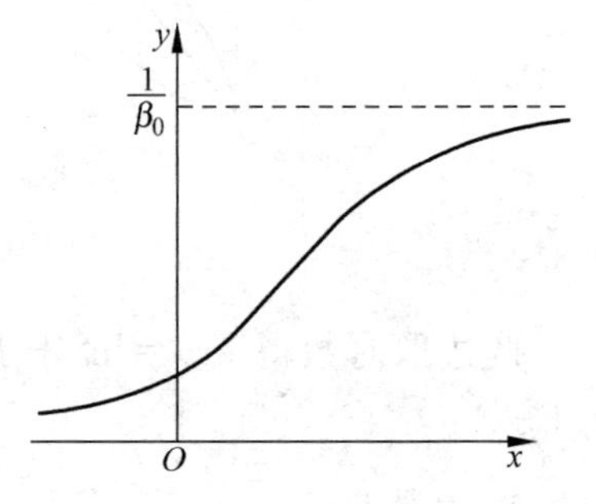

图 6.10 S形曲线函数示意图

6. 多项式曲线

多项式曲线的方程为 $y=\beta_0+\beta_1 x+\beta_2 x^2+\cdots+\beta_k x^k$，生产函数曲线的方程通常是多项式函数.

作变换 $x_1=x,x_2=x^2,x_3=x^3,\cdots,x_k=x^k$，则有 $y=\beta_0+\beta_1 x_1+\beta_2 x_2+\cdots+\beta_k x_k$.

对实际的一元线性回归问题，一般是先按观察值绘出散点图，看散点图与哪类回归曲线图形接近，然后选用对应的曲线回归模型，通过适当的变量代换，转化成线性回归模型，用最小二乘法估计模型中的参数，并进行显著性的检验，模型通过检验后再还原成曲线的非线性回归方程.

例 6.2 商品的需求量与其价格有一定的关系. 先对一定时期内的某商品价格 x 与需求量 y 进行观察，取得样本数据如表 6.1 所示，试判断商品价格与需求量之间回归函数的类型，并求需求量对价格的回归方程.

表 6.1 某种商品的需求量与价格的统计数据

价格 x/元	2	3	4	5	6	7	8	9	10	11
需求量 y/kg	58	50	44	38	34	30	29	26	25	24

解 从需求量与价格之间的关系可以看出：商品需求量随着价格的提高而逐渐下降，最后趋于稳定，因此可以选用双曲线函数

$$y=\beta_0+\beta_1\frac{1}{x}.$$

令 $x^*=\dfrac{1}{x}$，则有 $y=\beta_0+\beta_1x^*$，根据表 6.1 中的数据可以计算出下列结果.

$$\sum_{i=1}^{10}x_i^*=2.019877,\quad \bar{x}^*=\frac{1}{10}\sum_{i=1}^{10}x_i^*=0.2019877,\quad \sum_{i=1}^{10}y_i=358,$$

$$\bar{y}=\frac{1}{10}\sum_{i=1}^{10}y_i=35.8,\quad \sum_{i=1}^{10}x_i^*y_i=85.414755,\quad \sum_{i=1}^{n}(x_i^*)^2=0.558032.$$

根据最小二乘法得出参数的估计值

$$\hat{\beta}_1=\frac{\sum\limits_{i=1}^{n}x_i^*y_i-n\bar{x}^*\ \bar{y}}{\sum\limits_{i=1}^{n}(x_i^*)^2-n(\bar{x}^*)^2}=\frac{85.414755-10\times0.2019877\times35.8}{0.558032-10\times(0.2019877)^2}$$

$$=\frac{13.1031584}{0.150329690487}=87.3301,$$

$$\hat{\beta}_0=\bar{y}-\hat{\beta}_1\bar{x}^*=35.8-87.3301\times0.2019877=18.1604,$$

$$\hat{y}_i=\hat{\beta}_0+\hat{\beta}_1x_i^*=18.1604+87.3301x_i^*,$$

即商品的需求量对价格的回归方程为

$$\hat{y}_i=18.1604+\frac{87.3301}{x_i}.$$

将 x_i 的值代入上述方程，即可得到需求量的估计值. 将价格、需求量及需求量的估计值绘成图 6.11，可以看出估计值与实际观察值具有良好的一致性.

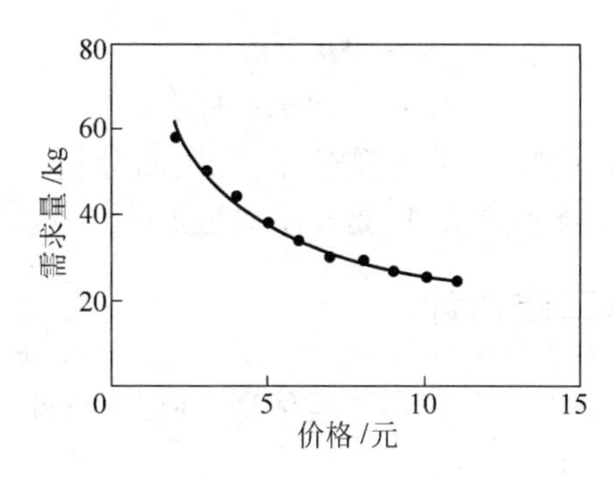

图 6.11 价格与需求量的回归曲线

6.3 多元线性回归

在许多实际问题中影响因变量的因素往往有多个,这种一个变量同多个变量的回归问题就是多元回归,当因变量与各自变量之间的关系为线性关系时,称为多元线性回归,多元线性回归分析的原理同一元线性回归基本相同,但计算上要复杂得多.

6.3.1 多元线性回归的数学模型

设变量 y 与变量 $x_1,x_2,\cdots,x_k$ 存在着线性回归关系,它的第 i 次观察数据是

$$(y_i,x_{i1},x_{i2},\cdots,x_{ik}),\quad i=1,2,\cdots,n,$$

于是有

$$\begin{cases} y_1=\beta_0+\beta_1x_{11}+\beta_2x_{12}+\cdots+\beta_kx_{1k}+\varepsilon_1, \\ y_2=\beta_0+\beta_1x_{21}+\beta_2x_{22}+\cdots+\beta_kx_{2k}+\varepsilon_2, \\ \vdots \\ y_n=\beta_0+\beta_1x_{n1}+\beta_2x_{n2}+\cdots+\beta_kx_{nk}+\varepsilon_n, \end{cases}$$

其中 $\beta_0,\beta_1,\beta_2,\cdots,\beta_k$ 是 $k+1$ 个未知参数,$x_1,x_2,\cdots,x_k$ 是 k 个可以精确测量或可以控制的变量,$\varepsilon_1,\varepsilon_2,\cdots,\varepsilon_n$ 是 n 个相互独立且服从同一分布 $N(0,\sigma^2)$ 的随机变量. 上式可写成矩阵与向量相乘的形式

$$\begin{bmatrix} y_1 \\ y_2 \\ \vdots \\ y_n \end{bmatrix}=\begin{bmatrix} 1 & x_{11} & x_{12} & \cdots & x_{1k} \\ 1 & x_{21} & x_{22} & \cdots & x_{2k} \\ \vdots & \vdots & \vdots & & \vdots \\ 1 & x_{n1} & x_{n2} & \cdots & x_{nk} \end{bmatrix}\begin{bmatrix} \beta_0 \\ \beta_1 \\ \vdots \\ \beta_k \end{bmatrix}+\begin{bmatrix} \varepsilon_1 \\ \varepsilon_2 \\ \vdots \\ \varepsilon_n \end{bmatrix}.$$

记

$$\boldsymbol{y}=\begin{bmatrix} y_1 \\ y_2 \\ \vdots \\ y_n \end{bmatrix},\quad \boldsymbol{X}=\begin{bmatrix} 1 & x_{11} & x_{12} & \cdots & x_{1k} \\ 1 & x_{21} & x_{22} & \cdots & x_{2k} \\ \vdots & \vdots & \vdots & & \vdots \\ 1 & x_{n1} & x_{n2} & \cdots & x_{nk} \end{bmatrix},\quad \boldsymbol{\beta}=\begin{bmatrix} \beta_0 \\ \beta_1 \\ \vdots \\ \beta_k \end{bmatrix},\quad \boldsymbol{\varepsilon}=\begin{bmatrix} \varepsilon_1 \\ \varepsilon_2 \\ \vdots \\ \varepsilon_n \end{bmatrix},$$

则多元线性回归模型可写成

$$\begin{cases} \boldsymbol{y}=\boldsymbol{X\beta}+\boldsymbol{\varepsilon}, \\ \boldsymbol{\varepsilon}\sim N_n(\boldsymbol{0},\sigma^2\boldsymbol{I}_n). \end{cases}$$

$\boldsymbol{X}$ 是一个纯量矩阵,称为设计矩阵或结构矩阵,在回归分析中一般假设 $\boldsymbol{X}$ 为列满秩,即 $\mathrm{rank}(\boldsymbol{X})=k+1$;$E\boldsymbol{\varepsilon}=\boldsymbol{0}$ 是 n 维零向量,$\boldsymbol{I}_n$ 是 n 阶单位矩阵.

6.3.2 参数 $\boldsymbol{\beta}$ 的最小二乘估计

设 $\hat{\beta}_0,\hat{\beta}_1,\cdots,\hat{\beta}_k$ 是 $\beta_0,\beta_1,\cdots,\beta_k$ 的最小二乘估计,则多元线性回归方程为

$$\hat{y}_i=\hat{\beta}_0+\hat{\beta}_1x_{i1}+\hat{\beta}_2x_{i2}+\cdots+\hat{\beta}_kx_{ik},\quad i=1,2,\cdots,n,$$

$\hat{\beta}_0,\hat{\beta}_1,\cdots,\hat{\beta}_k$ 称为回归方程的系数. 对每一个样本点 $(x_{i1},x_{i2},\cdots,x_{ik})$,由回归方程可以确定一个回归值 $\hat{y}_i$,这个回归值与实际值 y_i 之差反映了 y_i 与回归直线的偏离程度. 若对所有的

$(x_{i1},x_{i2},\cdots,x_{ik})(i=1,2,\cdots,n)$，$y_i$ 与$\hat{y}_i$ 的偏离越小，则认为直线与所有的试验点拟合得越好. 全部观察值 y_i 与回归值$\hat{y}_i$ 的偏离平方和记为

$$S_E^2=S_E^2(\boldsymbol{\beta})=\sum_{i=1}^{n}(y_i-(\hat{\beta}_0+\hat{\beta}_1x_{i1}+\hat{\beta}_2x_{i2}+\cdots+\hat{\beta}_kx_{ik}))^2.$$

由最小二乘法知：选取$\hat{\beta}_0,\hat{\beta}_1,\cdots,\hat{\beta}_k$ 应使偏离平方和 S_E^2 达到最小，根据微分学的极值原理，$\hat{\beta}_0,\hat{\beta}_1,\cdots,\hat{\beta}_k$ 应是下面线性方程组的解：

$$\begin{cases}\dfrac{\partial S_E^2}{\partial\hat{\beta}_0}=-2\sum\limits_{i=1}^{n}(y_i-\hat{\beta}_0-\hat{\beta}_1x_{i1}-\hat{\beta}_2x_{i2}-\cdots-\hat{\beta}_kx_{ik})=0,\\ \dfrac{\partial S_E^2}{\partial\hat{\beta}_1}=-2\sum\limits_{i=1}^{n}(y_i-\hat{\beta}_0-\hat{\beta}_1x_{i1}-\hat{\beta}_2x_{i2}-\cdots-\hat{\beta}_kx_{ik})x_{i1}=0,\\ \dfrac{\partial S_E^2}{\partial\hat{\beta}_2}=-2\sum\limits_{i=1}^{n}(y_i-\hat{\beta}_0-\hat{\beta}_1x_{i1}-\hat{\beta}_2x_{i2}-\cdots-\hat{\beta}_kx_{ik})x_{i2}=0,\\ \qquad\vdots\\ \dfrac{\partial S_E^2}{\partial\hat{\beta}_k}=-2\sum\limits_{i=1}^{n}(y_i-\hat{\beta}_0-\hat{\beta}_1x_{i1}-\hat{\beta}_2x_{i2}-\cdots-\hat{\beta}_kx_{ik})x_{ik}=0.\end{cases}$$

将此线性方程组进一步化简为

$$\begin{cases}n\hat{\beta}_0+(\sum\limits_{i=1}^{n}x_{i1})\hat{\beta}_1+(\sum\limits_{i=1}^{n}x_{i2})\hat{\beta}_2+\cdots+(\sum\limits_{i=1}^{n}x_{ik})\hat{\beta}_k=\sum\limits_{i=1}^{n}y_i,\\ (\sum\limits_{i=1}^{n}x_{i1})\hat{\beta}_0+(\sum\limits_{i=1}^{n}x_{i1}^2)\hat{\beta}_1+\sum\limits_{i=1}^{n}x_{i1}x_{i2}\hat{\beta}_2+\cdots+\sum\limits_{i=1}^{n}x_{i1}x_{ik}\hat{\beta}_k=\sum\limits_{i=1}^{n}x_{i1}y_i,\\ (\sum\limits_{i=1}^{n}x_{i2})\hat{\beta}_0+(\sum\limits_{i=1}^{n}x_{i1}x_{i2})\hat{\beta}_1+(\sum\limits_{i=1}^{n}x_{i2}^2)\hat{\beta}_2+\cdots+(\sum\limits_{i=1}^{n}x_{i2}x_{ik})\hat{\beta}_k=\sum\limits_{i=1}^{n}x_{i2}y_i,\\ \qquad\qquad\qquad\qquad\qquad\qquad\vdots\\ (\sum\limits_{i=1}^{n}x_{ik})\hat{\beta}_0+(\sum\limits_{i=1}^{n}x_{i1}x_{ik})\hat{\beta}_1+(\sum\limits_{i=1}^{n}x_{i2}x_{ik})\hat{\beta}_2+\cdots+(\sum\limits_{i=1}^{n}x_{ik}^2)\hat{\beta}_k=\sum\limits_{i=1}^{n}x_{ik}y_i.\end{cases}$$

写成矩阵形式为

$$\begin{bmatrix}n & \sum\limits_{i=1}^{n}x_{i1} & \sum\limits_{i=1}^{n}x_{i2} & \cdots & \sum\limits_{i=1}^{n}x_{ik}\\ \sum\limits_{i=1}^{n}x_{i1} & \sum\limits_{i=}^{n}x_{i1}^2 & \sum\limits_{i=1}^{n}x_{i1}x_{i2} & \cdots & \sum\limits_{i=1}^{n}x_{i1}x_{ik}\\ \sum\limits_{i=1}^{n}x_{i2} & \sum\limits_{i=1}^{n}x_{i1}x_{i2} & \sum\limits_{i=1}^{n}x_{i2}^2 & \cdots & \sum\limits_{i=1}^{n}x_{i2}x_{ik}\\ \vdots & \vdots & \vdots & & \vdots\\ \sum\limits_{i=1}^{n}x_{ik} & \sum\limits_{i=1}^{n}x_{i1}x_{ik} & \sum\limits_{i=1}^{n}x_{i2}x_{ik} & \cdots & \sum\limits_{i=1}^{n}x_{ik}^2\end{bmatrix}\begin{bmatrix}\hat{\beta}_0\\ \hat{\beta}_1\\ \hat{\beta}_2\\ \vdots\\ \hat{\beta}_k\end{bmatrix}=\begin{bmatrix}\sum\limits_{i=1}^{n}y_i\\ \sum\limits_{i=1}^{n}x_{i1}y_i\\ \sum\limits_{i=1}^{n}x_{i2}y_i\\ \vdots\\ \sum\limits_{i=1}^{n}x_{ik}y_i\end{bmatrix}.$$

观察上面的矩阵方程，我们发现

$$\begin{bmatrix} n & \sum_{i=1}^{n} x_{i1} & \sum_{i=1}^{n} x_{i2} & \cdots & \sum_{i=1}^{n} x_{ik} \\ \sum_{i=1}^{n} x_{i1} & \sum_{i=1}^{n} x_{i1}^2 & \sum_{i=1}^{n} x_{i1}x_{i2} & \cdots & \sum_{i=1}^{n} x_{i1}x_{ik} \\ \sum_{i=1}^{n} x_{i2} & \sum_{i=1}^{n} x_{i1}x_{i2} & \sum_{i=1}^{n} x_{i2}^2 & \cdots & \sum_{i=1}^{n} x_{i2}x_{ik} \\ \vdots & \vdots & \vdots & & \vdots \\ \sum_{i=1}^{n} x_{ik} & \sum_{i=1}^{n} x_{i1}x_{ik} & \sum_{i=1}^{n} x_{i2}x_{ik} & \cdots & \sum_{i=1}^{n} x_{ik}^2 \end{bmatrix}$$

$$= \begin{bmatrix} 1 & 1 & \cdots & 1 \\ x_{11} & x_{21} & \cdots & x_{n1} \\ x_{12} & x_{22} & \cdots & x_{n2} \\ \vdots & \vdots & & \vdots \\ x_{1k} & x_{2k} & \cdots & x_{nk} \end{bmatrix} \begin{bmatrix} 1 & x_{11} & x_{12} & \cdots & x_{1k} \\ 1 & x_{21} & x_{22} & \cdots & x_{2k} \\ 1 & x_{31} & x_{32} & \cdots & x_{3k} \\ \vdots & \vdots & \vdots & & \vdots \\ 1 & x_{n1} & x_{n2} & \cdots & x_{nk} \end{bmatrix} = \boldsymbol{X}^{\mathrm{T}}\boldsymbol{X},$$

$$\begin{bmatrix} \sum_{i=1}^{n} y_i \\ \sum_{i=1}^{n} x_{i1}y_i \\ \sum_{i=1}^{n} x_{i2}y_i \\ \vdots \\ \sum_{i=1}^{n} x_{ik}y_i \end{bmatrix} = \begin{bmatrix} 1 & 1 & \cdots & 1 \\ x_{11} & x_{21} & \cdots & x_{n1} \\ x_{12} & x_{22} & \cdots & x_{n2} \\ \vdots & \vdots & & \vdots \\ x_{1k} & x_{2k} & \cdots & x_{nk} \end{bmatrix} \begin{bmatrix} y_1 \\ y_2 \\ y_3 \\ \vdots \\ y_n \end{bmatrix} = \boldsymbol{X}^{\mathrm{T}}\boldsymbol{y}, \quad \text{记}\hat{\boldsymbol{\beta}} = \begin{bmatrix} \hat{\beta}_0 \\ \hat{\beta}_1 \\ \hat{\beta}_2 \\ \vdots \\ \hat{\beta}_k \end{bmatrix},$$

得到回归方程系数应满足矩阵方程的间接形式为

$$(\boldsymbol{X}^{\mathrm{T}}\boldsymbol{X})\hat{\boldsymbol{\beta}} = \boldsymbol{X}^{\mathrm{T}}\boldsymbol{y}.$$

在系数矩阵$(\boldsymbol{X}^{\mathrm{T}}\boldsymbol{X})$满秩的条件下，$(\boldsymbol{X}^{\mathrm{T}}\boldsymbol{X})$的逆阵是存在的，所以回归方程的回归系数的估计表达式为

$$\hat{\boldsymbol{\beta}} = (\boldsymbol{X}^{\mathrm{T}}\boldsymbol{X})^{-1}\boldsymbol{X}^{\mathrm{T}}\boldsymbol{y}.$$

例 6.3 一个金融公司的经营成本(y)与新的贷款申请数(x_1)和贷款余额(x_2)有密切的关系，现抽取容量为 16 的一个样本，其样本观察数据由表 6.2 给出. 根据这些数据拟合一个多元线性回归模型.

表 6.2 样本观察数据表

样本序号	新的申请数 x_1	贷款余额 x_2	经营成本 y
1	80	8	2256
2	93	9	2340
3	100	10	2426

续表

样本序号	新的申请数 x_1	贷款余额 x_2	经营成本 y
4	82	12	2293
5	90	11	2330
6	99	8	2368
7	81	8	2250
8	96	10	2409
9	94	12	2364
10	93	11	2379
11	97	13	2440
12	95	11	2364
13	100	8	2404
14	85	12	2317
15	86	9	2309
16	87	12	2328

解 设多元线性回归模型为$\hat{y}=\hat{\beta}_0+\hat{\beta}_1x_1+\hat{\beta}_2x_2$,则 $\boldsymbol{X}$ 矩阵和 $\boldsymbol{y}$ 向量为

$$\boldsymbol{X}=\begin{bmatrix}1 & 80 & 8\\1 & 93 & 9\\1 & 100 & 10\\1 & 82 & 12\\1 & 90 & 11\\1 & 99 & 8\\1 & 81 & 8\\1 & 96 & 10\\1 & 94 & 12\\1 & 93 & 11\\1 & 97 & 13\\1 & 95 & 11\\1 & 100 & 8\\1 & 85 & 12\\1 & 86 & 9\\1 & 87 & 12\end{bmatrix},\quad \boldsymbol{y}=\begin{bmatrix}2256\\2340\\2426\\2293\\2330\\2368\\2250\\2409\\2364\\2379\\2440\\2364\\2404\\2317\\2309\\2328\end{bmatrix},$$

$\boldsymbol{X}^{\mathrm{T}}\boldsymbol{X}$ 矩阵为

$$\boldsymbol{X}^{\mathrm{T}}\boldsymbol{X}=\begin{bmatrix}1 & 1 & \cdots & 1\\80 & 93 & \cdots & 87\\8 & 9 & \cdots & 12\end{bmatrix}\begin{bmatrix}1 & 80 & 8\\1 & 93 & 9\\\vdots & \vdots & \vdots\\1 & 87 & 12\end{bmatrix}=\begin{bmatrix}16 & 1458 & 164\\1458 & 133560 & 14946\\164 & 14946 & 1726\end{bmatrix},$$

$$\boldsymbol{X}^{\mathrm{T}}\boldsymbol{y}=\begin{bmatrix}1&1&\cdots&1\\80&93&\cdots&87\\8&9&\cdots&12\end{bmatrix}\begin{bmatrix}2256\\2340\\\vdots\\2328\end{bmatrix}=\begin{bmatrix}37\,577\\3\,429\,550\\385\,562\end{bmatrix},$$

$\boldsymbol{\beta}$ 的最小二乘估计为

$$\begin{aligned}\hat{\boldsymbol{\beta}}&=(\boldsymbol{X}^{\mathrm{T}}\boldsymbol{X})^{-1}\boldsymbol{X}^{\mathrm{T}}\boldsymbol{y}\\&=\begin{pmatrix}14.176004&-0.129746&-0.223453\\-0.129746&1.429184\times10^{-3}&-4.763947\times10^{-5}\\-0.223453&-4.763947\times10^{-5}&2.222381\times10^{-2}\end{pmatrix}\begin{pmatrix}37\,577\\3\,429\,550\\385\,562\end{pmatrix}\\&=\begin{pmatrix}1566.07777\\7.62129\\8.58485.\end{pmatrix}.\end{aligned}$$

回归系数保留两位小数的最小二乘拟合为

$$\hat{y}=1566.08+7.62x_1+8.58x_2.$$

6.3.3 最小二乘估计的性质

性质 1 最小二乘估计$\hat{\boldsymbol{\beta}}$是参数$\boldsymbol{\beta}$ 的无偏估计量；$\hat{y}$是 Ey 的无偏估计量.

证明 因为$\hat{\boldsymbol{\beta}}=(\boldsymbol{X}^{\mathrm{T}}\boldsymbol{X})^{-1}\boldsymbol{X}^{\mathrm{T}}\boldsymbol{y}$，$\boldsymbol{y}=\boldsymbol{X}\boldsymbol{\beta}+\boldsymbol{\varepsilon}$，$\boldsymbol{\varepsilon}\sim N_n(\boldsymbol{0},\sigma^2\boldsymbol{I}_n)$，所以 $E\boldsymbol{\varepsilon}=\boldsymbol{0}$，$Ey=\boldsymbol{X}\boldsymbol{\beta}$，

$$\begin{aligned}E\hat{\boldsymbol{\beta}}&=E((\boldsymbol{X}^{\mathrm{T}}\boldsymbol{X})^{-1}\boldsymbol{X}^{\mathrm{T}}\boldsymbol{y})=(\boldsymbol{X}^{\mathrm{T}}\boldsymbol{X})^{-1}\boldsymbol{X}^{\mathrm{T}}E\boldsymbol{y}\\&=(\boldsymbol{X}^{\mathrm{T}}\boldsymbol{X})^{-1}\boldsymbol{X}^{\mathrm{T}}(\boldsymbol{X}\boldsymbol{\beta})=(\boldsymbol{X}^{\mathrm{T}}\boldsymbol{X})^{-1}(\boldsymbol{X}^{\mathrm{T}}\boldsymbol{X})\boldsymbol{\beta}=\boldsymbol{\beta},\end{aligned}$$

$$\begin{aligned}E\hat{y}&=E(\hat{\beta}_0+\hat{\beta}_1x_1+\hat{\beta}_2x_2+\cdots+\hat{\beta}_kx_k)\\&=\beta_0+\beta_1x_1+\beta_2x_2+\cdots+\beta_kx_k=Ey.\end{aligned}$$

性质 2 平方和分解定理：$S_T^2=S_R^2+S_E^2$.

$S_T^2=\sum\limits_{i=1}^{n}(y_i-\bar{y})^2$ 为总的离差平方和；$S_R^2=\sum\limits_{i=1}^{n}(\hat{y}_i-\bar{y})^2$ 为回归平方和，$S_E^2=\sum\limits_{i=1}^{n}(y_i-\hat{y}_i)^2$ 为残差平方和. 平方和分解定理也可写成

$$\sum_{i=1}^{n}(y_i-\bar{y})^2=\sum_{i=1}^{n}(y_i-\hat{y}_i)^2+\sum_{i=1}^{n}(\hat{y}_i-\bar{y})^2.$$

性质 3 S_E^2，S_R^2 相互独立，且 $ES_E^2=E\sum\limits_{i=1}^{n}(y_i-\hat{y}_i)^2=[n-(k+1)]\sigma^2$.

由性质 3 可以看出 $E\dfrac{S_E^2}{n-(k+1)}=\sigma^2$，所以$\dfrac{S_E^2}{n-(k+1)}$是 σ^2 的无偏估计量.

性质 4 若 $\beta_1=\beta_2=\cdots=\beta_k=0$，则$\dfrac{S_E^2}{\sigma^2}\sim\chi^2[n-(k+1)]$，$\dfrac{S_R^2}{\sigma^2}\sim\chi^2(k)$.

从性质 4 可以看出：$\dfrac{S_E^2}{\sigma^2}$ 服从 χ^2 分布，它的自由度等于样本容量减去参数的个数，即 $n-(k+1)$；$\dfrac{S_R^2}{\sigma^2}$ 服从 χ^2 分布，它的自由度等于自变量的个数 k.

6.3.4 显著性检验

在一元线性回归中，线性关系的检验与回归系数的检验是等价的，因为一元线性回归只有一个自变量，因变量与自变量之间有显著的线性关系必然意味着回归系数不为零. 在多元线性回归中这两种检验是不等价的. 线性关系检验主要是检验因变量同多个自变量的线性关系是否显著，在 k 个自变量中，只要有一个自变量同因变量的线性关系显著，F 检验就能通过，但这并不意味着每个自变量同因变量的线性关系都显著. 回归系数检验则是对每个回归系数分别进行单独检验，它主要用于检验每个自变量对因变量的影响是否显著. 如果某个自变量没有通过检验，就意味着这个自变量对因变量的影响不显著，也就没有必要把这个变量放入回归模型中了.

(1) 线性关系的检验

线性关系的检验是检验因变量 y 与 k 个自变量之间的线性关系是否显著，也称为总体的显著性检验.

步骤 1 提出统计假设

$H_0:\beta_1=\beta_2=\cdots=\beta_k=0, H_1:\beta_1,\beta_2,\cdots,\beta_k$ 至少有一个不等于 0.

步骤 2 确定 H_0 的拒绝域

在 H_0 成立的条件下，对确定的 S_T^2，$\frac{S_R^2}{S_E^2}$应较小，当 $\frac{S_R^2}{S_E^2}$大于某个确定的常数 c 应该拒绝 H_0，因此 H_0 的拒绝域形式为$\frac{S_R^2}{S_E^2}>c$.

因为$\frac{S_E^2}{\sigma^2}\sim\chi^2[n-(k+1)]$，$\frac{S_R^2}{\sigma^2}\sim\chi^2(k)$，$S_E^2$，$S_R^2$ 相互独立，根据 F 分布的定义有

$$\frac{\frac{S_R^2}{k}}{\frac{S_E^2}{n-(k+1)}}=\frac{S_R^2}{S_E^2}\left(\frac{n-(k+1)}{k}\right)\sim F(k,n-k-1).$$

对给定检验水平 α 有

$$P\left(\frac{S_R^2}{S_E^2}\frac{n-(k+1)}{k}>F_{1-\alpha}(k,n-(k+1))\right)=\alpha,$$

或

$$P\left(\frac{S_R^2}{S_E^2}>\frac{k}{n-(k+1)}F_{1-\alpha}(k,n-(k+1))\right)=\alpha.$$

H_0 的拒绝域为

$$\frac{S_R^2}{S_E^2}\frac{n-(k+1)}{k}>F_{1-\alpha}(k,n-(k+1))$$

或

$$\frac{S_R^2}{S_E^2}>\frac{k}{n-(k+1)}F_{1-\alpha}(k,n-(k+1)).$$

步骤 3 作出检验决策

若$\frac{S_R^2}{S_E^2}\frac{n-(k+1)}{k}>F_{1-\alpha}(k,n-(k+1))$，拒绝原假设，表明 y 与 k 个自变量之间的线性

关系显著；

若$\frac{S_R^2}{S_E^2}\frac{n-(k+1)}{k}\leqslant F_{1-\alpha}(k,n-(k+1))$，不拒绝原假设，表明 y 与 k 个自变量之间的线性关系不显著.

仍可利用回归平方和 S_R^2 在总离差平方和 S_T^2 中所占比例的大小衡量 y 与 $x_1,x_2,\cdots,x_k$ 之间线性相关的密切程度，称

$$R=\sqrt{\frac{S_R^2}{S_T^2}}=\sqrt{\frac{\sum_{i=1}^{n}(\hat{y}_i-\bar{y})^2}{\sum_{i=1}^{n}(y_i-\bar{y})^2}},\quad 0\leqslant R\leqslant 1$$

为样本复相关系数或多元相关系数.

(2) 回归系数的检验和推断

在回归方程通过线性关系的检验后，就可以对各个回归系数进行单独检验，即：当 y 与 $x_1,x_2,\cdots,x_k$ 之间有显著的线性关系时，还必须检验每个变量 $x_i(i=1,2,\cdots,k)$ 的显著性. 如果 x_i 对 y 的作用不显著，那么 β_i 应为零，否则 $\beta_i\neq 0$. 具体检验步骤如下：

步骤1 提出统计假设

$$H_{0i}:\beta_i=0,H_{1i}:\beta_i\neq 0,\quad i\in\{1,2,\cdots,k\}$$

步骤2 确定 H_0 的拒绝域

记：$\boldsymbol{C}=(\boldsymbol{X}^{\mathrm{T}}\boldsymbol{X})^{-1}=(c_{ij})_{(k+1)\times(k+1)}$，因为$\hat{\beta}_i$ 是正态分布的线性组合，仍然服从正态分布，且$\hat{\beta}_i\sim N(E\hat{\beta}_i,D\hat{\beta}_i)$.

又因为 $E\hat{\beta}_i=\beta_i$，$D\hat{\beta}_i=c_{ii}\sigma^2$，$c_{ii}$ 是$(\boldsymbol{X}^{\mathrm{T}}\boldsymbol{X})^{-1}$的第 i 行第 i 列交叉处的元素，所以$\hat{\beta}_i\sim N(\beta_i,c_{ii}\sigma^2)$. 在 H_0 成立时，有

$$\hat{\beta}_i\sim N(0,c_{ii}\sigma^2),\quad \frac{\hat{\beta}_i}{\sigma\sqrt{c_{ii}}}\sim N(0,1),\quad \frac{S_E^2}{\sigma^2}\sim\chi^2[n-(k+1)].$$

由这两个分布我们可以构造 t 检验统计量：

$$\frac{\dfrac{\hat{\beta}_i}{\sigma\sqrt{c_{ii}}}}{\sqrt{\dfrac{S_E^2}{[n-(k+1)]\sigma^2}}}=\frac{\hat{\beta}_i\sqrt{n-(k+1)}}{S_E\sqrt{c_{ii}}}\sim t[n-(k+1)].$$

因为

$$P\left(\frac{|\hat{\beta}_i|\sqrt{n-(k+1)}}{S_E\sqrt{c_{ii}}}>t_{1-\frac{\alpha}{2}}[n-(k+1)]\right)=\alpha,$$

由此得到 H_0 的拒绝域为

$$\frac{|\hat{\beta}_i|\sqrt{n-(k+1)}}{S_E\sqrt{c_{ii}}}>t_{1-\frac{\alpha}{2}}[n-(k+1)].$$

我们也可以构造 F 检验统计量. 因为

$$\frac{\hat{\beta}_i^2}{\sigma^2c_{ii}}\sim\chi^2(1),\quad \frac{S_E^2}{\sigma^2}\sim\chi^2[n-(k+1)],$$

$$\frac{\dfrac{\hat{\beta}_i^2}{\sigma^2 c_{ii}}}{\dfrac{S_E^2}{[n-(k+1)]\sigma^2}} = \frac{\hat{\beta}_i^2[n-(k+1)]}{c_{ii}S_E^2} \sim F(1,n-(k+1)),$$

$$P\left(\frac{\hat{\beta}_i^2[n-(k+1)]}{c_{ii}S_E^2} > F_{1-\alpha}(1,n-(k+1))\right) = \alpha,$$

H_0 的拒绝域为

$$\frac{\hat{\beta}_i^2[n-(k+1)]}{c_{ii}S_E^2} > F_{1-\alpha}(1,n-(k+1)).$$

步骤 3 作出检验决策

若$\dfrac{|\hat{\beta}_i|\sqrt{n-(k+1)}}{S_E\sqrt{c_{ii}}} > t_{1-\frac{\alpha}{2}}[n-(k+1)]$ 或 $\dfrac{\hat{\beta}_i^2[n-(k+1)]}{c_{ii}S_E^2} > F_{1-\alpha}(1,n-(k+1))$，拒绝原假设，表明模型中自变量 x_i 是不可缺少的. 否则不应该拒绝原假设，则应将该变量从原回归方程中剔除，建立新的回归方程

$$\hat{y} = \hat{\beta}_0^* + \hat{\beta}_1^* x_1 + \cdots + \hat{\beta}_{i-1}^* x_{i-1} + \hat{\beta}_{i+1}^* x_{i+1} + \cdots + \hat{\beta}_k^* x_k.$$

一般地，$\hat{\beta}_j^* \neq \hat{\beta}_j$，但有如下关系：

$$\hat{\beta}_j^* = \hat{\beta}_j - \frac{c_{ij}}{c_{ii}}\hat{\beta}_i, \quad j \neq i; j = 0,1,\cdots,k.$$

注意 在剔除不显著自变量时，考虑到自变量之间的交互作用对因变量的影响，每次只剔除一个自变量，如果有几个自变量检验都不显著，则先剔除其中检验统计量值最小的那个自变量，建立新的回归方程，再检验它们的显著性，直至保留的自变量对 y 都有显著作用为止.

例 6.4 29 名儿童的血红蛋白(g/100ml)与微量元素(μg/100ml)测定结果如表 6.3. 希望通过回归分析，筛选评价儿童的血红蛋白有代表性的微量元素指标.

表 6.3 血红蛋白与微量元素测定结果

编号	钙 x_1	镁 x_2	铁 x_3	锰 x_4	铜 x_5	血红蛋白 y
1	54.89	30.86	448.7	0.012	1.01	13.5
2	72.49	42.61	467.3	0.008	1.64	13
3	53.81	52.86	425.61	0.004	1.22	13.75
4	64.74	39.18	469.8	0.005	1.22	14
5	58.8	37.67	456.55	0.012	1.01	14.25
6	43.67	26.18	395.78	0.001	0.594	12.75
7	54.89	30.86	448.7	0.012	1.01	12.5
8	86.12	43.79	440.13	0.017	1.77	12.25
9	60.35	38.2	394.4	0.001	1.14	12
10	54.04	34.23	405.6	0.008	1.3	11.75

续表

编号	钙 x_1	镁 x_2	铁 x_3	锰 x_4	铜 x_5	血红蛋白 y
11	61.23	37.35	446	0.022	1.38	11.5
12	60.17	33.67	383.2	0.001	0.914	11.25
13	69.69	40.01	416.7	0.012	1.35	11
14	72.28	40.12	430.8	0	1.2	10.75
15	55.13	33.02	445.8	0.012	0.918	10.5
16	70.08	36.81	409.8	0.012	1.19	10.25
17	63.05	35.07	384.1	0	0.853	10
18	48.75	30.53	342.9	0.018	0.924	9.75
19	52.28	27.14	326.29	0.004	0.817	9.5
20	52.21	36.18	388.54	0.024	1.02	9.25
21	49.71	25.43	331.1	0.012	0.897	9
22	61.02	29.27	258.94	0.016	1.19	8.75
23	53.68	28.79	292.8	0.048	1.32	8.5
24	50.22	29.17	292.6	0.006	1.04	8.25
25	65.34	29.99	312.8	0.006	1.03	8
26	56.39	29.29	283	0.016	1.35	7.8
27	66.12	31.93	344.2	0	0.689	7.5
28	73.89	32.94	312.5	0.064	1.15	7.25
29	47.31	28.55	294.7	0.005	0.838	7

解 (1) 由最小二乘法，求得回归系数的估计值

$\hat{\boldsymbol{\beta}}^{\mathrm{T}}=(\hat{\beta}_0,\hat{\beta}_1,\hat{\beta}_2,\hat{\beta}_3,\hat{\beta}_4,\hat{\beta}_5)=(1.3798,-0.0693,0.0283,0.0279,-16.5773,1.7151)$，线性回归方程为

$$\hat{y}=1.3798-0.0693x_1+0.0283x_2+0.0279x_3-16.5773x_4+1.7151x_5.$$

(2) 检验回归方程的显著性，即检验

$$H_0: \beta_1=\beta_2=\beta_3=\beta_4=\beta_5=0.$$

计算各偏差平方和

$$S_T^2=\sum_{i=1}^{n}(y_i-\bar{y})^2=133.064,\quad S_R^2=\sum_{i=1}^{n}(\hat{y}_i-\bar{y})^2=107.772,$$

且

$$S_E^2=S_T^2-S_R^2=25.292,$$

于是

$$F=\frac{S_R^2/5}{S_E^2/23}=19.601.$$

取显著性水平 $\alpha=0.05$，查 F 分布表得 $F_{1-\alpha}(k,n-k-1)=F_{0.95}(5,23)=2.639<19.601$，从而拒绝 H_0，即 5 种微量元素对血红蛋白的线性影响在 $\alpha=0.05$ 下是显著的.

可以得到该多元回归模型的方差分析表 6.4 如下.

表 6.4 多元回归模型的方差分析

方差来源	自由度	平方和	均方	F 值	p 值
回归	5	107.722	21.544	19.601	1.33×10^{-7}
残差	23	25.292	1.102		
总和	28	133.064			

由方差分析表可知，模型的 p 值非常小，同样说明多元回归效果是非常显著的.

(3) 回归系数的检验

但仔细观察后发现，回归方程中系数最大的是锰，而对血红蛋白有重要影响的铁元素系数还很小. 其原因就是因为这 5 个变量的相关性较大，相互间产生的影响. 于是需要对各系数进行检验，即检验

$$H_{0i}:\beta_i=0,\quad i=1,2,\cdots,5.$$

计算统计量 $t_i=\dfrac{\sqrt{n-k-1}\hat{\beta}_i}{\sqrt{c_{ii}}S_E}$，其中 $t_2=0.553$，对应于 p 值 0.598，不显著. 从而将 x_2 从回归模型中剔除. 由最小二乘法，得新的多元样本线性回归方程为

$$\hat{y}=1.4374-0.0660x_1+0.0291x_3-18.3860x_4+1.9767x_5.$$

再次计算统计量 t，其中 $t_4=-1.6122$，对应于 p 值 0.2565，不显著. 从而将 x_4 从回归模型中剔除. 同理，再一次的检验，将 x_5 从回归模型中剔除. 最后所得的方程为

$$\hat{y}=1.0717-0.0404x_1+0.0311x_3.$$

此时，多元回归模型的方差分析表 6.5 如下.

表 6.5 多元回归模型的方差分析

方差来源	自由度	平方和	均方	F 值	p 值
回归	2	103.0102	51.5051	44.5571	3.98×10^{-9}
残差	26	30.0542	1.1559		
总和	28	133.0644			

由方差分析表可知，多元回归效果是非常显著的. 两个系数的 t 统计量，t_1 的 p 值为 0.0810，比较显著，t_3 的 p 值为 7.8627×10^{-10}，是非常显著的. 从回归模型中看出，血红蛋白的指标质量可以由铁元素和钙元素的计量进行反映.

例 6.5 房价是大多数成年人关注的重要问题，房价主要受哪些因素影响呢? 表 6.6 所示为美国 28 个地区的房屋交易样本数据，每个样本包括房屋属性的 11 个变量. 用回归分析来研究，美国民众对房价的认识情况.

表 6.6 28个地区的房屋交易样本数据

编号	当地消费水平/(百美元/人)	浴室数	房屋面积/千平方英尺	客厅面积/千平方英尺	车库数	房间数	卧室数	房龄/年	土木结构	建筑结构	火灾设施	售价/万美元
	x_1	x_2	x_3	x_4	x_5	x_6	x_7	x_8	x_9	x_{10}	x_{11}	y
1	4.9176	1	3.472	0.998	1	7	4	42	3	1	0	25.9
2	5.0208	1	3.531	1.5	2	7	4	62	1	1	0	29.5
3	4.5429	1	2.275	1.175	1	6	3	40	2	1	0	27.9
4	4.5573	1	4.05	1.232	1	6	3	54	4	1	0	25.9
5	5.0597	1	4.455	1.121	1	6	3	42	3	1	0	29.9
6	3.891	1	4.455	0.988	1	6	3	56	2	1	0	29.9
7	5.898	1	5.85	1.24	1	7	3	51	2	1	1	30.9
8	5.6039	1	9.52	1.501	0	6	3	32	1	1	0	28.9
9	16.4202	2.5	9.8	3.42	2	10	5	42	2	1	1	84.9
10	14.4598	2.5	12.8	3	2	9	5	14	4	1	1	82.9
11	5.8282	1	6.435	1.225	2	6	3	32	1	1	0	35.9
12	5.3003	1	4.9883	1.552	1	6	3	30	1	2	0	31.5
13	6.2712	1	5.52	0.975	1	5	2	30	1	2	0	31
14	5.9592	1	6.666	1.121	2	6	3	32	2	1	0	30.9
15	5.05	1	5	1.02	0	5	2	46	4	1	1	30
16	5.6039	1	9.52	1.501	0	6	3	32	1	1	0	28.9
17	8.2464	1.5	5.15	1.664	2	8	4	50	4	1	0	36.9
18	6.6969	1.5	6.902	1.488	1.5	7	3	22	1	1	1	41.9
19	7.7841	1.5	7.102	1.376	1	6	3	17	2	1	0	40.5
20	9.0384	1	7.8	1.5	1.5	7	3	23	3	3	0	43.9
21	5.9894	1	5.52	1.256	2	6	3	40	4	1	1	37.5
22	7.5422	1.5	4	1.69	1	6	3	22	1	1	0	37.9
23	8.7951	1.5	9.89	1.82	2	8	4	50	1	1	1	44.5
24	6.0931	1.5	6.7265	1.652	1	6	3	44	4	1	0	37.9
25	8.3607	1.5	9.15	1.777	2	8	4	48	1	1	1	38.9
26	8.14	1	8	1.504	2	7	3	3	1	3	0	36.9
27	9.1416	1.5	7.3262	1.831	1.5	8	4	31	4	1	0	45.8
28	12	1.5	5	1.2	2	6	3	30	3	1	1	41

数据来源：Helmut Spaeth. Mathematical Algorithms for Linear Regression. Academic Press，1991.

其中，土木结构：1为砖结构，2为砖木结构，3为金属加木质结构，4为木结构；建筑结构：1为跃居，2为错层，3为平层.

1英尺(ft)=0.3048m.

解 (1) 相关分析. 作 11 个自变量以及因变量售价的相关分析，得到相关系数表 6.7.

表 6.7 相关系数表

相关系数	当地消费水平	浴室数	房屋面积	客厅面积	车库数	房间数	卧室数	房龄	土木结构	建筑结构	火灾设施	售价
当地消费水平	1.0000											
浴室数	0.8815	1.0000										
房屋面积	0.6280	0.5835	1.0000									
客厅面积	0.8403	0.8940	0.6807	1.0000								
车库数	0.5137	0.3998	0.1756	0.3635	1.0000							
房间数	0.7510	0.7575	0.5647	0.8405	0.5663	1.0000						
卧室数	0.6529	0.7264	0.4594	0.7913	0.5397	0.9244	1.0000					
房龄	−0.3428	−0.2009	−0.3830	−0.1775	−0.0577	0.0113	0.1069	1.0000				
土木结构	0.1457	0.1877	−0.1085	0.0555	0.0287	0.0842	0.1261	0.1686	1.0000			
建筑结构	0.0573	−0.2500	0.0896	−0.0637	0.0962	−0.0604	−0.2483	−0.4998	−0.1846	1.0000		
火灾设施	0.4919	0.4812	0.3764	0.3719	0.2916	0.3968	0.2654	0.0908	0.1103	−0.2644	1.0000	
售价	0.9231	0.9251	0.6666	0.9217	0.4617	0.7771	0.7006	−0.2993	0.1727	−0.0223	0.4901	1.0000

可以看出，售价几乎对所有的变量都有较大的相关性，应该说，这些变量因素都是人们选择房屋的因素，其中当地消费水平、浴室数量和客厅面积与售价的相关度最大，土木结构和车库数的相关度次之. 房龄和房屋结构与售价呈负相关，也与实际相符.

(2) 多元回归分析. 由最小二乘法，求得回归系数的估计值

$$\begin{aligned}\hat{\boldsymbol{\beta}}^{\mathrm{T}} &= (\hat{\beta}_0, \hat{\beta}_1, \cdots, \hat{\beta}_{11}) \\ &= (2.5425, 0.8420, 9.1373, 0.1806, 13.3151, 1.9305, -1.0703, \\ &\quad -0.3020, -0.0720, 1.0226, 1.3399, 2.7869).\end{aligned}$$

可以得到该多元回归模型的方差分析表 6.8 如下.

表 6.8 多元回归模型的方差分析表

方差来源	自由度	平方和	均方	F 值	p 值
回归	11	5150.3179	468.2107	28.7168	1.9422×10^{-8}
残差	16	260.8707	16.3044		
总和	27	5411.1886			

由方差分析表可知，模型的 p 值非常小，同样说明多元回归效果是非常显著的.

6.4 案例及统计分析软件的训练

训练项目1 一元线性回归分析

案例1 现有全国31个主要城市在某一年的气候观察数据，如表6.9所示，求由年平均气温 x 和全年日照时数 y 确定的回归方程，并对相应的方程作检验.

表6.9 全国31个主要城市2007年的气候观察数据

城市	年平均气温/℃	年极端最高气温/℃	年极端最低气温/℃	年均相对湿度/%	全年日照时数/h	全年降水量/mm
北京	14	37.3	−11.7	54	2351.1	483.9
天津	13.6	38.5	−10.6	61	2165.4	389.7
石家庄	14.9	39.7	−7.4	59	2167.7	430.4
太原	11.4	35.8	−13.2	55	2174.6	535.4
呼和浩特	9	35.6	−17.6	47	2647.8	261.2
沈阳	9	33.9	−23.1	68	2360.9	672.3
长春	7.7	35.8	−21.7	58	2533.6	534.2
哈尔滨	6.6	35.8	−22.6	58	2359.2	444.1
上海	18.5	39.6	−1.1	73	1522.2	1254.5
南京	17.4	38.2	−4.5	70	1680.3	1070.9
杭州	18.4	39.5	−1.9	71	1472.9	1378.5
合肥	17.4	37.2	−3.5	79	1814.6	929.7
福州	21	39.8	3.6	68	1543.8	1109.6
南昌	19.2	38.5	0.5	68	2102	1118.5
济南	15	38.5	−7.9	61	1819.8	797.1
郑州	16	39.7	−5	60	1747.2	596.4
武汉	18.6	37.2	−1.5	67	1934.2	1023.2
长沙	18.8	38.8	−0.5	70	1742.2	9364
广州	23.2	37.4	5.7	71	1616	1370.3
南宁	21.7	37.7	0.7	76	1614	1008.1
海口	24.1	37.9	10.7	80	1669.1	1419.3
重庆	19	37.9	3	81	856.2	1439.2
成都	16.8	34.9	−1.6	77	935.6	624.5
贵阳	14.9	31	−1.7	75	1014.8	884.9
昆明	15.6	30	0.7	72	2038.6	932.7

续表

城市	年平均气温/℃	年极端最高气温/℃	年极端最低气温/℃	年均相对湿度/%	全年日照时数/h	全年降水量/mm
拉萨	9.8	29	−9.8	34	3181	477.3
西安	15.6	39.8	−5.9	58	1893.6	698.5
兰州	11.1	34.3	−11.9	53	2214.1	407.9
西宁	6.1	30.7	−21.8	57	2364.7	523.1
银川	10.4	35	−15.4	52	2529.8	214.7
乌鲁木齐	8.5	37.6	−24	56	2853.4	419.5

R 软件　R 软件通过函数 lm()实现变量间的回归关系的分析，我们给出一元线性回归分析的相关命令：

```
>temp=c(14,13.6,14.9,11.4,9,9,7.7,6.6,18.5,17.4,18.4,17.4,21,19.2,
+15,16,18.6,18.8,23.2,21.7,24.1,19,16.8,14.9,15.6,9.8,15.6,
+11.1,6.1,10.4,8.5)          #输入自变量平均气温 temp
>sun=c(2351.1,2165.4,2167.7,2174.6,2647.8,2360.9,2533.6,2359.2,
+1522.2,1680.3,1472.9,1814.6,1543.8,2102,1819.8,1747.2,
+1934.2,1742.2,1616,1614,1669.1,856.2,935.6,1014.8,
+2038.6,3181,1893.6,2214.1,2364.7,2529.8,2853.4)          #输入因变量日照时数 sun
>sol=lm(sun~1+temp)          #表示作线性模型,公式 sun~1+temp 表示 sun=β0+β1temp+ε
>summary(sol)          #函数 summary()表示提取模型的计算结果。
Call:
lm(formula=sun~1+temp)   #列出使用的公式
Residuals: #列出残差的最小值点、1/4分位点、中位数点、3/4分位点和最大值点
  Min       1Q     Median    3Q      Max
-953.85  -138.97   38.35   219.95   819.85
Coefficients: #列出了回归系数的估计(Estimate),回归系数的标准误差(Std. Error)、系数假设检验中的统计量 t 值(t value)、假设检验中的显著性概率值(Pr(>|t|))、以及显著性标记(***)。
              Estimate  Std. Error  t value    Pr(>|t|)
(Intercept)   3115.38     223.06     13.967   2.09e-14 ***
   temp        -76.96      14.20     -5.421   7.87e-06 ***
---
Signif. codes: 0 '***' 0.001 '**' 0.01 '*' 0.05 '.' 0.1 ' ' 1 #对显著性标记的说明:"***"表示极为显著,"**"表示高度显著,"*"表示显著,"."表示不太显著,没有记号表示不显著。
Residual standard error: 383.3 on 29 degrees of freedom #表示自由度为 29 的残差的标准差
Multiple R-squared: 0.5033, Adjusted R-squared: 0.4862 #表示相关系数和矫正的相关系数平方和。
F-statistic: 29.39 on 1 and 29 DF, p-value: 7.874e-06    #对回归方程的检验结果
```

由回归方程的检验结果“F-statistic：29.39 on 1 and 29 DF，p-value：7.874e-06”可知，

检验方法为 F 检验法，F 统计量的自由度为(1,29)，计算值为 29.39，检验的显著性概率值 $p=7.874\times10^{-6}$ 小于显著性水平 $\alpha=0.01$，即在显著性水平 $\alpha=0.01$ 下拒绝原假设，认为建立的回归模型是显著的，表明自变量平均气温 temp 和因变量全年日照时数 sun 之间有显著的线性相关关系. 由回归系数可得回归方程为

$$\widehat{\text{sun}}=3115.38-76.96\text{temp}.$$

下面的命令给出了回归方程的点预测和区间预测，以及回归直线的绘制.

```
>new=data.frame(temp=15)        #要预测的点,这里必须用数据框的形式表示
>pred=predict(sol, new, interval="prediction", level=0.95) #进行点预测和区间预测
>pred         #点预测和区间预测的结果
   fit       lwr      upr
1 1960.954  1164.54  2757.367
>plot(temp,sun)     #绘制全年平均气温 temp 和日照时数 sun 之间的散点图
>abline(lm.sol)     #在散点图上绘制相应的回归直线
```

对预测函数 predict()的调用为

```
predict(sol, new, interval="prediction", level=0.95),
```

其中，new 可以是要预测的一个点或多个点，但必须以数据框的形式表示，interval＝"prediction"表示同时要给出相应的预测区间，参数 level＝0.95(系统默认值)表示相应的概率为 0.95.

由计算结果可得点 temp＝15 的点预测和相应的区间预测为

$$\widehat{\text{sun}}(15)=1960.954 \quad 以及 \quad [1164.54,2757.367]$$

回归直线如图 6.12 所示.

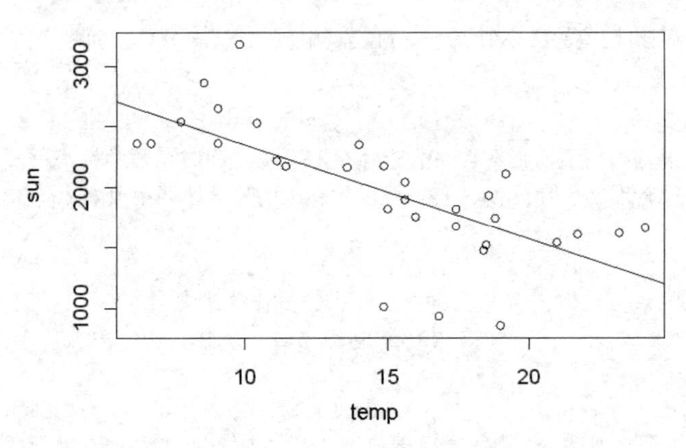

图 6.12 全年日照时数的散点图与回归直线

SPSS 软件 SPSS 软件中，对变量间进行回归分析的功能模块为“回归”，操作步骤如下：

步骤 1 在“变量视图”窗口定义气候观察数据所拥有的全部变量，如城市、年平均气温、年极端最高气温等，见图 6.13.

步骤 2 将气候观察的所有数据输入到“数据视图”窗口，见图 6.14 所示.

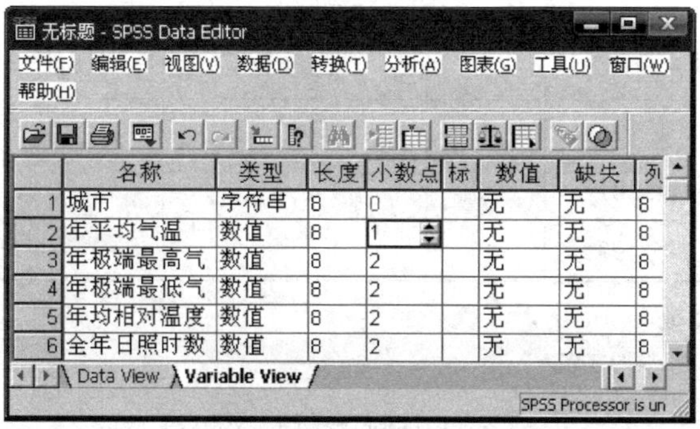

无标题 - SPSS Data Editor

文件(F) 编辑(E) 视图(V) 数据(D) 转换(T) 分析(A) 图表(G) 工具(U) 窗口(W) 帮助(H)

	名称	类型	长度	小数点	标	数值	缺失	列
1	城市	字符串	8	0		无	无	8
2	年平均气温	数值	8	1		无	无	8
3	年极端最高气	数值	8	2		无	无	8
4	年极端最低气	数值	8	2		无	无	8
5	年均相对温度	数值	8	2		无	无	8
6	全年日照时数	数值	8	2		无	无	8

Data View / Variable View

SPSS Processor is un

图 6.13 变量视图

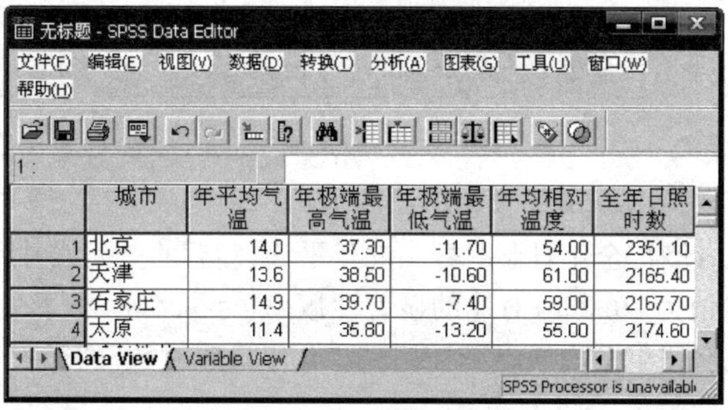

无标题 - SPSS Data Editor

文件(F) 编辑(E) 视图(V) 数据(D) 转换(T) 分析(A) 图表(G) 工具(U) 窗口(W) 帮助(H)

1 :

	城市	年平均气温	年极端最高气温	年极端最低气温	年均相对温度	全年日照时数
1	北京	14.0	37.30	-11.70	54.00	2351.10
2	天津	13.6	38.50	-10.60	61.00	2165.40
3	石家庄	14.9	39.70	-7.40	59.00	2167.70
4	太原	11.4	35.80	-13.20	55.00	2174.60

Data View / Variable View

SPSS Processor is unavailabl

图 6.14 数据视图

步骤 3 选择“分析→回归→线性…”命令，弹出“线性回归”对话框，然后将变量“全年日照时数”移入因变量框，将变量“年平均气温”移入自变量框. 单击“统计量”按钮，在“线性回归：统计”窗口，选中“估计”和“模型拟合”复选框，见图 6.15 所示. 然后选择“继续→确定”命令，即可得如表 6.10 和表 6.11 所示的一元线性回归分析结果.

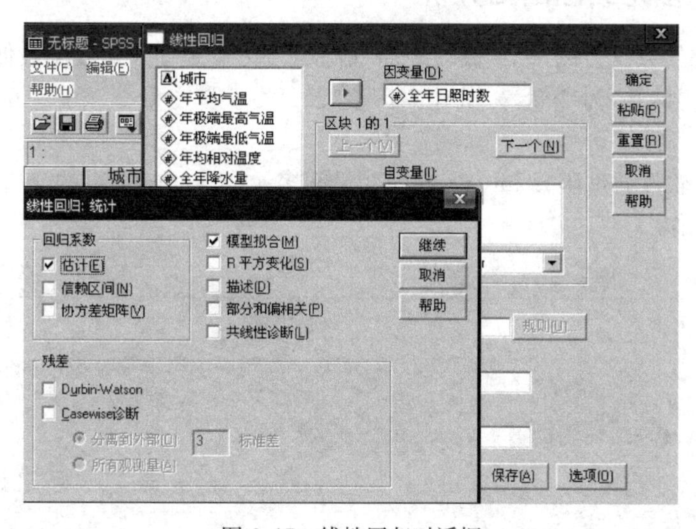

图 6.15 线性回归对话框

表 6.10 回归分析检验的方差分析表[a]

模型		平方和	df	均方	F	Sig.
1	回归	4316961.118	1	4316961.118	29.388	0.000[b]
	残差	4259914.381	29	146893.599		
	总计	8576875.499	30			

a. 因变量：全年日照时数；

b. 预测变量：(常量)，年平均气温.

表 6.11 回归分析的系数表[a]

模型		非标准化系数		标准系数	t	Sig.
		B	标准误差	试用版		
1	(常量)	3115.377	223.059		13.967	0.000
	年平均气温	−76.962	14.197	−0.709	−5.421	0.000

a. 因变量：全年日照时数.

由表 6.10 可见，针对“全年日照时数”和“年平均气温”的一元线性回归模型的方差检验表，检验的 F 统计量值为 29.388，对应的显著性概率 $p=0.000$，小于显著性水平 $\alpha=0.01$，即拒绝 H_0，认为自变量“年平均气温”对因变量“全年日照时数”的影响是显著的，且建立的回归模型是显著的.

由表 6.11 可见，建立的一元线性回归模型中自变量“年平均气温”的系数为−76.962，常数项为 3155.377，故回归模型为

$$\hat{y}=3115.38-76.96\,\hat{x},$$

其中，y 表示“全年日照时数”，x 表示“年平均气温”.

训练项目 2 多元线性回归分析

以案例 1 中的数据为例，令年极端最高气温(℃)为变量 x_1，年极端最低气温(℃)为变量 x_2，年平均气温(℃)为变量 y. 试建立因变量 y 关于自变量 x_1 和 x_2 的多元线性回归模型.

R 软件 R 软件通过函数 lm()实现对变量间多元线性回归关系的分析，下面我们给出 R 软件的相关操作.

```
>x1=c(37.3,38.5,39.7,35.8,35.6,33.9,35.8,35.8, 39.6,38.2,39.5,37.2,39.8,38.5,38.5,39.7,
+37.2,38.8,37.4,37.7,37.9,37.9,34.9,31, 30,29,39.8,34.3,30.7,35,37.6) #输入自变量 x1
>x2=c(-11.7,-10.6,-7.4,-13.2,-17.6,-23.1,-21.7,-22.6, -1.1,-4.5,-1.9,-3.5,3.6,0.5,-7.9,-5,
+-1.5,-0.5,5.7,0.7,10.7,3,-1.6,-1.7, 0.7,-9.8,-5.9,-11.9,-21.8,-15.4,-24)
#输入自变量 x2
```

```
>y=c(14,13.6,14.9,11.4,9,9,7.7,6.6,18.5,17.4,18.4,17.4,21,19.2, 15,16,18.6,
18.8,23.2,
+21.7,24.1,19,16.8,14.9,15.6,9.8,15.6, 11.1,6.1,10.4,8.5)     #输入因变量 y
>y.sol=lm(y~x1+x2)      #建立 y 关于 x1 和 x2 的回归模型,即 y=β0+β1x1+β2x2+ε
>summary(y.sol)         #提取多元线性回归模型的计算结果.
Call:
lm(formula=y~x1+x2)
Residuals:
  Min       1Q      Median     3Q      Max
-1.1932  -0.5962  -0.1710  0.4128  2.6560
Coefficients:
 Estimate    Std. Error  t value  Pr(>|t|)
(Intercept)    4.11971     2.47374    1.665        0.107
    x1         0.38722     0.06608    5.860    2.67e-06 ***
    x2         0.46595     0.02137    21.801    <2e-16 ***
---
Signif. codes: 0 '***' 0.001 '**' 0.01 '*' 0.05 '.' 0.1 ' ' 1
Residual standard error: 1.032 on 28 degrees of freedom
Multiple R-squared: 0.9591, Adjusted R-squared: 0.9562
F-statistic: 328.1 on 2 and 28 DF, p-value:<2.2e-16
```

上述各项结果的解释与一元线性回归模型类似.

从上述模型提取结果可见,对自变量 x_1 和 x_2 的显著性结果皆为“＊＊＊”标记,表明自变量 x_1 与 x_2 对因变量 y 的影响是显著的. 由结果“F-statistic: 328.1 on 2 and 28 DF, p-value:＜2.2e-16”可得,在对回归模型进行检验时,检验的 F 统计量的值为 328.1,自由度为(2, 28),对应的显著性概率 $p<2.2\times10^{-16}$ 小于显著性水平 $\alpha=0.01$,即在显著性水平 $\alpha=0.01$ 下拒绝原假设,认为建立的 y 关于 x_1 与 x_2 的多元线性回归模型是显著的、有效的. 由回归系数可建立回归方程为

$$\hat{y}=4.11971+0.38722x_1+0.46595x_2.$$

下面对点($x_1=36.5,x_2=3.5$)进行点预测和区间预测.

```
>new=data.frame(x1=36.5,x2=3.5)             #将要计算的点表示为数据框格式
>y.pre=predict(y.sol,new,interval="prediction",level=0.9)
                                            #进行点预测和区间预测
>y.pre                                      #显示预测结果
      fit      lwr          upr
1 19.88404   18.05858     21.70951
```

由上述结果可得,点($x_1=36.5,x_2=3.5$)的点预测和置信度为 0.90 的区间预测为

$$\hat{y}_0=19.88404 \quad 以及 \quad [18.05858,21.70951].$$

SPSS 软件 SPSS 软件通过“回归”功能模块进行多元线性回归分析,下面给出 SPSS 软件的相关操作步骤.

首先定义变量,然后输入数据,再根据"分析—回归—线性…"步骤,弹出"线性回归"对话框.再在对话框中,将变量"年极端最高气温"与"年极端最低气温"移入自变量框,将"年平均气温"移入"因变量"框,在"方法"栏选择"进入",其他选项与训练项目1的SPSS软件操作相同,计算结果如表6.12和表6.13所示.

表6.12 回归模型检验的方差分析表[a]

模型		平方和	df	均方	F	Sig.
1	回归	699.011	2	349.505	328.110	0.000[b]
	残差	29.826	28	1.065		
	总计	728.837	30			

a. 因变量：年平均气温；

b. 预测变量：(常量)，年极端最低气温，年极端最高气温.

由表6.12可见,在对回归模型进行检验时,检验的F统计量为328.110,显著性概率$p=0.000$,小于显著性水平$\alpha=0.01$,即拒绝H_0,表明建立的多元回归模型是显著的.

表6.13 回归模型的系数[a]

模型		非标准化系数		标准系数	t	Sig.
		B	标准误差	试用版		
1	(常量)	4.120	2.474		1.665	0.107
	年极端最低气温	0.466	0.021	0.879	21.801	0.000
	年极端最高气温	0.387	0.066	0.236	5.860	0.000

a. 因变量：年平均气温.

由表6.13可以发现,当对回归变量"年极端最低气温"进行检验时,检验的t统计量值为21.801,显著性概率$p=0.000$,小于显著性水平$\alpha=0.01$,即拒绝H_0,表明"年极端最低气温"对"年平均气温"的影响是显著的.对回归变量"年极端最高气温"进行的检验,检验统计量t值为5.86,显著性概率$p=0.000$,小于显著性水平$\alpha=0.01$,即拒绝H_0,表明"年极端最高气温"对"年平均气温"的影响是显著的.由此,建立"年平均气温y关于年极端最高气温x_1(℃)和年极端最低气温x_2(℃)的回归模型为

$$\hat{y}=4.120+0.387x_1+0.466x_2.$$

习 题 6

A组

1. 对某地区生产同一产品的8个不同规模的乡镇企业进行生产费用调查,得产量x(万件)和生产费用y(万元)数据如下:

x	1.5	2	3	4.5	7.5	9.1	10.5	12
y	5.6	6.6	7.2	7.8	10.1	10.8	13.5	16.5

试据此建立 y 关于 x 的回归方程.

2. 在某种产品表面进行腐蚀刻线试验，得到腐蚀深度 y 与腐蚀时间 t 之间对应的一组数据，如下表所示：

t/s	5	10	15	20	30	40	50	60	70	90	120
y/μm	6	10	10	13	16	17	19	23	25	29	46

试求腐蚀深度 y 对时间 t 的回归直线方程.

3. 现收集了 16 组合金钢中的碳含量 x 和强度 y 的数据，求得 $\bar{x}=0.125$，$\bar{y}=45.788$，$L_{xx}=0.3024$，$L_{xy}=25.521$，$L_{yy}=2432.4566$.

(1) 建立一元线性回归方程 $\hat{y}=\hat{\beta}_0+\hat{\beta}_1 x$.

(2) 对建立的回归方程作显著性检验($\alpha=0.05$)?

(3) 求在 $x=0.15$ 时对应 y 的 0.95 的预测区间.

4. 假设 X 是一可控制变量，Y 是一随机变量，服从正态分布. 现在不同的 X 值下分别对 Y 进行观察，得如下数据：

x_i	0.25	0.37	0.44	0.55	0.60	0.62	0.68	0.70	0.73
y_i	2.57	2.31	2.12	1.92	1.75	1.71	1.60	1.51	1.50
x_i	0.75	0.82	0.84	0.87	0.88	0.90	0.95	1.00	
y_i	1.41	1.33	1.31	1.25	1.20	1.19	1.15	1.00	

(1) 假设 X 与 Y 有线性相关关系，求 Y 与 X 样本回归直线方程，并求 $DY=\sigma^2$ 的无偏估计；

(2) 检验 Y 和 X 之间的线性关系是否显著($\alpha=0.05$)；

(3) 求 Y 置信度为 95% 的预测区间；

(4) 为了把 Y 的观察值限制在(1.08,1.68)，需把 x 的值限制在什么范围($\alpha=0.05$)?

B 组

1. 证明某一元线性回归系数 $\hat{\beta}_0$，$\hat{\beta}_1$ 相互独立的充分必要条件是 $\bar{x}=0$.

2. 求证线性回归系数 β_1 和 β_0 的置信水平为 $1-\alpha$ 的置信区间分别为 $\hat{\beta}_1 \pm \frac{\hat{\sigma}}{\sqrt{L_{xx}}} t_{1-\alpha}(n-2)$ 和 $\hat{\beta}_0 \pm \hat{\sigma}\sqrt{\left(\frac{1}{n}+\frac{\bar{x}^2}{L_{xx}}\right)} t_{1-\alpha}(n-2)$，其中 $\hat{\sigma}^2=\frac{S_E^2}{n-2}$.

3. 设 n 组观察值 $(x_i, y_i)(i=1,2,\cdots,n)$ 之间有关系式 $y_i=\beta_0+\beta_1(x_i-\bar{x})$，其中 $\varepsilon_i \sim N(0,\sigma^2)(i=1,2,\cdots,n)$，$\bar{x}=\frac{1}{n}\sum_{i=1}^{n} x_i$，且 $\varepsilon_1,\varepsilon_2,\cdots,\varepsilon_n$ 相互独立，求：

(1) 求 β_0,β_1 的最小二乘估计量 $\hat{\beta}_0,\hat{\beta}_1$；

(2) $\hat{\beta}_0,\hat{\beta}_1$ 的分布.

4. 某矿脉中13个相邻样本点处某种金属的含量 Y 与样本点对原点的距离 X 有如下观察值：

x_i	2	3	4	5	6	8	10
y_i	106.42	108.20	109.58	109.50	110.00	109.93	110.49
x_i	11	14	15	16	18	19	
y_i	110.59	110.60	110.90	110.76	111.00	111.20	

分别按：(1) $y=a+b\sqrt{x}$；(2) $y=a+b\ln x$；(3) $y=a+\frac{b}{x}$ 建立 Y 对 X 的回归方程.

5. 为了研究我国民航客运量的变化趋势及其成因，以民航客运量作为因变量 y，以国民收入 x_1、消费额 x_2、铁路客运量 x_3、民航航线里程 x_4、来华旅游入境人数 x_5 为影响民航客运量的主要因素；根据《1994年统计摘要》获得1978—1993年统计见下表：

民航统计数据表

年　份	y/万人	x_1/亿元	x_2/亿元	x_3/亿元	x_4/万 km	x_5/万人
1978	231	3100	1888	81491	14.89	180.92
1979	298	3350	2195	86389	16.00	420.39
1980	343	3688	2531	92204	19.53	570.25
1981	401	3941	2799	95300	21.82	776.71
1982	445	4258	3054	99922	23.27	792.43
1983	391	4736	3358	106044	22.91	947.70
1984	554	5652	3905	11353	26.02	1285.22
1985	744	7020	4879	112110	27.72	1783.30
1986	997	7859	5552	108579	32.43	2281.95
1987	1310	9313	6386	112429	38.91	2690.23

续表

年份	y/万人	x_1/亿元	x_2/亿元	x_3/亿元	x_4/万 km	x_5/万人
1988	1442	11738	8038	422645	37.38	3169.48
1989	1283	13176	9005	113807	47.19	2450.14
1990	1660	14383	9663	95712	50.68	2746.20
1991	2178	16557	10969	95081	55.91	3335.65
1992	2886	20223	12985	99693	83.66	3311.50
1993	3383	24882	15949	105458	96.08	4152.70

试建立 y 对 x_1,x_2,x_3,x_4,x_5 的线性回归方程，并对回归方程和回归系数作显著性检验，建立最佳回归方程.

Chapter 7

系统聚类分析

在现实生活的各个领域中存在大量的分类研究，构造分类模式的问题. 如商业上需要研究不同的客户群的购买模式特征，针对不同的客户群采用不同的营销策略；对想获得竞争优势的企业，首先就要进行市场细分，市场细分可以帮助企业找到适合自己特色的细分市场，将其作为重点开发目标；在生物学研究中，生物学家为了获得对种群固有结构的认识，需要对动植物和基因进行分类，等等. 如果人们仅仅靠经验和专业知识，只作定性分类处理，许多的分类往往带有主观性和任意性，不能揭示客观事物内在的本质差别和联系，特别是对于多因素或多指标的分类问题，定性分类很难实现准确分类. 聚类分析(cluster analysis)是数理统计中研究"物以类聚"的一种方法，它的职能就是建立一种分类方法，将一批样本或变量，按照它们在性质上的亲疏程度进行分类，而描述其亲疏程度通常有两个途径：一是把每个样本点看成 m 维空间的一个点，定义点与点的某种距离；另一个是用某种相似系数来描述样本点之间的亲疏程度.

7.1 系统聚类分析的原理

7.1.1 相似性度量

用数量化方法对事物进行分类，就必须用数量化方法描述事物之间的相似程度. 一个事物常常需用多个变量来刻画. 如对一群用 p 个变量描述的样本点进行分类，则每个样本点可看成是 p 维空间($\mathbb{R}^p$)的一个点，很自然地想到用距离来度量样本点间的相似程度.

1. 距离

记 Ω 是所有样本点的集合，距离 $d(\cdot,\cdot)$ 是 $\Omega\times\Omega\to\mathbb{R}^+$ 的一个函数，满足条件：

(1) $d(\boldsymbol{x},\boldsymbol{y})\geqslant 0,\boldsymbol{x},\boldsymbol{y}\in\Omega$；

(2) $d(\boldsymbol{x},\boldsymbol{y})=0$，当且仅当 $\boldsymbol{x}=\boldsymbol{y}$；

(3) $d(\boldsymbol{x},\boldsymbol{y})=d(\boldsymbol{y},\boldsymbol{x}),\boldsymbol{x},\boldsymbol{y}\in\Omega$；

(4) $d(\boldsymbol{x},\boldsymbol{y})\leqslant d(\boldsymbol{x},\boldsymbol{z})+d(\boldsymbol{z},\boldsymbol{y}),\boldsymbol{x},\boldsymbol{y},\boldsymbol{z}\in\Omega$.

这一距离的定义是我们所熟知的，它满足正定性、对称性和三角不等式. 在聚类分析中，最常用的是闵科夫斯基(Minkowski)距离

$$d_q(\boldsymbol{x},\boldsymbol{y})=\left[\sum_{k=1}^{p}\mid x_k-y_k\mid^q\right]^{1/q},\quad q>0.$$

当 $q=1,2$ 或 $q\to\infty$ 时，则分别得到：

（1）绝对值距离

$$d_1(\boldsymbol{x},\boldsymbol{y})=\sum_{k=1}^{p}|x_k-y_k|;$$

（2）欧氏距离

$$d_2(\boldsymbol{x},\boldsymbol{y})=\left[\sum_{k=1}^{p}(x_k-y_k)^2\right]^{1/2};$$

（3）切比雪夫(Chebyshev)距离

$$d_\infty(\boldsymbol{x},\boldsymbol{y})=\max_{1\leqslant k\leqslant p}|x_k-y_k|.$$

欧氏距离是闵科夫斯基距离中最常用的距离. 采用欧氏距离时，量纲应该相同，为克服量纲的影响，一般需要将数据标准化，然后再计算距离. 闵科夫斯基距离是假定变量之间不存在变量的多重相关性，因为多重相关性会造成信息的叠加，片面强调某些变量的重要性. 有人采用马氏距离克服多重相关性，如果 $\boldsymbol{x},\boldsymbol{y}$ 是来自 p 维总体的样本观察值，$\boldsymbol{S}^{-1}$ 为样本协方差阵的逆矩阵，则马氏距离定义为

$$d^2(\boldsymbol{x},\boldsymbol{y})=(\boldsymbol{x}-\boldsymbol{y})^{\mathrm{T}}\boldsymbol{S}^{-1}(\boldsymbol{x}-\boldsymbol{y}).$$

马氏距离虽然可以排除变量之间相关性的干扰，并且不受量纲的影响，但在聚类分析处理以前，如果用全部数据计算的均值和协方差矩阵来计算马氏距离，效果不是很好. 比较合理的办法是用各个类的样本来计算各自的协方差矩阵，同一类样本的马氏距离应当用这一类的协方差矩阵来计算，而类的形成都要依赖于样本点之间的距离，而样本点间合理的马氏距离又依赖于分类，这就形成了恶性循环.

聚类分析方法不仅用来对样本点进行分类，而且还需对变量进行分类，在对变量进行分类时，通常采用相似系数来表示变量之间的亲疏程度，常见的相似系数有相关系数、夹角余弦和指数相似系数，此处我们只介绍相关系数.

2. 相关系数

记变量 $\boldsymbol{x}_j=(x_{1j},\cdots,x_{nj})^{\mathrm{T}}\in\mathbb{R}^n,j=1,2,\cdots,p$，则可以用两变量 $\boldsymbol{x}_j$ 与 $\boldsymbol{x}_k$ 的样本相关系数 r_{jk} 作为它们的相似性度量，其中

$$r_{jk}=\frac{\sum_{i=1}^{n}(x_{ij}-\bar{x}_j)(x_{ik}-\bar{x}_k)}{\left[\sum_{i=1}^{n}(x_{ij}-\bar{x}_j)^2\sum_{i=1}^{n}(x_{ik}-\bar{x}_k)^2\right]^{1/2}},$$

则 $|r_{jk}|\leqslant 1(j,k=1,2,\cdots,p)$. 变量之间的相关系数组成的矩阵称为相关系数矩阵

$$\boldsymbol{R}=\begin{bmatrix}1 & r_{12} & \cdots & r_{1p}\\ r_{21} & 1 & \cdots & r_{2p}\\ \vdots & \vdots & \ddots & \vdots\\ r_{p1} & r_{p2} & \cdots & 1\end{bmatrix}.$$

相关系数矩阵 $\boldsymbol{R}$ 是一个实对称阵，通常用上三角矩阵或下三角矩阵来表示.

3. 类与类间的相似性度量

在聚类过程中，不仅需要计算样本点间的相似性度量，还需要计算类与类之间的相似性度量. 设 G_1 和 G_2 是两个样本类，两个样本类的距离可采用最短距离法、最长距离法和重心法等进行度量.

(1) 最短距离法(两类中最近两点间的距离定义为两类之间的距离)

$$d(G_1,G_2)=\min_{\substack{\boldsymbol{x}_i\in G_1\\ \boldsymbol{x}_j\in G_2}}\{d(\boldsymbol{x}_i,\boldsymbol{x}_j)\};$$

(2) 最长距离法(两类中最远两点间的距离定义为两类之间的距离)

$$d(G_1,G_2)=\max_{\substack{\boldsymbol{x}_i\in G_1\\ \boldsymbol{x}_j\in G_2}}\{d(\boldsymbol{x}_i,\boldsymbol{x}_j)\};$$

(3) 重心法(两类的重心之间的距离定义为两类之间的距离)

$d(G_1,G_2)=d(\bar{\boldsymbol{x}},\bar{\boldsymbol{y}})$,其中$\bar{\boldsymbol{x}},\bar{\boldsymbol{y}}$ 分别为 G_1,G_2 的重心.

7.1.2 系统聚类法

聚类分析有多种不同的聚类方法,其中应用最多、最成熟的方法是系统聚类法,也称分层聚类法.系统聚类分析首先将每个样本点视为一类,根据类与类之间的距离或相似程度将最相似的类加以合并,再计算新类与其他类之间的相似程度,并选择最相似的类加以合并,这样每合并一次就减少一类,不断重复这一过程,直到所有样本点合并为一类为止.系统聚类法可指出由粗到细的多种分类情况,其聚类结果可用一个聚类图展示出来.

类与类之间的距离定义不同,系统聚类法的聚类结果也不同,下面以最短距离法为例说明系统聚类法的步骤.

步骤1 计算样本点两两之间的距离,得一上三角距离矩阵 $\boldsymbol{D}_{(0)}$,每个样本点初始自成一类,这时第 i 类与第 j 类之间的距离就是第 i 个样本点与第 j 个样本点之间的距离 d_{ij}.

步骤2 找出上三角矩阵 $\boldsymbol{D}_{(0)}$ 中非零的最小元素,设为 D_{pq},则将 G_p 和 G_q 合并成一个新类,记为 G_r,即 $G_r=\{G_p,G_q\}$.

步骤3 计算新类 G_r 与其他类 $G_k(k\neq p,q)$ 的距离 d_{kr} 得到新的上三角距离矩阵 $\boldsymbol{D}_{(1)}$. d_{kr} 按照下式计算:

$$d_{kr}=\min\{d(G_k,G_p),d(G_k,G_q)\}.$$

步骤4 找出 $\boldsymbol{D}_{(1)}$ 中非零的最小元素,将对应的两类合并成一个新类,再计算新类与其他类的距离,得到一个新的上三角距离矩阵 $\boldsymbol{D}_{(2)}$;如此下去,直到所有的元素并成一类为止.

例7.1 有5个项目经理 $\boldsymbol{w}_1,\boldsymbol{w}_2,\boldsymbol{w}_3,\boldsymbol{w}_4,\boldsymbol{w}_5$ 的年度工作业绩由二维变量 v_1(项目完成量),v_2(回收款项)进行考核,采集的数据见表7.1.

表7.1 项目经理工作业绩统计表

项目经理	v_1(项目完成量)	v_2(回收款项/万元)
$\boldsymbol{w}_1$	1	3
$\boldsymbol{w}_2$	1	1
$\boldsymbol{w}_3$	3	2
$\boldsymbol{w}_4$	4	3
$\boldsymbol{w}_5$	2	4

采用绝对值距离度量点与点之间的距离,最短距离法度量类与类之间的距离,对5个项目经理进行系统聚类,用以确定项目经理的绩效等级.

解 样本的散点图如图 7.1 所示.

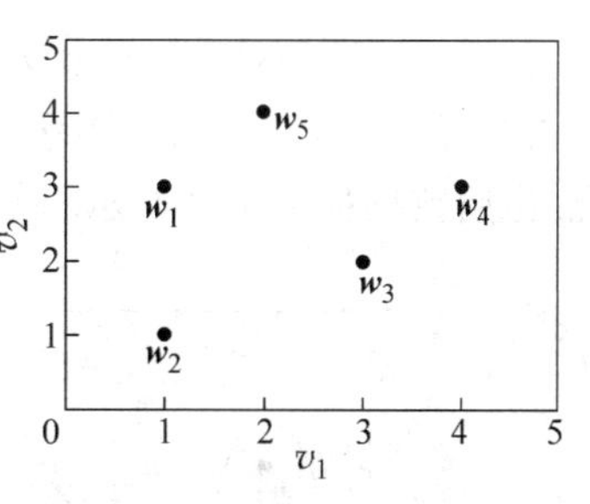

图 7.1 样本散点图

此时距离公式为

$$d(\boldsymbol{w}_i,\boldsymbol{w}_j)=\sum_{k=1}^{p}|x_{ik}-y_{jk}|,$$

$$D(G_p,G_q)=\min_{\substack{\boldsymbol{w}_i\in G_p\\ \boldsymbol{w}_j\in G_q}}\{d(\boldsymbol{w}_i,\boldsymbol{w}_j)\}.$$

步骤 1 所有的元素自成一类 $G_1=\{\boldsymbol{w}_1\},G_2=\{\boldsymbol{w}_2\},\cdots,G_5=\{\boldsymbol{w}_5\}$. 初始上三角距离矩阵为

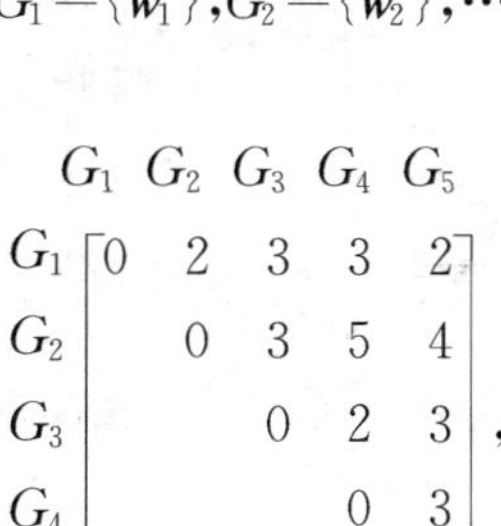

$$\begin{array}{c|ccccc} & G_1 & G_2 & G_3 & G_4 & G_5 \\ \hline G_1 & 0 & 2 & 3 & 3 & 2 \\ G_2 & & 0 & 3 & 5 & 4 \\ G_3 & & & 0 & 2 & 3 \\ G_4 & & & & 0 & 3 \\ G_5 & & & & & 0 \end{array},$$

非零的最小距离为 2,不妨合并 G_1 和 G_2 为一个新类 $G_6=\{G_1,G_2\}$.

步骤 2 用最短距离法计算$\{G_3,G_4,G_5,G_6\}$中类与类之间的距离,得到新的上三角距离矩阵

$$\begin{array}{c|cccc} & G_3 & G_4 & G_5 & G_6 \\ \hline G_3 & 0 & 2 & 3 & 3 \\ G_4 & & 0 & 3 & 3 \\ G_5 & & & 0 & 2 \\ G_6 & & & & 0 \end{array},$$

非零的最小距离为 2,不妨合并 G_3 和 G_4 为一个新类 $G_7=\{G_3,G_4\}$.

步骤 3 用最短距离法计算$\{G_5,G_6,G_7\}$中类与类之间的距离,得到新的上三角距离矩阵

$$\begin{array}{c|ccc} & G_5 & G_6 & G_7 \\ \hline G_5 & 0 & 2 & 3 \\ G_6 & & 0 & 3 \\ G_7 & & & 0 \end{array},$$

非零的最小距离为 2,合并 G_5 和 G_6 为一个新类 $G_8=\{G_5,G_6\}$. 此时的分类情形如图 7.2 所示.

步骤 4 用最短距离法计算$\{G_7,G_8\}$中类与类之间的距离为 3,最后合并为 $G_9=\{G_7,G_8\}$. 系统聚类完成.

上述聚类过程也可用系统聚类示意图表达(见图 7.3),纵坐标的刻度是并类的距离.

根据聚类示意图就可以按要求进行分类. 从图 7.3 可以看出: 5 个项目经理中 $\boldsymbol{w}_3$ 和 $\boldsymbol{w}_4$ 的工作成绩良好,而 $\boldsymbol{w}_1,\boldsymbol{w}_2$ 和 $\boldsymbol{w}_5$ 的工作成绩稍差. 如果采用最长距离法来度量该例题类间的距离,得到的系统聚类结果与过程示意图分别见图 7.4 中的(a)和(b).

例 7.2 为了更深入地了解我国人口的文化程度状况,现利用某一年全国人口普查数据对全国 30 个省、直辖市、自治区进行聚类分析. 分析选用了大学以上文化程度的人口占全

部人口的比例(DXBZ)、初中文化程度的人口占全部人口的比例(CZBZ)和文盲及半文盲人口占全部人口的比例(WMBZ)三个指标,分别用来反映较高、中等、较低文化程度人口的状况.原始数据如表7.2所示.

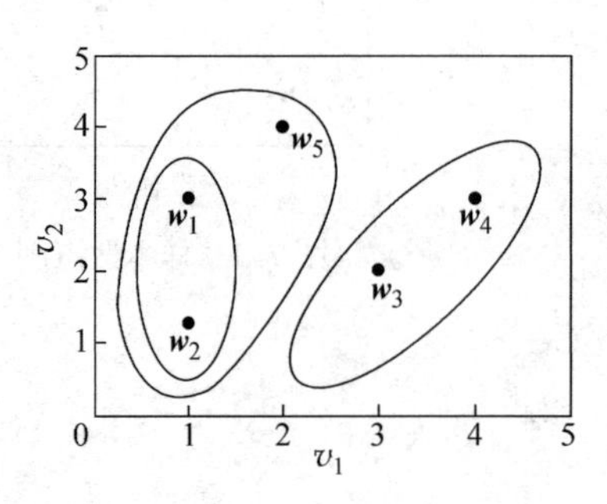

图7.2 最短距离法聚类中间过程

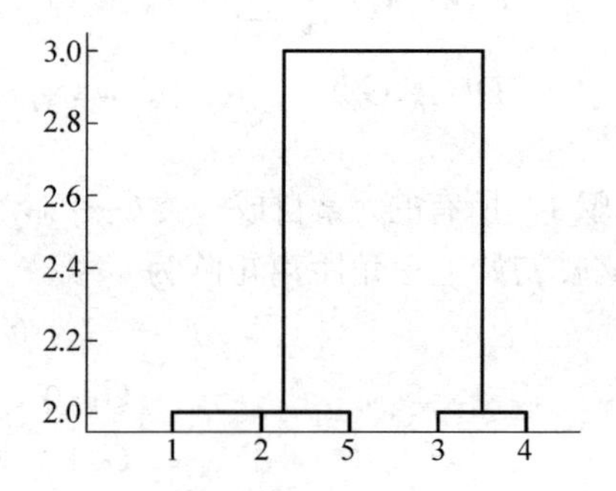

图7.3 最短距离法系统聚类示意图

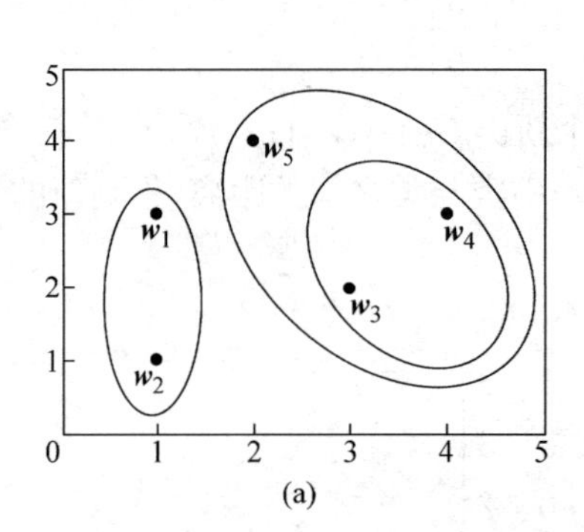

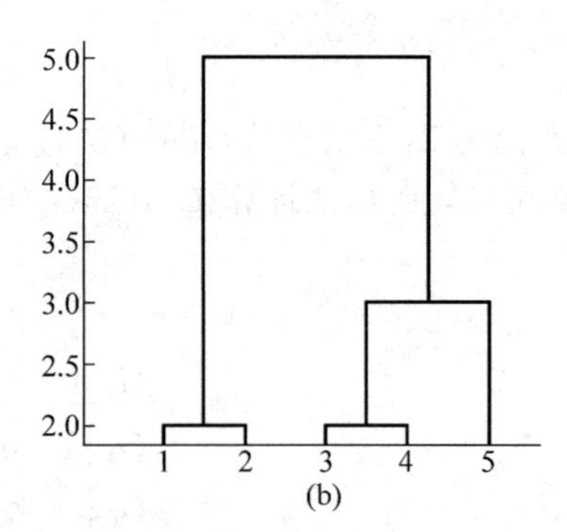

图7.4 最长距离法系统聚类结果与过程示意图

表7.2 某年全国人口普查文化程度人口比例(%)

地区	序号	DXBZ	CZBZ	WMBZ
北京	1	9.30	30.55	8.70
天津	2	4.67	29.38	8.92
河北	3	0.96	24.69	15.21
山西	4	1.38	29.24	11.30
内蒙	5	1.48	25.47	15.39
辽宁	6	2.60	32.32	8.81
吉林	7	2.15	26.31	10.49
黑龙江	8	2.14	28.46	10.87
上海	9	6.53	31.59	11.04
江苏	10	1.47	26.43	17.23
浙江	11	1.17	23.74	17.46
安徽	12	0.88	19.97	24.43

续表

地区	序号	DXBZ	CZBZ	WMBZ
福建	13	1.23	16.87	15.63
江西	14	0.99	18.84	16.22
山东	15	0.98	25.18	16.87
河南	16	0.85	26.55	16.15
河北	17	1.57	23.16	15.79
湖南	18	1.14	22.57	12.10
广东	19	1.34	23.04	10.45
广西	20	0.79	19.14	10.61
海南	21	1.24	22.53	13.97
四川	22	0.96	21.65	16.24
贵州	23	0.78	14.65	24.27
云南	24	0.81	13.85	25.44
西藏	25	0.57	3.85	44.43
陕西	26	1.67	24.36	17.62
甘肃	27	1.10	16.85	27.93
青海	28	1.49	17.76	27.70
宁夏	29	1.61	20.27	22.06
新疆	30	1.85	20.66	12.75

数据来源:《中国计划生育全书》第 886 页(中国人口出版社,1997).

本例采用样本点之间的相关系数作为距离. 由于相关系数可能为负数,为了调整为正值,在软件中常常是以 $1-r$ 作为样本点距离进行计算. 使用最长距离法进行系统聚类,计算结果按样本点序号画出聚类过程示意图,如图 7.5 所示.

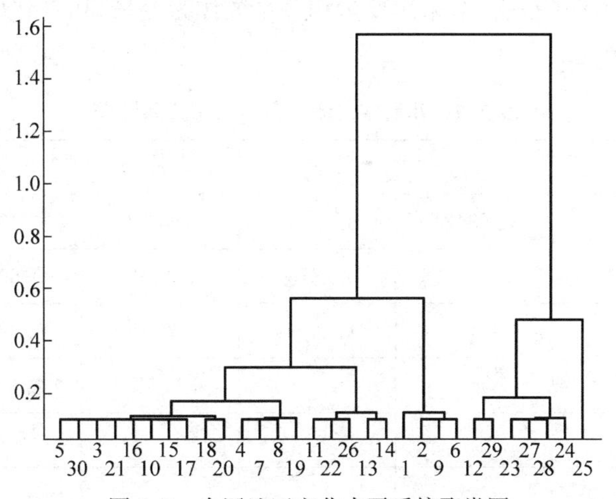

图 7.5 全国地区文化水平系统聚类图

根据聚类图把30个样本点分为四类能更好地反映当时我国的实际情况.

第一类：北京、天津、山西、辽宁、吉林、黑龙江、上海.其中大多是东部经济、文化较发达的地区.

第二类：安徽、宁夏、青海、甘肃、云南、贵州.其中大多是西部经济、文化发展较慢的地区.

第三类：西藏.经济、文化较落后的地区.

第四类：其他省、直辖市、自治区.经济、文化在全国处于中等水平.

例7.3 对10位学龄前儿童的6个智力测试项目得分数据如表7.3所示，试对智力测试的项目进行分类.

表7.3 学龄前儿童智力测验数据

学生编号＼测试项目	x_1（识字）	x_2（算术）	x_3（理解）	x_4（填图）	x_5（积木）	x_6（译码）
1	14	13	28	14	22	39
2	10	14	15	14	34	35
3	11	12	19	13	24	39
4	7	7	7	9	20	23
5	13	12	24	12	26	38
6	19	14	22	16	23	37
7	20	16	26	21	38	69
8	9	10	14	9	31	46
9	9	8	15	13	14	46
10	9	9	12	10	23	46

由于这里是对变量进行聚类，采用变量相关系数作为变量间的相似程度.由数据获得各变量之间的相关系数见表7.4.

表7.4 儿童智力测验各项目相关系数阵

	x_1	x_2	x_3	x_4	x_5	x_6
x_1	1	0.8342	0.8119	0.8734	0.4052	0.5296
x_2		1	0.7815	0.8301	0.6937	0.4502
x_3			1	0.7091	0.2783	0.4454
x_4				1	0.4563	0.6373
x_5					1	0.5003
x_6						1

考虑到相关系数越大，变量越相近，从距离来讲应越小. 以 $1-r$ 作为变量距离，采用最大距离法，对这 6 个变量进行系统聚类. 其聚类过程示意图如图 7.6 所示.

可以看出，学龄前儿童的智力变量中，识字和填图是非常相近的一类，反映了儿童的平面记忆能力. 从更宽的眼光来看，算术和理解也可归入识字与填图一类，反映了儿童掌握知识的能力. 最后，积木与译码是与众不同的一类，反映儿童空间想象和空间组合的思维能力. 通过聚类分析，可以对学龄前儿童的智力水平和发展潜力作出客观的评估.

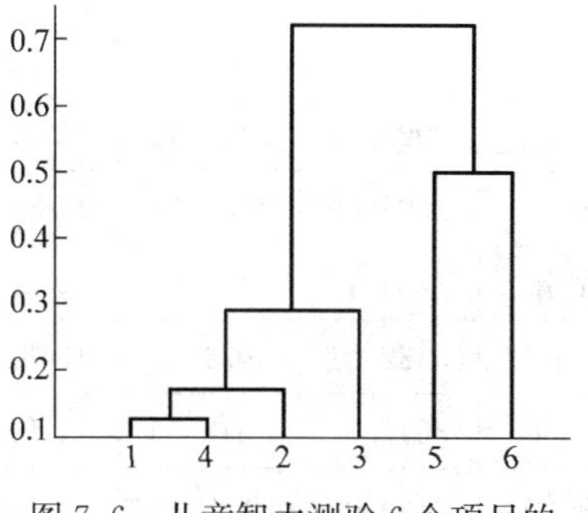

图 7.6 儿童智力测验 6 个项目的聚类过程示意图

7.2 案例及统计分析软件的训练

训练项目 系统聚类

案例 现有我国 2010 年 31 个省、市、自治区和直辖市的城镇居民家庭平均每人全年消费性支出的 8 个主要变量数据如表 7.5 所示.

表 7.5 2010 年各地区城镇家庭平均每人全年消费性支出 单位：元

地 区	食 品	衣 着	居 住	家庭用品及服务	医疗保健	交通和通信	教育文化娱乐服务	杂项商品和服务
北京	5196.37	1787.56	1469.23	1055.39	1435.06	2563.52	2709.35	887.27
天津	4462.31	1227.30	1873.28	925.92	1405.77	1522.01	1914.10	835.00
河北	3170.56	1094.04	1263.66	656.67	959.31	1248.56	1167.79	519.66
山西	2796.99	1263.59	1288.79	638.77	778.39	1180.28	1315.40	669.36
内蒙古	3063.89	1552.26	1205.76	752.43	899.56	1340.45	1505.77	931.65
辽宁	3803.68	1147.62	1507.09	587.38	1120.52	1195.86	1333.53	580.62
吉林	3130.40	1384.67	1347.06	544.31	1101.36	1066.53	1287.97	770.50
黑龙江	2879.99	1157.32	1281.20	533.90	1000.27	977.76	1172.51	499.42
上海	6444.04	1561.29	1902.31	1078.10	1025.24	3355.96	2954.40	1069.15
江苏	4096.99	1214.01	1461.37	849.31	892.47	1469.99	1993.95	585.74
浙江	5326.81	1512.39	1571.94	789.66	1075.51	2679.26	2481.57	885.94
安徽	3691.08	1164.47	1284.61	521.45	789.50	1090.54	1418.30	933.00
福建	4526.86	1103.27	1669.75	761.97	670.07	1771.87	1681.27	630.07
江西	3593.57	1106.59	938.79	731.38	619.76	948.42	1267.60	901.68
山东	3397.13	1385.28	1443.69	769.49	931.08	1563.59	1483.30	532.63

续表

地　区	食　品	衣　着	居　住	家庭用品及服务	医疗保健	交通和通信	教育文化娱乐服务	杂项商品和服务
河南	2926.71	1159.12	1222.38	610.58	861.89	1079.48	1227.87	657.66
湖北	3608.79	1184.61	1181.10	603.94	662.11	1128.14	1406.37	723.09
湖南	3654.40	1146.67	1076.06	711.95	907.80	1160.59	1573.91	462.30
广东	5422.81	1094.65	1863.03	909.68	921.83	3184.90	2290.39	830.09
广西	3617.32	812.74	1159.31	637.64	680.16	1126.29	1341.48	591.01
海南	3705.00	650.21	1130.58	713.73	696.48	1594.64	1094.17	396.04
重庆	3959.04	1343.03	1301.65	868.03	1011.04	1304.91	1558.46	722.34
四川	3761.80	1062.39	950.79	754.12	660.82	1304.40	1287.94	504.15
贵州	3463.82	1163.84	994.10	540.66	551.98	1101.71	1364.65	628.88
云南	3846.31	1058.87	983.60	362.84	846.00	1193.63	951.50	607.48
西藏	4089.17	1037.21	1007.63	361.69	529.49	1042.92	713.34	638.83
陕西	3399.84	1111.02	1312.71	585.86	950.84	1055.30	1529.69	614.97
甘肃	3002.80	1046.34	1103.72	562.32	690.60	1014.85	1304.58	872.54
青海	3084.74	1191.35	1101.84	555.52	755.42	991.33	1223.65	781.30
宁夏	2946.38	1101.20	1162.20	573.93	907.03	1016.59	1144.52	470.89
新疆	3160.87	1365.00	968.00	574.91	739.91	1082.96	1166.69	526.30

根据表中数据，对这31个地区进行聚类并最终聚成5类.

R软件　R软件对样本的聚类分析是通过hclust()函数来实现的.在对数据进行聚类分析前，为了克服量纲的影响，需要先对数据进行标准化，然后用hclust()做聚类分析，用plot()函数画出聚类谱系图，用rect.hclust()将地区分成5类.

```
#数据准备,将所有的数据放入数据框,同时对每行数据进行命名.
>X=data.frame(
+x1=c(5196.37,4462.31,3170.56,2796.99,3063.89,3803.68,3130.40,2879.99,
+6444.04,4096.99,5326.81,3691.08,4526.86,3593.57,3397.13,2926.71,
+3608.79,3654.40,5422.81,3617.32,3705.00,3959.04,3761.80,3463.82,
+3846.31,4089.17,3399.84,3002.80,3084.74,2946.38,3160.87),
+x2=c(1787.56,1227.30,1094.04,1263.59,1552.26,1147.62,1384.67,1157.32,
+1561.29,1214.01,1512.39,1164.47,1103.27,1106.59,1385.28,1159.12,
+1184.61,1146.67,1094.65,812.74,650.21,1343.03,1062.39,1163.84,
+1058.87,1037.21,1111.02,1046.34,1191.35,1101.20,1365.00),
+x3=c(1469.23,1873.28,1263.66,1288.79,1205.76,1507.09,1347.06,1281.20,
+1902.31,1461.37,1571.94,1284.61,1669.75,938.79,1443.69,1222.38,
+1181.10,1076.06,1863.03,1159.31,1130.58,1301.65,950.79,994.10,
```

```
+983.60,1007.63,1312.71,1103.72,1101.84,1162.20,968.00 ),
+x4=c(1055.39,925.92,656.67,638.77,752.43,587.38,544.31,533.90,
+1078.10,849.31,789.66,521.45,761.97,731.38,769.49,610.58,
+603.94,711.95,909.68,637.64,713.73,868.03,754.12,540.66,
+362.84,361.69,585.86,562.32,555.52,573.93,574.91 ),
+x5=c(1435.06,1405.77,959.31,778.39,899.56,1120.52,1101.36,1000.27,
+1025.24,892.47,1075.51,789.50,670.07,619.76,931.08,861.89,
+662.11,907.80,921.83,680.16,696.48,1011.04,660.82,551.98,
+846.00,529.49,950.84,690.60,755.42,907.03,739.91 ),
+x6=c(2563.52,1522.01,1248.56,1180.28,1340.45,1195.86,1066.53,977.76,
+3355.96,1469.99,2679.26,1090.54,1771.87,948.42,1563.59,1079.48,
+1128.14,1160.59,3184.90,1126.29,1594.64,1304.91,1304.40,1101.71,
+1193.63,1042.92,1055.30,1014.85,991.33,1016.59,1082.96 ),
+x7=c(2709.35,1914.10,1167.79,1315.40,1505.77,1333.53,1287.97,1172.51,
+2954.40,1993.95,2481.57,1418.30,1681.27,1267.60,1483.30,1227.87,
+1406.37,1573.91,2290.39,1341.48,1094.17,1558.46,1287.94,1364.65,
+951.50,713.34,1529.69,1304.58,1223.65,1144.52,1166.69 ),
+x8=c(887.27,835.00,519.66,669.36,931.65,580.62,770.50,499.42,
+1069.15,585.74,885.94,933.00,630.07,901.68,532.63,657.66,
+723.09,462.30,830.09,591.01,396.04,722.34,504.15,628.88,
+607.48,638.83,614.97,872.54,781.30,470.89,526.30 ),
+row.names=c('北京','天津','河北','山西','内蒙古','辽宁','吉林','黑龙江',
+'上海','江苏','浙江','安徽','福建','江西','山东','河南',
+'湖北','湖南','广东','广西','海南','重庆','四川','贵州',
+'云南','西藏','陕西','甘肃','青海','宁夏','新疆')
+)
```

对数据进行标准化：

```
>d=dist(scale(X))    #对数据进行标准化,并计算标准化后数据的距离。
```

这里，函数 scale()表示对数据进行中心化或标准化处理，其调用格式为

```
scale(x,center=TRUE,scale=TRUE)
```

其中，center 是逻辑变量，TRUE(系统默认值)表示对数据作中心化处理，FALSE 表示不作中心化处理，scale=TRUE(系统默认值)表示对数据作标准化处理，FALSE 表示不作标准化处理.

函数 dist()表示计算数据的各种距离，调用格式为

```
dist(x,method="Euclidean",diag=FALSE, upper=FALSE)
```

其中，x 为样本数据构成的数据框，method 表示计算距离的方法，可以是欧几里得距离"Euclidean"，切比雪夫距离"maximum"，绝对值距离"manhattan"，Lance 距离"Canberra". 其中前三种用于计算样本间的距离，最后一种用于计算变量间的距离. diag=TRUE 表示输

出对角线上的距离，upper＝TRUE 表示输出距离矩阵为上三角矩阵.

R 软件可采用不同的方法进行聚类分析，系统聚类分析使用的函数为 hclust()，该函数的调用方式为

```
hclust(d,method="complete")
```

其中，d 是由"dist"构成的距离结构，method 规定了使用的聚类方法，如最短距离法"single"，最长距离法"complete"(系统默认值)，中间距离法"median"，类平均法"average"，重心法"centroid"，离差平方和法"ward". 并绘出图 7.7(a)和图 7.7(b)所示的谱系图.

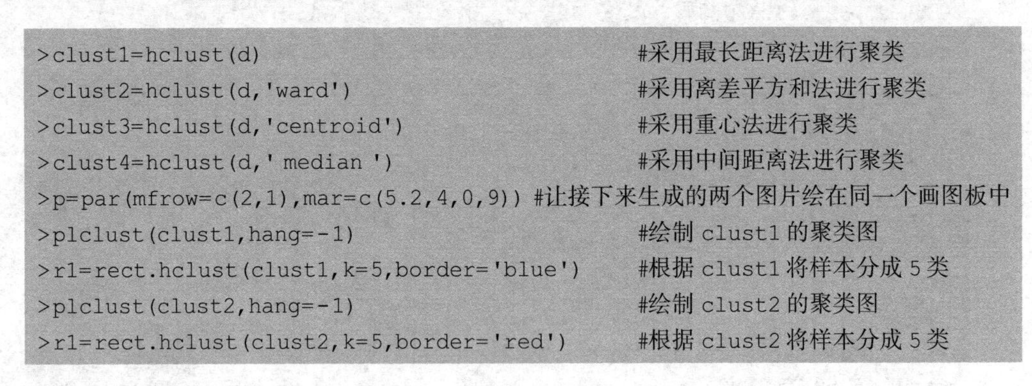

```
>clust1=hclust(d)                                  #采用最长距离法进行聚类
>clust2=hclust(d,'ward')                           #采用离差平方和法进行聚类
>clust3=hclust(d,'centroid')                       #采用重心法进行聚类
>clust4=hclust(d,' median ')                       #采用中间距离法进行聚类
>p=par(mfrow=c(2,1),mar=c(5.2,4,0,9)) #让接下来生成的两个图片绘在同一个画图板中
>plclust(clust1,hang=-1)                           #绘制 clust1 的聚类图
>r1=rect.hclust(clust1,k=5,border='blue')          #根据 clust1 将样本分成 5 类
>plclust(clust2,hang=-1)                           #绘制 clust2 的聚类图
>r1=rect.hclust(clust2,k=5,border='red')           #根据 clust2 将样本分成 5 类
```

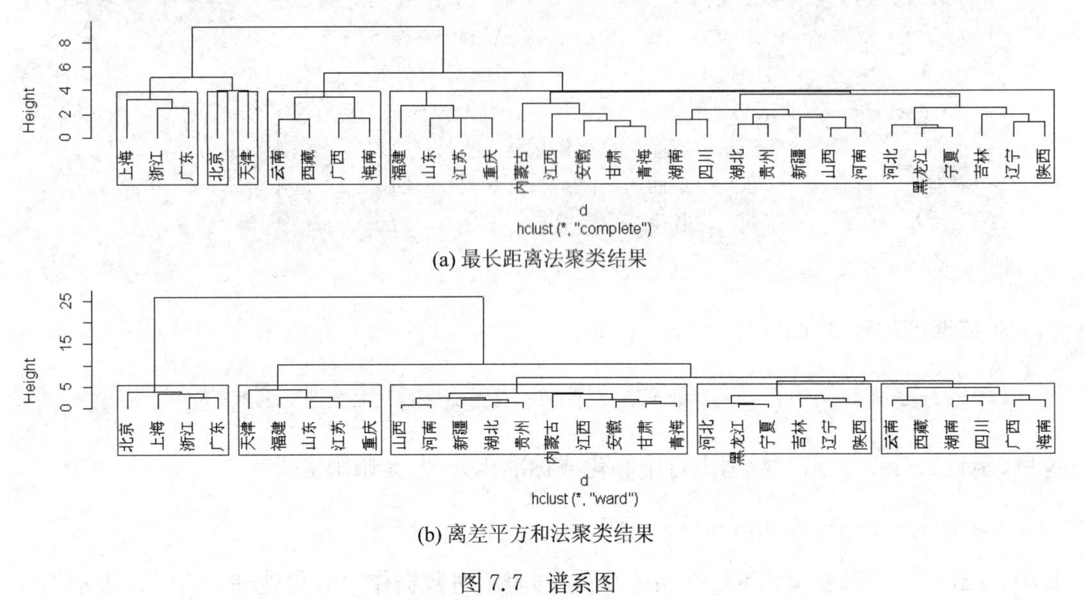

(a) 最长距离法聚类结果

(b) 离差平方和法聚类结果

图 7.7 谱系图

(1) 按照最长距离法得到的 5 类分别为(参见图 7.7(a))：

第 1 类：上海，浙江，广东；

第 2 类：北京；

第 3 类：天津；

第 4 类：云南，西藏，广西，海南；

第 5 类：福建，山东，江苏，重庆，内蒙古，江西，安徽，青海，甘肃，湖南，四川，湖北，贵州，新疆，山西，河南，河北，黑龙江，宁夏，吉林，辽宁，陕西.

(2) 按照离差平方和法得到的 5 类分别为(参见图 7.7(b)):

第 1 类:北京,上海,浙江,广东;

第 2 类:天津,福建,山东,江苏,重庆;

第 3 类:山西,河南,新疆,湖北,贵州,内蒙古,江西,安徽,甘肃,青海;

第 4 类:河北,黑龙江,宁夏,吉林,辽宁,陕西;

第 5 类:四川,云南,西藏,广西,海南,湖南.

```
#绘制重心法和中间距离法的谱系图
>p=par(mfrow=c(2,1),mar=c(5.2,4,0,9))         #让接下来生成的两个图片绘在同一个画图板中
>plclust(clust3,hang=-1)                       #绘制 clust3 的聚类图
>r1=rect.hclust(clust1,k=5,border='blue')      #根据 clust3 将样本分成 5 类
>plclust(clust4,hang=-1)                       #绘制 clust4 的聚类图
>r1=rect.hclust(clust2,k=5,border='red')       #根据 clust4 将样本分成 5 类
```

(3) 按照重心法得到的 5 个类别为(参见图 7.8(a)):

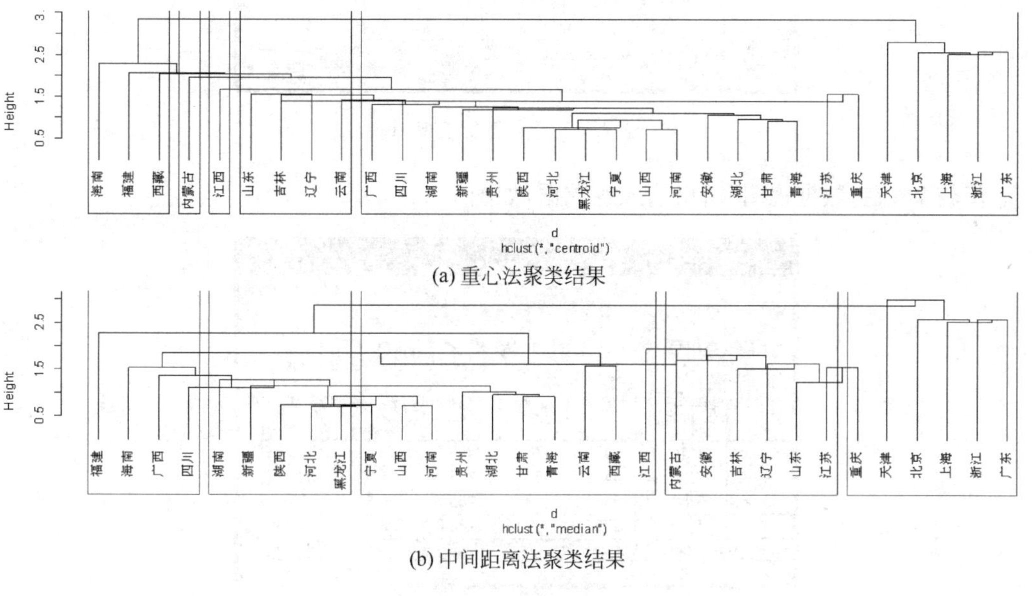

(a) 重心法聚类结果

(b) 中间距离法聚类结果

图 7.8 谱系图

第 1 类:海南,福建,西藏;

第 2 类:内蒙古;

第 3 类:江西;

第 4 类:山东,吉林,辽宁,云南;

第 5 类:河北,黑龙江,宁夏,陕西,天津,江苏,重庆,安徽,甘肃,青海,山西,河南,新疆,湖北,贵州,四川,广西,湖南,北京,上海,浙江,广东.

(4) 由中间距离法得到的 5 个分类为(参见图 7.8(b)):

第 1 类:福建,海南,广西,四川;

第 2 类:湖南,新疆,陕西,河北,黑龙江;

第3类：宁夏，山西，河南，湖北，贵州，甘肃，青海，云南，西藏，江西；

第4类：内蒙古，安徽，吉林，辽宁，山东，江苏；

第5类：北京，上海，浙江，广东，天津，重庆.

由上述4种方法可以看到，有的类是相同的，有的不同，此时可根据具体的问题与背景确定哪种聚类结果更为合理.

SPSS 软件 SPSS软件可通过模块“系统聚类法”实现对样本或变量的聚类，具体步骤如下.

步骤1 在“变量视图”窗口定义各变量，如图7.9所示.

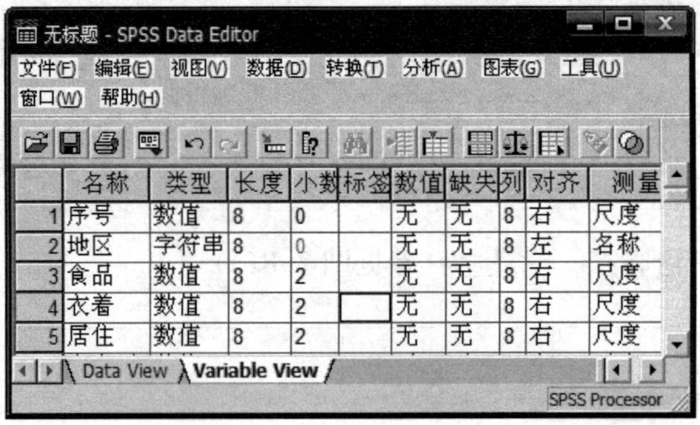

无标题 - SPSS Data Editor

文件(F) 编辑(E) 视图(V) 数据(D) 转换(T) 分析(A) 图表(G) 工具(U) 窗口(W) 帮助(H)

	名称	类型	长度	小数	标签	数值	缺失	列	对齐	测量
1	序号	数值	8	0		无	无	8	右	尺度
2	地区	字符串	8	0		无	无	8	左	名称
3	食品	数值	8	2		无	无	8	右	尺度
4	衣着	数值	8	2		无	无	8	右	尺度
5	居住	数值	8	2		无	无	8	右	尺度

Data View Variable View SPSS Processor

图7.9 定义名变量视图

步骤2 在“数据视图”窗口输入各数据，如图7.10所示.

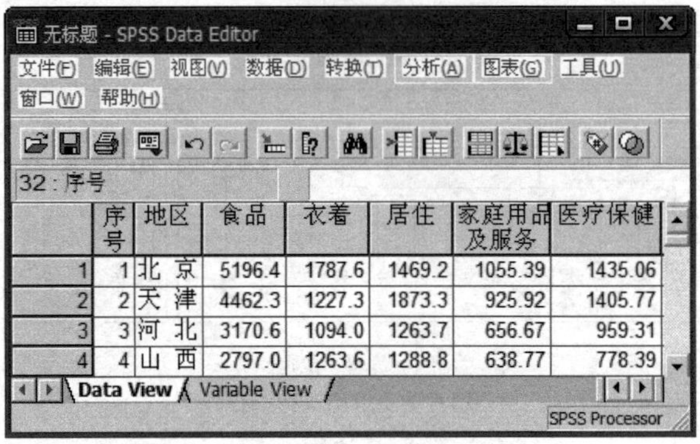

无标题 - SPSS Data Editor

文件(F) 编辑(E) 视图(V) 数据(D) 转换(T) 分析(A) 图表(G) 工具(U) 窗口(W) 帮助(H)

32 : 序号

	序号	地区	食品	衣着	居住	家庭用品及服务	医疗保健
1	1	北 京	5196.4	1787.6	1469.2	1055.39	1435.06
2	2	天 津	4462.3	1227.3	1873.3	925.92	1405.77
3	3	河 北	3170.6	1094.0	1263.7	656.67	959.31
4	4	山 西	2797.0	1263.6	1288.8	638.77	778.39

Data View Variable View SPSS Processor

图7.10 人均消费支出数据视图

步骤3 在工具栏中选择“分析→分类→系统聚类(H)…”命令，弹出“分层聚类分析”框，将变量“地区”移入“按…标签观测量”栏，将变量中“序号”外的所有变量移入“变量”栏，如图7.11所示.单击“统计量”按钮，弹出“统计量”对话框，选中“合并进程表”选项，然后继续.单击“绘制”按钮，在弹出的“分层聚类分析：图”对话框中，选中“树状图”复选框，然后继续.单击“方法”按钮，在弹出的“分层聚类分析：方法”对话框中，对聚类方法，选择最远邻元素法，对转换值栏，标准化方法采用“Z得分”方法，并选中“按照变量”单选项.然后继续.单击“保存”按钮，在弹出的“分层聚类分析：保存”对话框中，可以选择需要保存的分类结果，若选择“无”，则不保存；若选择“单一方案”，则需设定需要保存的分类个数；若选择“方案范围”,则对设定的“最小聚类数”和“最大聚类数”之间的聚类结果都进行保存.本例选择“单一方案”,且需保存的聚类数为“5”,即保存将所有地区分成5类的分类结果,见图7.12.然后继续,并单击“确定”按钮,可输出聚类分析树状图,见图7.13.同时,聚类数为5类时的聚类结果保存在“数据视图”窗口,如图7.14所示.

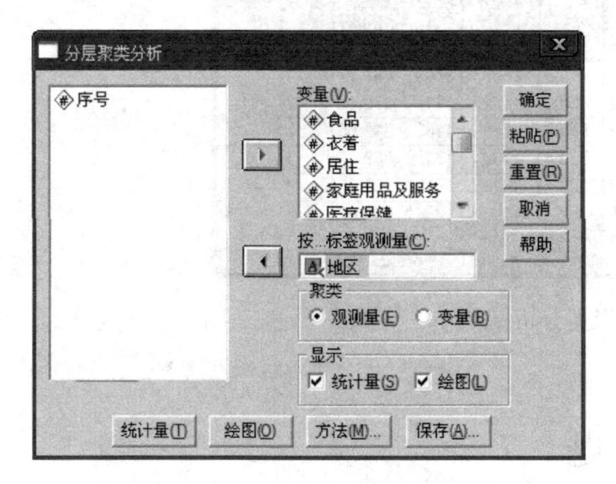

图7.11 分层聚类分析

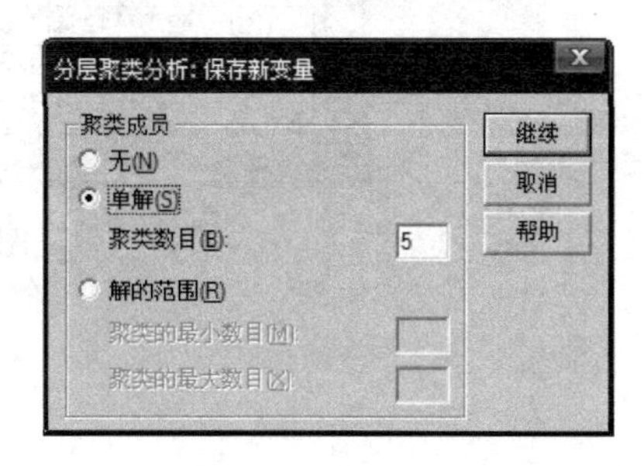

图7.12 保存

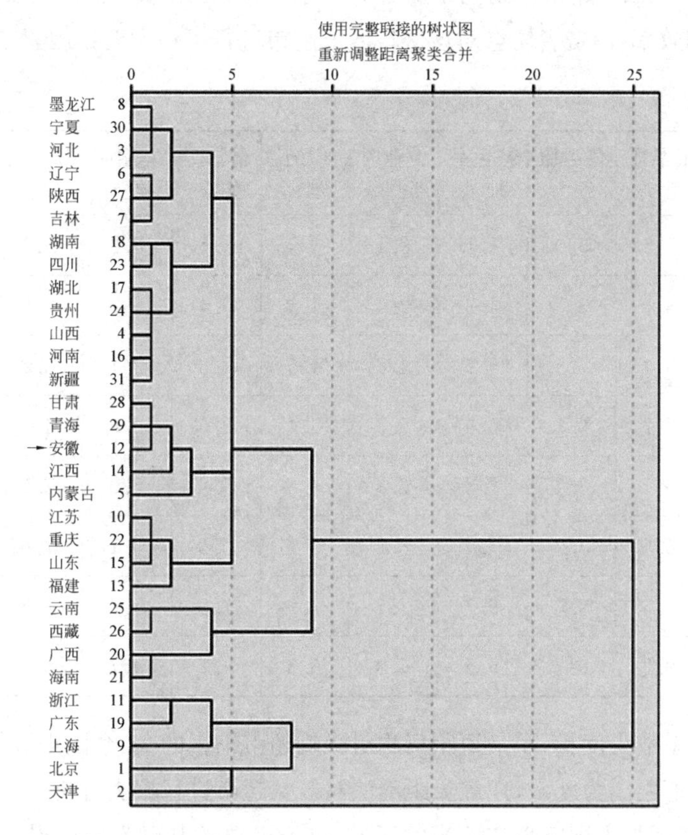

图7.13 聚类分析树状图

由图7.14可见,“数据视图”窗口新增一变量“CLU5_1”,用来保存分成5类时的聚类结果,“1”表示样本分在了第一类,“2”表示样本分在了第二类,其他类似.

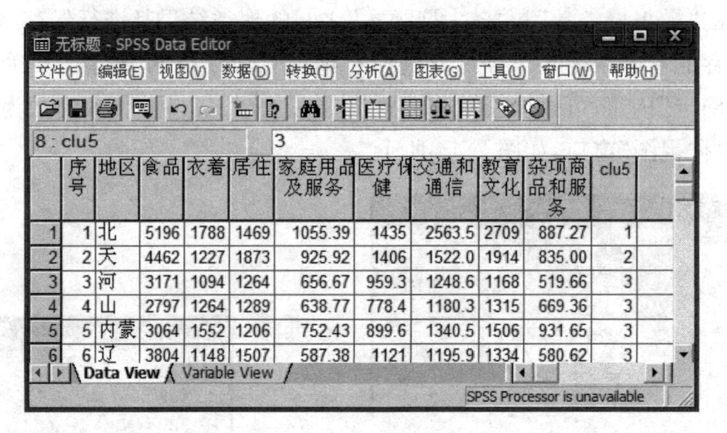

	序号	地区	食品	衣着	居住	家庭用品及服务	医疗保健	交通和通信	教育文化	杂项商品和服务	clu5
1	1	北	5196	1788	1469	1055.39	1435	2563.5	2709	887.27	1
2	2	天	4462	1227	1873	925.92	1406	1522.0	1914	835.00	2
3	3	河	3171	1094	1264	656.67	959.3	1248.6	1168	519.66	3
4	4	山	2797	1264	1289	638.77	778.4	1180.3	1315	669.36	3
5	5	内蒙	3064	1552	1206	752.43	899.6	1340.5	1506	931.65	3
6	6	辽	3804	1148	1507	587.38	1121	1195.9	1334	580.62	3

图 7.14 聚类分析结果

习 题 7

1. 为了把握某区域超市市场竞争形势和市场地位，了解顾客需求的变化，提高市场的市场营销水平和效率，消费者协会对该区域 8 家超市进行了一次营销因素市场评分调查. 详细的结果如下表：

超市＼因素	商品价格 x_1	商品质量 x_2	售后服务 x_3	花色品种 x_4	营业时间 x_5	商场位置 x_6	清洁卫生 x_7	宽敞明亮 x_8	诚实可靠 x_9	商品摆布 x_{10}	服务态度 x_{11}
A	5.1	5.5	5.0	5.1	3.1	3.7	8.1	8.6	5.1	8.7	5.0
B	3.7	3.4	3.7	4.3	3.4	4.5	5.4	5.2	3.0	5.8	3.5
C	5.2	5.1	7.5	5.2	4.8	4.5	2.3	2.1	6.8	2.1	6.4
D	6.1	7.7	6.7	6.6	5.8	5.4	2.5	2.8	4.2	2.8	5.7
E	6.1	6.1	7.4	8.3	6.8	4.2	5.6	5.0	7.1	5.1	7.1
F	7.6	6.5	7.2	7.4	8.2	8.7	5.0	5.1	7.6	5.1	8.1
G	9.3	9.5	9.6	9.7	7.5	7.9	7.9	7.3	4.3	7.3	4.5
H	9.2	9.3	9.7	9.5	6.3	6.3	4.2	4.7	5.3	7.9	5.1

(1) 以相关系数为度量，用最短距离法对影响超市销售的 11 个因素进行系统聚类；

(2) 以绝对值距离为度量，用最长距离法对 8 家超市进行聚类分析.

2. 经济开发区是由国家划定适当的区域，进行必要的基础设施建设，集中兴办一两项产业，从而推动科学研究，开发高技术产业. 同时给予相应的扶植和优惠待遇，使该区域的经济得以迅速发展. 2008 年山东省部分经济开发区主要经济指标如下表：

开发区 \ 经济指标	入区项目/个	项目总投资/万元	利用外资额/万美元	注册企业数/个	外商投资企业数/个	高新技术企业数/个
青岛经济技术开发区	1254	6126700	125000	9216	676	163
青岛出口加工区	9	58700	4697	72	44	6
烟台经济技术开发区	200	543990	55450	5627	814	135
威海经济技术开发区	116	415727	11861	2115	376	27
济南槐荫工业园区	40	114000	207	461	10	16
济南化工产业园区	18	520000	330	18	1	1
济南临港经济开发区	15	74063	5073	236	14	26
济南经济开发区	122	1768975	9958	110	7	26
济北经济开发区	29	185150	4257	350	8	55
商河经济开发区	12	59000	503	58	1	12
明水经济开发区	57	1455480	27932	498	85	55
胶州经济开发区	205	1498345	9381	700	254	38
即墨经济开发区	217	602600	6020	751	169	49
平度经济开发区	82	295196	5614	603	146	9
胶南经济开发区	29	287284	10921	29	8	2
青岛临港经济开发区	126	1400000	16586	126	37	8
莱西经济开发区	67	323053	3168	594	170	26
淄川经济开发区	58	860370	8570	401	45	34
博山经济开发区	49	337620	50	515	25	20
齐鲁化学工业园区	9	17340	561	742	13	19
临淄经济开发区	16	8412	314	295	8	6
周村经济开发区	144	395290	383	381	27	28

先对列数据作标准化处理，在欧氏距离下，试用最短距离法对各开发区进行系统聚类.

Chapter 8

主成分分析

主成分分析是把多个指标化为少数几个综合指标的一种统计分析方法，即采取一种降维的方法，把许多相关性很高的变量转化成彼此相互独立或不相关的几个综合因子(即主成分).主成分分析能解释大部分资料中的变异，揭示变量之间的内在关系.如商业经济中，常常需要将很复杂的数据综合成商业指数形式，也就是将 p 个指标所构成的 p 维系统简化为一维系统.一些熟悉的例子如物价指数、货币工资比、生活费用指数、商业活动指数等，这些指数是由各种加权成分所组成的，在一定程度上，这些权重是反映各种成分相对重要的程度.从主成分分析的角度来探讨这个问题，主成分分析所构成的第一主分量正是这一问题的答案，它提供了自身的权重系数.主成分分析与系统聚类分析有很大的不同，它有严格的数学理论基础.

8.1　主成分分析的原理

8.1.1　主成分的几何解释

假设有 n 个样本点，每个样本点由两个指标刻画，即在二维空间中讨论主成分的几何意义.设 n 个样本点在二维空间中的分布大致为一个椭圆，如图 8.1 所示.

将坐标系正交旋转一个角度 θ，使其椭圆长轴方向取坐标 y_1，椭圆短轴方向取坐标 y_2，旋转公式为

$$\begin{cases} y_{1j} = x_{1j}\cos\theta + x_{2j}\sin\theta, \\ y_{2j} = x_{1j}(-\sin\theta) + x_{2j}\cos\theta, \end{cases} \quad j = 1,2,\cdots,n,$$

图 8.1　主成分几何解释图

写成矩阵形式为

$$\begin{aligned} \boldsymbol{Y} &= \begin{bmatrix} y_{11} & y_{12} & \cdots & y_{1n} \\ y_{21} & y_{22} & \cdots & y_{2n} \end{bmatrix} \\ &= \begin{bmatrix} \cos\theta & \sin\theta \\ -\sin\theta & \cos\theta \end{bmatrix} \begin{bmatrix} x_{11} & x_{12} & \cdots & x_{1n} \\ x_{21} & x_{22} & \cdots & x_{2n} \end{bmatrix} \\ &= \boldsymbol{UX}, \end{aligned}$$

其中 $\boldsymbol{U}$ 为坐标旋转变换矩阵，它是正交矩阵，即有 $\boldsymbol{U}^{\mathrm{T}}=\boldsymbol{U}^{-1}$，$\boldsymbol{UU}^{\mathrm{T}}=\boldsymbol{I}$.经过旋转变换后，得到如图 8.2 所示的新坐标

新坐标 $y_1 \times y_2$ 有如下两条性质：

(1) n 个点的坐标 y_1 和 y_2 的相关几乎为零，因 y_1 轴和 y_2 轴垂直.

(2) 二维平面上的 n 个点的方差大部分都归结为 y_1 轴上，而 y_2 轴上的方差较小，即 y_1 轴为椭圆的长轴，y_2 轴为短轴.

y_1 和 y_2 称为原始变量 x_1 和 x_2 的综合变量. 由于 n 个样本点在 y_1 轴上的方差最大，因而将二维空间的点用综合变量 y_1 来代替，所损失的信息量最小，由此称 y_1 为第一主成分，y_2 轴与 y_1 轴正交，有较小的方差，称 y_2 为第二主成分.

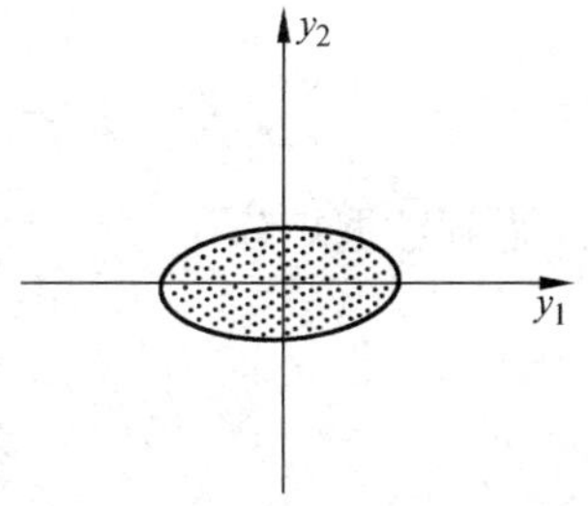

图 8.2 主成分几何解释图

一般地，如果 n 个样本点中的每个样本点有 p 个指标 $x_1,x_2,\cdots,x_p$，经主成分分析，将它们综合成 p 个综合变量 $y_1,y_2,\cdots,y_p$，即

$$\begin{cases} y_1 = c_{11}x_1 + c_{12}x_2 + \cdots + c_{1p}x_p, \\ y_2 = c_{21}x_1 + c_{22}x_2 + \cdots + c_{2p}x_p, \\ \vdots \\ y_p = c_{p1}x_1 + c_{p2}x_2 + \cdots + c_{pp}x_p, \end{cases}$$

且对每个 $i=1,2,\cdots,p$，都有

$$c_{i1}^2 + c_{i2}^2 + \cdots + c_{ip}^2 = 1.$$

由主成分分析的几何意义，有：

(1) y_i,y_j 相互独立($i\neq j,i,j=1,2,\cdots,p$)；

(2) y_1 的方差大于 y_2 的方差，y_2 的方差大于 y_3 的方差，以此类推.

这样决定的综合变量 $y_1,y_2,\cdots,y_p$ 分别称为原变量的第一、第二、……、第 p 个主成分，它们的方差依次递减.

8.1.2 主成分的导出

设

$$\boldsymbol{X} = \begin{bmatrix} x_1 \\ x_2 \\ \vdots \\ x_p \end{bmatrix}, \boldsymbol{Y} = \begin{bmatrix} y_1 \\ y_2 \\ \vdots \\ y_p \end{bmatrix}, \boldsymbol{C} = \begin{bmatrix} c_{11} & c_{12} & \cdots & c_{1p} \\ c_{21} & c_{22} & \cdots & c_{2p} \\ \vdots & \vdots & & \vdots \\ c_{p1} & c_{p2} & \cdots & c_{pp} \end{bmatrix},$$

则原始变量 $x_1,x_2,\cdots,x_p$ 综合成 p 个综合变量 $y_1,y_2,\cdots,y_p$ 可写成矩阵形式

$$\boldsymbol{Y} = \boldsymbol{CX},$$

其中 $\boldsymbol{C}$ 为正交矩阵，满足 $\boldsymbol{CC}^{\mathrm{T}}=\boldsymbol{I}$.

把 p 个变量 $x_1,x_2,\cdots,x_p$ 的 n 次观察数据写成矩阵形式，得到样本观察矩阵

$$\boldsymbol{X}^{(0)} = \begin{bmatrix} \boldsymbol{x}_1^{(0)} \\ \boldsymbol{x}_2^{(0)} \\ \vdots \\ \boldsymbol{x}_p^{(0)} \end{bmatrix} = \begin{bmatrix} x_{11}^{(0)} & x_{12}^{(0)} & \cdots & x_{1n}^{(0)} \\ x_{21}^{(0)} & x_{22}^{(0)} & \cdots & x_{2n}^{(0)} \\ \vdots & \vdots & & \vdots \\ x_{p1}^{(0)} & x_{p2}^{(0)} & \cdots & x_{pn}^{(0)} \end{bmatrix}.$$

样本观察矩阵 $\boldsymbol{X}^{(0)}$ 的第 i 行元素表示第 i 个变量的 n 次观察数据，第 j 列的元素表示变量 $x_1,x_2,\cdots,x_p$ 的第 j 次观察数据. 为了克服主成分分析的主分量受到初始变量的量纲影响，需要将原始数据作标准化处理：

$$x_{ij}=\frac{x_{ij}^{(0)}-\bar{x}_i}{S_i},\quad i=1,2,\cdots,p;j=1,2,\cdots,n,$$

其中 $\bar{x}_i=\frac{1}{n}\sum_{j=1}^{n}x_{ij}^{(0)}$，$S_i^2=\frac{1}{n-1}\sum_{j=1}^{n}(x_{ij}^{(0)}-\bar{x}_i)^2$，样本观察矩阵的数据经过标准化处理以后，得到数据矩阵

$$\boldsymbol{X}=\begin{bmatrix}x_1\\x_2\\\vdots\\x_p\end{bmatrix}=\begin{bmatrix}x_{11}&x_{12}&\cdots&x_{1n}\\x_{21}&x_{22}&\cdots&x_{2n}\\\vdots&\vdots&&\vdots\\x_{p1}&x_{p2}&\cdots&x_{pn}\end{bmatrix}.$$

根据主成分的几何解释，新坐标轴相互正交，仍构成一个直角坐标系，变换后的 n 个点在 y_1 轴上有最大的方差，在 y_2 轴上有次大的方差，……，在 y_p 轴上有最小的方差；同时不同的 y_i 和 y_j 轴的协方差为 0，即

$$\operatorname{var}(\boldsymbol{Y})=\operatorname{var}(\boldsymbol{CX})=(\boldsymbol{CX})(\boldsymbol{CX})^{\mathrm{T}}=\boldsymbol{CXX}^{\mathrm{T}}\boldsymbol{C}^{\mathrm{T}}=\boldsymbol{\Lambda}=\begin{pmatrix}\lambda_1&&&\\&\lambda_2&&\\&&\ddots&\\&&&\lambda_p\end{pmatrix}.$$

由于 $\boldsymbol{X}$ 是原始数据经标准化处理后的数据，$\boldsymbol{XX}^{\mathrm{T}}$ 实际上是原始数据的相关系数矩阵 $\boldsymbol{R}$，即

$$\boldsymbol{R}=\boldsymbol{XX}^{\mathrm{T}}.$$

于是

$$\operatorname{var}(\boldsymbol{Y})=\boldsymbol{CXX}^{\mathrm{T}}\boldsymbol{C}^{\mathrm{T}}=\boldsymbol{CRC}^{\mathrm{T}}=\boldsymbol{\Lambda}=\begin{pmatrix}\lambda_1&&&\\&\lambda_2&&\\&&\ddots&\\&&&\lambda_p\end{pmatrix},$$

由此得到

$$\boldsymbol{CRC}^{\mathrm{T}}=\boldsymbol{\Lambda}.$$

因为 $\boldsymbol{C}$ 为正交矩阵，正交矩阵的逆阵是它的转置矩阵，于是上式可变形成

$$\boldsymbol{RC}^{\mathrm{T}}=\boldsymbol{C}^{\mathrm{T}}\boldsymbol{\Lambda},$$

即

$$\boldsymbol{R}\begin{pmatrix}c_{11}&c_{21}&\cdots&c_{p1}\\c_{12}&c_{22}&\cdots&c_{p2}\\\vdots&\vdots&&\vdots\\c_{1p}&c_{2p}&\cdots&c_{pp}\end{pmatrix}=\begin{pmatrix}\lambda_1c_{11}&\lambda_2c_{21}&\cdots&\lambda_pc_{p1}\\\lambda_1c_{12}&\lambda_2c_{22}&\cdots&\lambda_pc_{p2}\\\vdots&\vdots&&\vdots\\\lambda_1c_{1p}&\lambda_2c_{2p}&\cdots&\lambda_pc_{pp}\end{pmatrix}.$$

根据矩阵的运算得到

$$\boldsymbol{R}\begin{pmatrix}c_{11}\\c_{12}\\\vdots\\c_{1p}\end{pmatrix}=\begin{pmatrix}\lambda_1c_{11}\\\lambda_1c_{12}\\\vdots\\\lambda_1c_{1p}\end{pmatrix}=\lambda_1\begin{pmatrix}c_{11}\\c_{12}\\\vdots\\c_{1p}\end{pmatrix},\quad\boldsymbol{R}\begin{pmatrix}c_{21}\\c_{22}\\\vdots\\c_{2p}\end{pmatrix}=\begin{pmatrix}\lambda_2c_{21}\\\lambda_2c_{22}\\\vdots\\\lambda_2c_{2p}\end{pmatrix}=\lambda_2\begin{pmatrix}c_{21}\\c_{22}\\\vdots\\c_{2p}\end{pmatrix},$$

$$\boldsymbol{R}\begin{pmatrix}c_{i1}\\c_{i2}\\\vdots\\c_{ip}\end{pmatrix}=\begin{pmatrix}\lambda_i c_{i1}\\\lambda_i c_{i2}\\\vdots\\\lambda_i c_{ip}\end{pmatrix}=\lambda_i\begin{pmatrix}c_{i1}\\c_{i2}\\\vdots\\c_{ip}\end{pmatrix},\quad\cdots,\quad \boldsymbol{R}\begin{pmatrix}c_{p1}\\c_{p2}\\\vdots\\c_{pp}\end{pmatrix}=\begin{pmatrix}\lambda_p c_{p1}\\\lambda_p c_{p2}\\\vdots\\\lambda_p c_{pp}\end{pmatrix}=\lambda_p\begin{pmatrix}c_{p1}\\c_{p2}\\\vdots\\c_{pp}\end{pmatrix}.$$

$\boldsymbol{C}^{\mathrm{T}}$ 的第 i 列 $\begin{pmatrix}c_{i1}\\c_{i2}\\\vdots\\c_{ip}\end{pmatrix}$(或 $\boldsymbol{C}$ 的第 i 行向量的转置)就是相关系数矩阵 $\boldsymbol{R}$ 的特征值 λ_i 对应的特征向量,因此求 $x_1,x_2,\cdots,x_p$ 的主分量转化为求相关系数矩阵 $\boldsymbol{R}$ 的特征值和特征向量,其步骤如下:

步骤 1 将样本观察矩阵的原始数据标准化,求出相关系数矩阵 $\boldsymbol{R}=\boldsymbol{X}\boldsymbol{X}^{\mathrm{T}}$.

步骤 2 求出相关系数矩阵 $\boldsymbol{R}$ 的特征值 $\lambda_1,\lambda_2,\cdots,\lambda_p$,且 $\lambda_1\geqslant\lambda_2\geqslant\cdots\geqslant\lambda_p$.

步骤 3 求出 λ_i 对应的特征向量 $\begin{pmatrix}c_{i1}\\c_{i2}\\\vdots\\c_{ip}\end{pmatrix}$ $(i=1,2,\cdots,p)$,从而得到特征向量矩阵.

$$\boldsymbol{C}^{\mathrm{T}}=\begin{pmatrix}c_{11}&c_{21}&\cdots&c_{p1}\\c_{12}&c_{22}&\cdots&c_{p2}\\\vdots&\vdots&&\vdots\\c_{1p}&c_{2p}&\cdots&c_{pp}\end{pmatrix},$$

进而得到

$$\boldsymbol{C}=\begin{pmatrix}c_{11}&c_{12}&\cdots&c_{1p}\\c_{21}&c_{22}&\cdots&c_{2p}\\\vdots&\vdots&\cdots&\vdots\\c_{p1}&c_{p2}&\cdots&c_{pp}\end{pmatrix}.$$

步骤 4 写出 $x_1,x_2,\cdots,x_p$ 经过正交变换的主分量 $y_1,y_2,\cdots,y_p$,$\boldsymbol{Y}=\boldsymbol{C}\boldsymbol{X}$ 即

$$\begin{cases}y_1=c_{11}x_1+c_{12}x_2+\cdots+c_{1p}x_p,\\y_2=c_{21}x_1+c_{22}x_2+\cdots+c_{2p}x_p,\\\quad\vdots\\y_p=c_{p1}x_1+c_{p2}x_2+\cdots+c_{pp}x_p,\end{cases}$$

$y_1,y_2,\cdots,y_p$ 彼此不相关,y_1 的方差为 λ_1,y_2 的方差为 λ_2,……,y_p 的方差为 λ_p;$y_1,y_2,\cdots,y_p$ 分别称为第一、第二、……、第 p 个主分量.

8.1.3 特征值因子的筛选

由 $\mathrm{Var}(\boldsymbol{Y})=\boldsymbol{\Lambda}$ 可知,相关矩阵 $\boldsymbol{R}$ 的特征值 λ_i 度量了第 i 个主成分 y_i 在 n 次观察中取值变化的大小. 贡献率就是指某个主成分的方差占全部方差的比重,实际也就是某个特征值占全部特征值总和的比重. 如果 $\lambda_i\approx0$,则该主成分在 n 次试验中取值的变化很小,即贡献率较小. 由于各个主成分的方差是递减的,包含的信息量也是递减的,所以实际分析时,一般不

是选取 p 个主成分,而是保留 r 个主成分,删去较小的 $\lambda_{r+1},\cdots,\lambda_p$ 对应的主成分,保留的主成分所对应特征值所占的比重将超过 85%. 即

$$P=\frac{\sum_{i=1}^{r}\lambda_i}{\sum_{i=1}^{p}\lambda_i}\geqslant 85\%,\text{其中 }\lambda_1\geqslant\lambda_2\geqslant\cdots\geqslant\lambda_p,$$

P 称为累积贡献率. 85%的累积贡献率并不是一个严格的规定,也有将累积贡献率定在 70%以上的,也有以特征值的大小来筛选的.

8.1.4 主成分分析法

主成分分析可用于系统评估. 系统评估是指对系统运行状态做出评估,而评估一个系统的运行状态往往需要综合考察多个运行变量. 在经济统计研究中,常采用主成分分析法对经济效益进行综合评价、对不同地区经济发展水平进行评价、不同地区经济发展竞争力进行评价和人民生活水平、生活质量进行评价,等等.

主成分分析法主要注重于解释主成分的含义,以及各主成分得分的计算与比较.

(1) 解释主成分的含义

主成分分析中一个很关键的问题是如何给主成分赋予新的含义,给出合理的解释. 主成分是标准化指标变量的一个线性组合,其组合系数描述了各个指标变量对主成分的影响作用. 指标变量的系数绝对值越大,说明指标变量与主成分的关系越密切,或者说对主成分的影响作用越大,线性组合中变量系数的绝对值大者表明相应的主成分主要综合了系数绝对值大的指标变量所对应的变量,有几个变量系数的绝对值都比较大时,应认为相应的这一主成分综合了这几个变量;得分的符号表示影响的方向. 解释主成分的含义需要结合具体实际问题和专业知识,给出恰当的解释,进而才能达到深刻分析的目的.

(2) 计算主成分得分

如果变量 $x_1,x_2,\cdots,x_p$ 的第 i 个主成分是

$$y_i=c_{i1}x_1+c_{i2}x_2+\cdots+c_{ip}x_p,$$

将每一个样本点的 p 个变量的观察值 $x_{i1}^{(0)},x_{i2}^{(0)},\cdots,x_{ip}^{(0)}(i=1,2,\cdots,n)$经过标准化以后的值 $x_{ij}=\frac{x_{ij}^{(0)}-\bar{x}_i}{s_i}(i=1,2,\cdots,p;j=1,2,\cdots,n)$代入上式,得到每个样本点的 $r(<p)$个主成分得分. 由所有样本点的 p 个主成分得分构成的 p 个新变量就是原变量的 p 个主成分得分变量.

以各主成分得分变量 y_i 与特征值λ_i 的方差贡献率$\lambda_i\Big/\sum_{k=1}^{p}\lambda_k$加权和得到综合总分,若已经筛选出 $r(<p)$ 个主成分,那么综合得分为

$$F=\frac{\lambda_1}{\sum_{k=1}^{p}\lambda_k}y_1+\frac{\lambda_2}{\sum_{k=1}^{p}\lambda_k}y_2+\cdots+\frac{\lambda_r}{\sum_{k=1}^{p}\lambda_k}y_r.$$

主成分分析法的计算结果受整个评价对象内部指标之间实际差异情况的影响,它是一种相对评价方法. 主成分得分只能用来说明特定评价对象在当前的抽样群体中的相对位置,说明一个相对水平,而不能说明绝对水平.

例 8.1 利用主成分分析法综合评价全国重点水泥企业的经济效益,原始数据见表 8.1.

表 8.1 全国重点水泥企业经济指标原始数据表

厂家编号及指标	固定资产利税率	资金利税率	销售收入利税率	资金利润率	固定资产产值率	流动资金周转天数	万元产值能耗	全员劳动生产率
1. 琉璃河	16.68	26.75	31.84	18.4	53.25	55	28.83	1.75
2. 邯郸	19.7	27.56	32.94	19.2	59.82	55	32.92	2.87
3. 大同	15.2	23.4	32.98	16.24	46.78	65	41.69	1.53
4. 哈尔滨	7.29	8.79	21.3	4.76	34.39	62	39.28	1.63
5. 华新	29.45	56.49	40.74	43.68	75.32	69	26.68	2.14
6. 湘乡	32.93	42.78	47.98	33.87	66.46	50	32.87	2.6
7. 柳州	25.39	37.82	36.76	27.56	68.18	63	35.79	2.43
8. 峨眉	15.05	19.49	27.21	14.21	6.13	76	35.76	1.75
9. 耀县	19.82	28.78	33.41	20.17	59.25	71	39.13	1.83
10. 永登	21.13	35.2	39.16	26.52	52.47	62	35.08	1.73
11. 工源	16.75	28.72	29.62	19.23	55.76	58	35.08	1.52
12. 抚顺	15.83	28.03	26.4	17.43	61.19	61	32.75	1.6
13. 大连	16.53	29.73	32.49	20.63	50.41	69	37.57	1.31
14. 江南	22.24	54.59	31.05	37	67.95	63	32.33	1.57
15. 江油	12.92	20.82	25.12	12.54	51.07	66	39.18	1.83

数据来自于《中国统计年鉴》

由样本数据的标准化矩阵,再作相关系数矩阵,如表 8.2 所示.

表 8.2 变量的相关矩阵

	x_1	x_2	x_3	x_4	x_5	x_6	x_7	x_8
x_1	1.0000	0.8496	0.9230	0.9017	0.6513	−0.2650	−0.5574	0.5983
x_2	0.8496	1.0000	0.6909	0.9882	0.7228	−0.1030	−0.6406	0.2650
x_3	0.9230	0.6909	1.0000	0.7740	0.5445	−0.3168	−0.3995	0.5306
x_4	0.9017	0.9882	0.7740	1.0000	0.6883	−0.1057	−0.6447	0.3295
x_5	0.6513	0.7228	0.5445	0.6883	1.0000	−0.4436	−0.4435	0.3589
x_6	−0.2650	−0.1030	−0.3168	−0.1057	−0.4436	1.0000	0.3288	−0.4343
x_7	−0.5574	−0.6406	−0.3995	−0.6447	−0.4435	0.3288	1.0000	−0.3354
x_8	0.5983	0.2650	0.5306	0.3295	0.3589	−0.4343	−0.3354	1.0000

相关系数矩阵,作 8 个特征值分解如表 8.3 所示.

表 8.3 方差贡献率解释

主成分	特征值	方差贡献率/%	累积方差贡献率/%
1	4.9154	61.4425	61.4425
2	1.2434	15.5425	76.9850
3	0.7743	9.6788	86.6638
4	0.5886	7.3575	94.0213
5	0.3563	4.4538	98.4750
6	0.0994	1.2425	99.7175
7	0.0209	0.2613	99.9788
8	0.0017	0.0213	100.0000

由表 8.3 看到,前面 3 个主成分解释了全部方差的 86.66%,也即包含了原始数据信息总量的 86.66%,说明前 3 个主成分指标代表原来的 8 个指标评价企业的经济效益已经有足够的把握.设这 3 个主成分分别用 y_1,y_2,y_3 来表示,3 个主成分的线性组合表示为

$$\begin{cases} y_1 = 0.431x_1 + 0.406x_2 + 0.387x_3 + 0.419x_4 + 0.353x_5 - 0.177x_6 - 0.313x_7 + 0.260x_8, \\ y_2 = -0.052x_1 - 0.340x_2 + 0.025x_3 - 0.314x_4 + 0.068x_5 - 0.720x_6 + 0.006x_7 + 0.508x_8, \\ y_3 = -0.282x_1 + 0.134x_2 - 0.406x_3 + 0.019x_4 + 0.320x_5 - 0.378x_6 - 0.511x_7 - 0.478x_8. \end{cases}$$

主成分的经济意义由各线性组合中权重较大的几个指标的综合意义确定.综合因子 y_1 中 x_1,x_2,x_3,x_4,x_5 的系数远大于其他变量的系数,所以 y_1 主要是固定资产利税率、资金利税率、销售收入利税率、资金利润率和固定资产产值率这 5 个指标的综合反映,它代表着经济效益的盈利方面,刻画了企业的盈利能力.

综合因子 y_2 中 x_6,x_8 的权重系数较大,主要是流动资金周转天数和全员劳动生产率的综合反映,它标志着企业的资金和人力的利用水平,以资金和人力的利用率作用于企业的经济效益.其中流动资金周转天数的符号为负,说明企业的资金流动水平高,x_6 的取值应越小,这和实际是相符的.

综合因子 y_3 中 x_7,x_8 系数较大,主要反映万元产值能耗,劳动生产率在企业经济发展中的制约作用.同时其他多个变量系数较大,且同为负系数,如销售收入利税率、固定资产利税率等,反映出 y_3 代表了企业的投入产出的效率.

这 3 个综合因子从 3 个影响企业经济效益的主要方面刻画企业经济效益,用它们来考核企业经济效益具有 86.664%的可靠性.我们记$\hat{y}_1,\hat{y}_2,\hat{y}_3$ 分别是企业在 3 个综合因子方面的得分,F 表示企业经济效益总的得分.将标准化的原始数据代入 3 个主成分的线性表达式,就可以计算出各企业在三个综合因子方面的名次.再计算出各企业经济效益的综合得分

$$F = 0.61442\,\hat{y}_1 + 0.15542\,\hat{y}_2 + 0.09679\,\hat{y}_3.$$

计算各企业经济效益的综合得分,由综合得分可排出企业经济效益的名次.各主成分得分、综合得分及排名见表 8.4.

表 8.4 主成分得分与综合得分表

水泥厂名	盈利能力方面		资金和人力利用方面		投入产出效率方面		综合效益方面	
	$\hat{y}_1$	名次	$\hat{y}_2$	名次	$\hat{y}_3$	名次	F	名次
1. 琉璃河	0.0920	7	0.9476	4	1.4346	1	0.3415	7
2. 邯郸	0.8996	5	2.2018	1	−0.3496	10	0.8614	5
3. 大同	−1.6539	12	−0.1974	9	−0.6622	11	−1.1104	12
4. 哈尔滨	−3.7425	15	0.9496	3	0.3360	5	−2.1196	15
5. 华新	3.9582	1	−1.6563	15	0.1954	6	2.1933	2
6. 湘乡	3.8641	2	1.5340	2	−0.9444	14	2.5219	1
7. 柳州	1.6648	4	0.3200	5	−0.8717	12	0.9889	4
8. 峨眉	−2.7757	14	−1.1407	12	−1.2431	15	−2.0021	14
9. 耀县	−0.5050	8	−0.7438	11	−0.9226	13	−0.5145	10
10. 永登	0.7284	6	−0.2984	10	−0.2635	9	0.3759	6
11. 工源	−0.5743	9	0.2979	6	0.9374	4	−0.2166	8
12. 抚顺	−0.6558	10	0.1602	8	1.3048	2	−0.2528	9
13. 大连	−1.0487	11	−1.1855	13	−0.0142	7	−0.8300	11
14. 江南	1.8114	3	−1.4167	14	1.1666	3	1.0048	3
15. 江油	−2.0626	13	0.2278	7	−0.1034	8	−1.2418	13

表 8.4 的综合经济效益得分中有许多得分是负数，这并不表明企业的经济效益就为负.这是因为计算得分时采用了原始数据的标准化数据，企业的经济效益的平均水平视为零点，这里的正负号仅表示该企业与平均水平的位置关系.

从表 8.4 可以看到湘江水泥厂的综合经济效益最好，是第一名；华新水泥厂的综合经济效益为第二名；……，哈尔滨水泥厂的综合经济效益最差.其中从第一主要成分经济效益的盈利方面来看，华新水泥厂是优于湘江的，但其第二主要成分资金和人力利用率方面却排在了最后.湘江水泥厂前面两个主成分表现都非常优秀，但第三成分投入产出效率方面，却也排在最后.但 3 个成分对企业总体的贡献率不同，加权之后的结果是综合考虑了 3 个成分的最终体现.

8.2 案例及统计分析软件的训练

训练项目 主成分分析

案例 重庆上市公司经营绩效评价

上市公司的经营管理业绩可以通过一系列的财务指标来反映(见表 8.5).运用主成分分析法，对 31 家上市公司的 7 项财务指标进行综合评价，得到上市公司财务状况综合评价指数，对上市公司的经营管理业绩作实证分析.

表 8.5 重庆上市公司财务指标原始数据

名　称	股东权益比	流动比率	资产负债率/%	销售毛利率	主营业务利润率/%	净利润同比	主营收入同比
渝开发	37.693	2.31	55.144	44.242	1.121	−63.12	−32.45
渝三峡A	54.286	1.62	44.664	22.34	5.078	138.01	4.01
桐君阁	19.923	0.953	75.555	8.62	0.277	119	7.98
长安汽车	43.508	0.955	55.863	20.205	4.428	18.35	43.19
金科股份	13.354	1.416	84.698	35.872	15.63	19.67	4.89
中房地产	55.746	3.373	39.157	37.442	40.442	286.31	33.99
西南合成	35.08	0.917	62.267	22.132	4.808	−3.53	−5.81
星美联合	88.252	8.475	11.799	40.729	14.837	115.91	−34.82
建峰化工	37.738	2.536	61.662	17.591	13.372	19.74	82.29
宗申动力	56.733	1.92	38.89	19.691	14.042	28.81	−6.26
华邦颖泰	51.508	1.162	42.478	26.769	14.819	197.77	467.74
世纪游轮	97.526	13.406	2.474	20.343	12.574	0.43	12.33
建摩B	13.806	0.693	86.1	13.924	0.071	8.01	−20.91
长安B	43.508	0.955	55.863	20.205	4.428	18.35	43.19
莱美药业	46.072	1.059	50.497	40.321	10.534	−24.57	19.01
福安药业	94.249	22.183	4.665	35.857	23.399	−7.07	17.14
梅安森	91.217	10.287	8.782	58.867	29.762	39.38	32.09
重庆路桥	37.175	3.146	62.825	88.38	75.956	−28.3	3.87
三峡水利	33.807	0.586	64.563	23.952	6.08	24.98	14.36
太极集团	20.021	0.685	72.183	23.911	2.007	3.04	8.09
重庆啤酒	29.667	0.749	62.521	43.262	7.048	10.19	17.04
重庆港九	40.745	0.583	49.376	24.899	5.972	−28.33	−0.46
九龙电力	16.161	0.916	78.931	11.042	2.971	−182.62	17.32
涪陵电力	44.654	0.311	55.346	12.108	3.628	182.43	16.57
迪马股份	13.827	1.343	77.312	25.418	9.285	59.74	72.18
西南药业	32.709	1.237	65.987	33.946	9.107	16.86	5.37
重庆百货	30.632	1.048	69.145	14.968	2.897	15.29	12.42
万里股份	34.088	0.726	65.511	6.469	1.159	184.89	142.96
*ST嘉陵	25.496	0.801	74.373	10.55	−0.001	27.34	6.81
重庆钢铁	42.206	1.085	57.794	10.17	0.675	−93.47	−40.61
中国汽研	79.192	3.999	19.371	41.776	28.663	48.81	−41.29

因为样本数据的量纲差异较大，利用相关系数矩阵做主成分分析. 主成分分析是一种针对变量之间的信息重叠，或者变量太多而使问题的分析变得复杂而有目的地进行降维的有效方法. 可以验证，样本数据存在着多重共线性，即变量之间存在着信息重叠，所以进行主成分分析是合理且必要的.

R 软件

```
>C=read.csv("重庆财务.csv",header=T)            #读取数据
>nc< -data.frame(C[,2:8])                       #生成数据框
>D=cor(nc)                                      #计算相关系数矩阵
>kappa(D,exact=TRUE)                            #计算条件数
[1] 483.4858
>nc.pr< -princomp(nc,cor=TRUE)                  #作主成分分析
>summary(nc.pr,loading=TRUE)                    #并显示分析结果
Importance of components:
                          Comp.1    Comp.2    Comp.3     Comp.4     Comp.5
   Standard deviation  1.7893308 1.2231352 1.1490520 0.75886251 0.5083886
Proportion of Variance 0.4573864 0.2137228 0.1886172 0.08226747 0.0369227
 Cumulative Proportion 0.4573864 0.6711092 0.8597264 0.94199390 0.9789166
```

首先，根据主成分分析的方差累积贡献率选择主成分的个数，因为前 3 个主成分的累积贡献率已经达到了 85%以上，也即包含了原始数据的信息总量的 85%以上，这说明前 3 个主成分代表原来的 7 个指标评价企业的经济效益已经有足够的把握，因此选择前 3 个主成分.

```
Loadings:
                 Comp.1 Comp.2 Comp.3 Comp.4 Comp.5 Comp.6 Comp.7
股东权益比         0.511 -0.143  0.266        -0.340 -0.171  0.707
流动比率           0.463         0.311  0.215  0.755  0.268
资产负债率...     -0.511  0.150 -0.256         0.388         0.703
销售毛利率         0.347  0.341 -0.525        -0.252  0.646
主营业务利润率...  0.367  0.184 -0.577         0.255 -0.654
净利润同比               -0.648 -0.256 -0.654  0.181  0.216
主营收入同比             -0.622 -0.304  0.719
```

设这 3 个主成分分别用 y_1, y_2, y_3 来表示，3 个主成分的线性组合如下：

$$
\begin{cases}
y_1 = 0.511x_1 + 0.463x_2 - 0.511x_3 + 0.347x_4 + 0.367x_5, \\
y_2 = -0.143x_1 + 0.150x_3 + 0.341x_4 + 0.184x_5 - 0.648x_6 - 0.622x_7, \\
y_3 = 0.266x_1 + 0.311x_2 - 0.256x_3 - 0.525x_4 - 0.577x_5 - 0.256x_6 - 0.304x_7.
\end{cases}
$$

主成分的经济意义由各线性组合中权数较大的几个指标的综合意义来确定. 第 1 主成分中股东权益比、流动比率和资产负债率对应的系数比较大，反映了上市公司的偿债能力；第 2 主成分中净利润同比和主营收入同比对应的系数绝对值较大，刻画了公司的成长能力；第 3 主成分中销售毛利率和主营业务利润率对应着较大的负系数，反映了盈利能力.

记 $\hat{y}_1, \hat{y}_2, \hat{y}_3$ 分别是公司在 3 个主成分上的得分，F 表示公司经营绩效总的得分. 将标准化的原始数据代入 3 个主成分的线性公式，就可以计算出各企业在 3 个主成分上的名次.

再计算出各公司经营绩效的综合得分

$$F = 0.4573864\,\hat{y}_1 - 0.2137228\,\hat{y}_2 - 0.1886172\,\hat{y}_3.$$

```
>pr<-predict(nc.pr)        #作预测
>dfz<-(-pr[,1]*0.4573864+ pr[,2]*0.2137228- pr[,2]*0.1886172);dfz
#计算综合得分
```

综合得分及排名情况见表 8.6.

表 8.6 样本得分及排名

名 称	Comp. 1	排名	Comp. 2	排名	Comp. 3	排名	综合得分	排名
梅安森	3.853	2	−0.273	18	0.150	9	2.015	1
福安药业	4.540	1	−0.177	17	−1.885	30	1.958	2
华邦颖泰	0.361	9	4.365	1	1.974	2	1.710	3
中房地产	1.756	7	1.437	3	1.803	3	1.687	4
重庆路桥	2.417	5	−2.771	31	4.248	1	1.529	5
星美联合	2.887	4	0.324	9	−0.812	28	1.438	6
世纪游轮	3.199	3	0.366	7	−2.246	31	1.300	7
中国汽研	2.362	6	−0.476	21	0.026	12	1.144	8
渝三峡 A	0.117	10	0.862	5	−0.346	20	0.201	9
宗申动力	0.390	8	0.002	14	−0.546	26	0.088	10
涪陵电力	−0.670	19	1.373	4	−0.236	16	−0.067	11
万里股份	−1.282	24	2.298	2	0.142	10	−0.080	12
莱美药业	0.097	11	−0.717	26	0.212	8	−0.080	13
建峰化工	−0.555	15	0.347	8	0.071	11	−0.194	14
重庆啤酒	−0.549	14	−0.676	25	0.604	6	−0.328	15
长安汽车	−0.617	16	0.196	11	−0.350	21	−0.356	16
长 安 B	−0.617	17	0.196	12	−0.350	22	−0.356	17
西南药业	−0.646	18	−0.553	24	0.341	7	−0.406	18
重庆港九	−0.471	13	−0.535	23	−0.444	24	−0.481	19
渝开发	−0.237	12	−1.411	29	−0.249	17	−0.531	20
三峡水利	−0.930	21	−0.171	16	−0.018	13	−0.542	21
迪马股份	−1.443	26	0.210	10	0.766	5	−0.547	22
金科股份	−1.267	23	−0.895	27	1.073	4	−0.662	23
西南合成	−0.910	20	−0.445	19	−0.337	19	−0.669	24
重庆百货	−1.327	25	−0.084	15	−0.400	23	−0.815	25
桐君阁	−1.808	29	0.683	6	−0.220	15	−0.840	26
太极集团	−1.510	27	−0.457	20	−0.024	14	−0.922	27

续表

名 称	Comp. 1	排名	Comp. 2	排名	Comp. 3	排名	综合得分	排名
* ST 嘉陵	−1.730	28	0.023	13	−0.501	25	−1.025	28
重庆钢铁	−1.066	22	−0.971	28	−1.388	29	−1.113	29
建摩 B	−2.200	31	−0.528	22	−0.272	18	−1.361	30
九龙电力	−2.144	30	−1.542	30	−0.783	27	−1.696	31

在表 8.6 的综合经营绩效得分中，有许多公司的得分是负数，但是这并不表明公司的经营绩效就为负. 这是因为计算得分时采用了原始数据的标准化数据，以公司的经营绩效的平均水平算作零点，这里的正负号仅表示该公司与平均水平的位置关系，负号表示该公司的经营绩效低于平均水平.

SPSS 软件 SPSS 软件可通过模块“降维”实现主成分分析，具体步骤如下：

步骤 1 在“变量视图”窗口定义各变量，如图 8.3 所示.

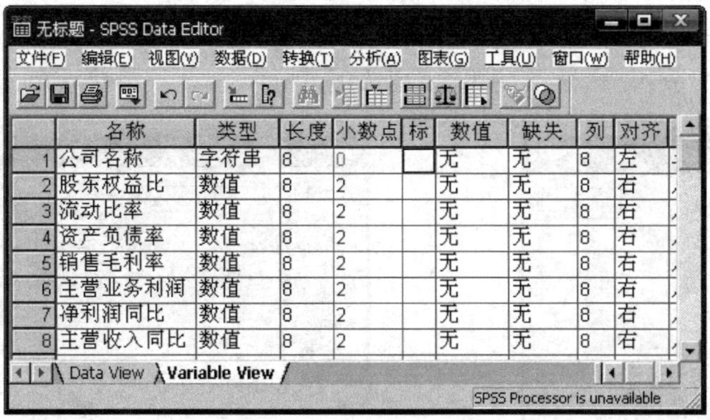
无标题 - SPSS Data Editor
文件(F) 编辑(E) 视图(V) 数据(D) 转换(T) 分析(A) 图表(G) 工具(U) 窗口(W) 帮助(H)
名称 类型 长度 小数点 标 数值 缺失 列 对齐
1 公司名称 字符串 8 0 无 无 8 左
2 股东权益比 数值 8 2 无 无 8 右
3 流动比率 数值 8 2 无 无 8 右
4 资产负债率 数值 8 2 无 无 8 右
5 销售毛利率 数值 8 2 无 无 8 右
6 主营业务利润 数值 8 2 无 无 8 右
7 净利润同比 数值 8 2 无 无 8 右
8 主营收入同比 数值 8 2 无 无 8 右
Data View
Variable View
SPSS Processor is unavailable

图 8.3 变量设置示意图

步骤 2 在“数据视图”窗口中输入各数据，如图 8.4 所示.

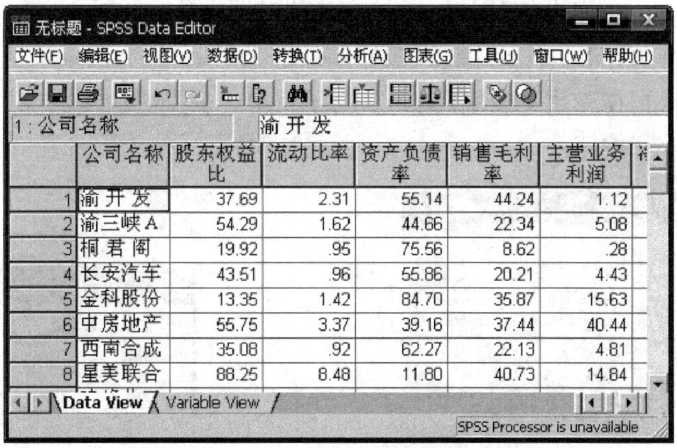
无标题 - SPSS Data Editor
文件(F) 编辑(E) 视图(V) 数据(D) 转换(T) 分析(A) 图表(G) 工具(U) 窗口(W) 帮助(H)
1 : 公司名称 渝 开 发
公司名称 股东权益比 流动比率 资产负债率 销售毛利率 主营业务利润
1 渝 开 发 37.69 2.31 55.14 44.24 1.12
2 渝三峡 A 54.29 1.62 44.66 22.34 5.08
3 桐 君 阁 19.92 .95 75.56 8.62 .28
4 长安汽车 43.51 .96 55.86 20.21 4.43
5 金科股份 13.35 1.42 84.70 35.87 15.63
6 中房地产 55.75 3.37 39.16 37.44 40.44
7 西南合成 35.08 .92 62.27 22.13 4.81
8 星美联合 88.25 8.48 11.80 40.73 14.84
Data View
Variable View
SPSS Processor is unavailable

图 8.4 各指标变量数据视图

步骤 3 在工具栏中选择“分析→降维→因子分析”命令，弹出“因子分析”框，将 7 个指标变量移入“变量”栏，如图 8.5 所示.

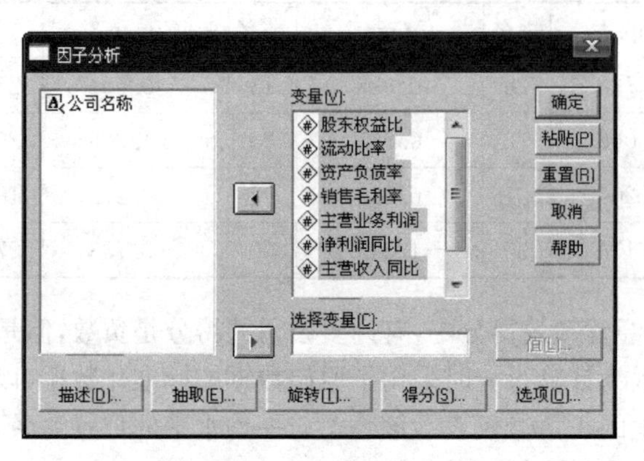

图 8.5　变量设置

单击“描述”按钮，弹出“因子分析：描述”对话框，根据具体的分析要求选中相应的“统计”和“相关矩阵”选项，如图 8.6 所示，然后单击“继续”按钮.

单击“抽取”按钮，在弹出的“因子分析：抽取”对话框中，根据具体的分析要求选中相应的“方法(M)”中的“分析”、“显示”和“提取”选项，如图 8.7 所示，然后单击“继续”按钮.

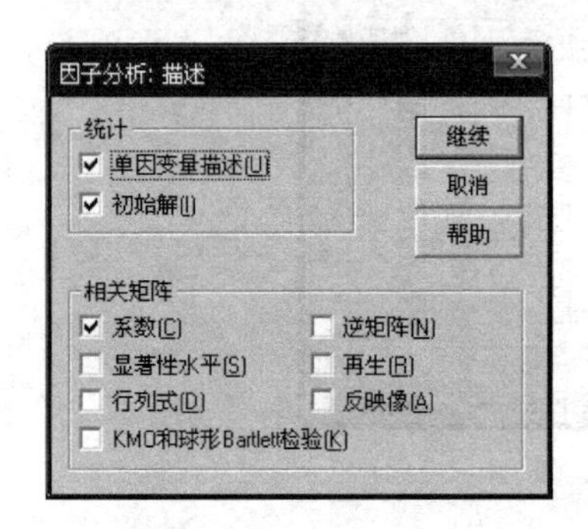

图 8.6　描述统计对话框

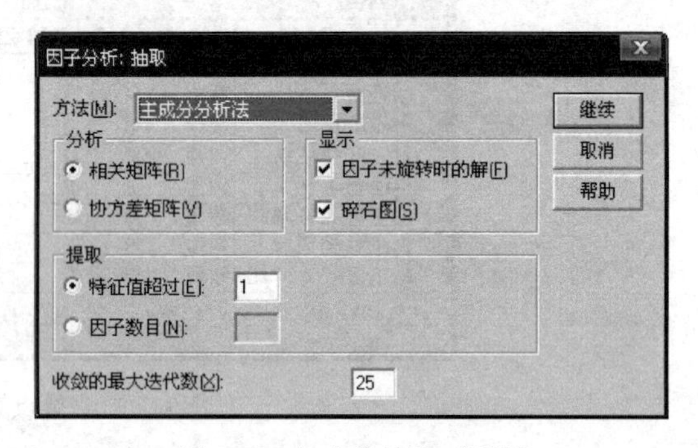

图 8.7　主成分抽取对话框

单击“旋转”按钮，在弹出的“因子分析：旋转”对话框中，在“方法”和“显示”栏选中相应的选项，如图 8.8 所示，然后单击“继续”按钮.

单击“得分”按钮，在弹出的“因子分析：因子得分”对话框中，选中相应的选项，如图 8.9 所示，然后单击“继续”按钮.

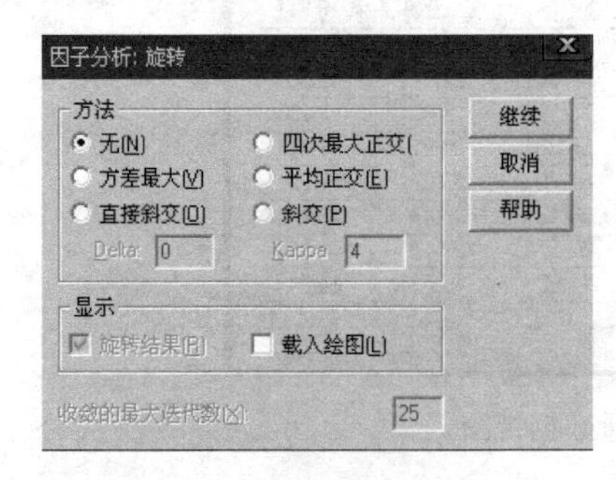

图 8.8　方差旋转对话框

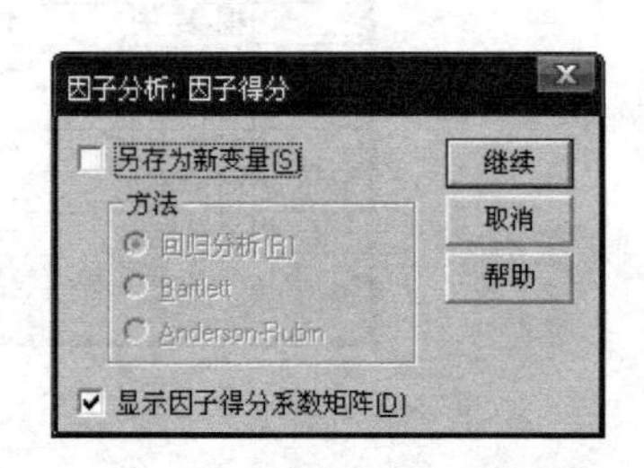

图 8.9　因子得分对话框

最后，对“因子分析”对话框中的选项进行相应的设置结束后，单击“确定”按钮。在SPSS 软件输出查看器中则会出现如表 8.7，图 8.10，表 8.8，图 8.11 所示的各项分析结果.

表 8.7 解释的总方差

成分	初始特征值			提取平方和载入		
	合计	方差的%	累积%	合计	方差的%	累积%
1	3.202	45.739	45.739	3.202	45.739	45.739
2	1.496	21.372	67.111	1.496	21.372	67.111
3	1.320	18.862	85.973	1.320	18.862	85.973
4	0.576	8.227	94.199			
5	0.258	3.692	97.892			
6	0.141	2.014	99.905			
7	0.007	0.095	100.000			

提取方法：主成分分析.

根据表 8.7，用主成分分析的方差累积贡献率选择主成分，因为前 3 个主成分的累积贡献率已经达到了 85.973%，即包含了原始数据的信息总量的 85.973%，这说明前 3 个主成分代表原来的 7 个指标评价企业的经济效益已经有足够的把握，因此选择前 3 个主成分. 从碎石图(见图 8.10)可以更加直观地看出这前 3 个主成分所包含的的信息量的比重.

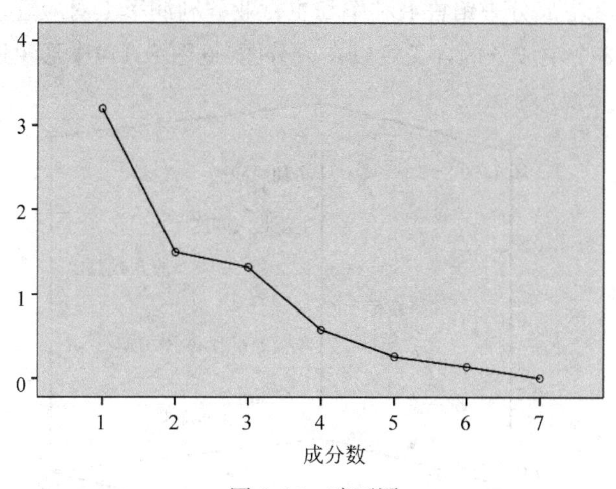

图 8.10 碎石图

表 8.8 成分矩阵[a]

	成分		
	1	2	3
股东权益比	0.915	0.175	−0.306
流动比率	0.829	−0.026	−0.358

续表

	成分		
	1	2	3
资产负债率	−0.915	−0.183	0.294
销售毛利率	0.620	−0.417	0.604
主营业务利润率	0.656	−0.225	0.663
净利润同比	0.155	0.792	0.295
主营收入同比	−0.028	0.761	0.349

提取方法：主成分分析法.

a. 已提取了 3 个成分.

根据成分矩阵(见表 8.8)，设这 3 个主成分分别用 y_1,y_2,y_3 来表示，7 个指标变量分别用 $x_1,x_2,x_3,\cdots,x_7$ 表示，则 3 个主成分的线性组合如下：

$$\begin{cases}y_1=0.915x_1+0.829x_2-0.915x_3+0.620x_4+0.656x_5+0.155x_6-0.028x_7,\\ y_2=0.175x_1-0.026x_2-0.183x_3-0.417x_4-0.225x_5+0.792x_6+0.761x_7,\\ y_3=-0.306x_1-0.359x_2+0.294x_3+0.604x_4+0.663x_5+0.295x_6-0.349x_7,\end{cases}$$

第 1 主成分在股东权益比、流动比率和资产负债率上对应的系数比较大，反映了上市公司的偿债能力；第 2 主成分在净利润同比和主营收入同比上对应的系数绝对值较大，刻画了公司的成长能力；第 3 主成分中销售毛利率和主营业务利润率上对应着较大的负系数，反映了公司的盈利能力. 3 个主成分的含义可以在成分图(见图 8.11)中形象地看出来.

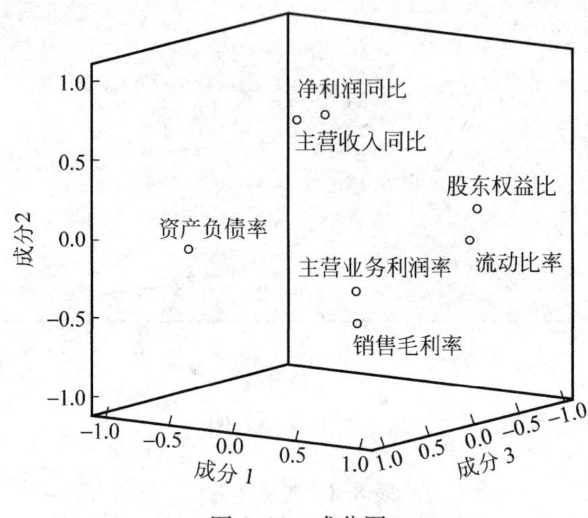

图 8.11 成分图

记 $\hat{y}_1,\hat{y}_2\ \hat{y}_3$ 分别是公司在 3 个主成分上的得分，F 表示公司经营绩效总的得分，即

$$F=0.45739\ \hat{y}_1+0.21372\ \hat{y}_2+0.18862\ \hat{y}_3.$$

将标准化的原始数据代入 3 个主成分的线性公式，就可以计算出各企业在 3 个主成分上的总得分和相应的名次.

习 题 8

1. 改革开放以来,我国经济取得了举世瞩目的发展.但由于历史、地理以及国家政策导向等原因,地区间的经济水平差异显著.为了分析我国各区域主要城市城镇居民家庭消费情况,统计了某一年我国 31 个省、市和自治区的城镇居民家庭平均每人全年消费性支出的 8 个主要变量数据(单位:元),详见下表:

地 区	x_1	x_2	x_3	x_4	x_5	x_6	x_7	x_8
北京	5936.11	1795.68	1290.22	1225.68	1389.45	2767.85	2654.98	833.32
天津	5404.53	1362.56	1505.70	911.92	1273.38	1968.37	1740.85	634.05
河北	3250.77	1190.19	1142.83	628.49	971.29	1151.15	982.21	361.83
山西	3071.93	1162.00	1319.45	563.82	789.92	1095.77	1070.60	281.61
内蒙古	3772.63	1857.19	1246.21	797.77	992.73	1557.03	1504.36	641.96
辽宁	4680.85	1338.84	1293.00	607.51	1018.44	1493.17	1283.68	609.09
吉林	3637.32	1419.12	1394.94	543.69	1120.44	1305.45	1028.06	465.42
黑龙江	3397.41	1403.72	1026.77	547.87	978.79	922.77	956.85	395.41
上海	7344.83	1593.08	1913.22	1365.39	1002.14	3498.65	3138.98	1136.06
江苏	4773.67	1297.95	1148.85	923.32	808.37	1721.87	1968.03	510.94
浙江	5604.72	1614.66	1485.90	828.96	984.62	3290.63	2295.32	578.67
安徽	4051.40	1080.06	1219.83	589.73	716.87	1013.38	1225.36	337.36
福建	5336.36	1171.88	1394.91	859.06	591.50	1993.77	1504.96	598.13
江西	3881.56	1053.01	935.44	761.85	550.25	1145.16	1066.94	345.78
山东	3954.34	1548.75	1280.04	885.04	885.16	1719.68	1332.97	406.75
河南	3272.75	1270.74	1004.37	684.79	875.52	1033.99	1048.14	376.70
湖北	4160.51	1210.32	999.49	759.24	694.61	953.69	1208.46	307.75
湖南	4174.55	1146.25	1074.69	798.40	784.66	1233.82	1207.72	408.14
广东	6225.22	1064.33	1814.00	1052.57	925.62	2979.88	2168.88	627.01
广西	4129.55	855.60	1021.11	754.79	538.17	1598.68	1111.13	343.33
海南	4507.81	581.66	1000.32	585.72	604.15	1548.76	961.95	296.28
重庆	4576.23	1503.49	1120.60	1043.06	982.73	1189.03	1351.90	377.02
四川	4391.73	1178.38	973.02	679.16	648.31	1416.49	1150.73	422.38
贵州	3755.61	1012.14	747.57	589.35	535.43	983.13	1146.35	278.71
云南	4460.58	1102.14	943.67	393.22	708.78	1587.19	798.69	207.53
西藏	4581.60	1086.42	689.76	356.86	352.31	1062.83	465.84	438.68

续表

地　区	x_1	x_2	x_3	x_4	x_5	x_6	x_7	x_8
陕西	3988.57	1209.96	1018.23	683.51	863.36	1071.48	1430.22	440.35
甘肃	3359.30	1169.70	801.21	559.06	746.77	894.35	1025.47	334.95
青海	3548.85	1043.40	790.50	505.32	701.37	975.91	889.32	331.86
宁夏	3432.23	1260.58	1128.12	636.88	921.86	1363.63	1075.88	460.82
新疆	3386.33	1357.05	856.78	552.50	684.01	1198.65	855.53	436.70

其中这 8 个变量分别是：x_1＝食品，x_2＝衣着，x_3＝居住，x_4＝家庭设备用品及服务，x_5＝医疗保健，x_6＝交通和通信，x_7＝教育文化娱乐服务，x_8＝其他商品和服务. 试对这 8 个消费变量进行主成分分析.

2. 为了解低收入家庭的收入情况以制定个人所得税的起征点，随机抽取了美国低收入家庭的 28 位男性，抽查数据如下表. 请根据样本数据进行主成分分析.

调察者 ID	年工作时间/h	单位工资/(美元/h)	配偶年收入	其他家庭成员年收入/美元	年非工资性收入/美元	家庭持有的资产/美元	年龄	孩子数	学校教育年数
1	2157	2.9	1121	291	380	7250	39	2	11
2	2267	2.8	1298	252	431	8317	39	2	11
3	2210	3.2	1100	295	474	9338	39	2	11
4	2184	3.6	1091	291	560	11240	39	2	12
5	2197	3.4	1078	300	512	10450	39	2	11
6	2205	2.4	885	264	373	6789	39	3	10
7	2111	2.5	1203	49	117	1632	22	1	12
8	2186	3.0	1122	30	352	7292	37	2	11
9	2102	3.2	1188	414	352	7557	40	2	11
10	2181	2.9	1072	304	383	7340	39	2	10
11	2188	3.0	990	366	374	7325	38	3	11
12	2173	3.0	1116	296	387	7625	39	2	11
13	2200	3.0	1126	204	393	7885	39	2	11
14	2174	3.0	1128	301	398	7744	39	2	11
15	2179	3.0	1128	312	397	7779	39	2	11
16	2185	3.0	1135	287	382	7706	39	3	11
17	2196	3.0	947	294	342	6888	38	3	11
18	2134	2.8	1013	594	730	12710	58	1	9
19	2127	3.3	1226	314	408	8042	40	2	11

续表

调察者 ID	年工作时间/h	单位工资/(美元/h)	配偶年收入	其他家庭成员年收入/美元	年非工资性收入/美元	家庭持有的资产/美元	年龄	孩子数	学校教育年数
20	2159	2.5	1075	289	308	5621	39	2	10
21	2121	2.9	1251	328	312	5907	40	2	10
22	2098	2.3	973	364	272	4400	41	3	8
23	2084	3.0	1327	331	296	5653	40	2	10
24	2077	1.9	350	209	95	1370	37	4	8
25	2093	1.9	342	311	120	1425	38	5	8
26	2105	2.5	1180	310	255	4730	40	3	9
27	2051	2.6	1194	279	172	2806	40	2	9
28	2042	2.3	1085	328	140	1739	42	2	8

3. 汽车的行驶能力主要受车辆的动力、油耗、重量等因素的影响，下表是一些国际汽车车型的相关参数，试对样本进行主成分分析.

品牌和型号	驾驶空间/ft^3	发动机马力	每加仑里程/mile	最高车速/(mile/h)	整车重量/百磅
Mercedes500SL	50	322	18.1	165	45
Nissan300ZX	50	280	23.4	160	40
LexusLS400	112	245	23.5	148	40
JaguarXJSConvert	50	263	17	147	45
Mercedes560SEL	115	238	17.2	140	45
OldsCutlassSup	113	180	30.4	133	35
Rolls-RoyceVarious	107	236	13.2	130	55
OldsCutlassSup	113	160	28.9	125	35
OldsTrof/Toronado	114	165	23.6	122	40
Oldsmobile98	127	165	23.6	122	40
PontiacBonneville	123	165	23.6	122	40
CadillacBrougham	129	175	19.5	121	45
Volvo760Wagon	135	162	23.4	121	40
Audi200QuatroWag	132	162	23.1	121	40
Volvo740	111	145	27.7	120	35
ToyotaCorolla	92	130	32.3	120	30
ToyotaCelica	86	130	31.2	120	30

续表

品牌和型号	驾驶空间/ft³	发动机马力	每加仑里程/mile	最高车速/(mile/h)	整车重量/百磅
ChryslerNewYorker	121	150	23.6	117	40
Saab9000	124	130	28	115	35
ChevroletCaprice	131	140	25.3	114	40
LincolnContinental	123	140	23.9	114	40
HondaCivicCRX	50	92	40.9	113	22.5
HondaCivic	99	92	40.9	113	22.5
HondaCivicCRX	50	92	38.8	113	22.5
Mazda323Protege	107	103	36.3	112	27.5
ToyotaCorolla	113	102	35.3	111	27.5

注：1mile=1.609344km；1ft=0.3048m.

附录　概率基础知识回顾

概率是度量一个随机事件 A 出现的可能性大小的量，用 $P(A)$表示，且 $0\leqslant P(A)\leqslant 1$. 概率论起源于赌博，概率知识是学习数理统计的基础，为了使读者能够理解和掌握数理统计知识，需要回顾概率论的一些基本知识.

1. 事件的互斥和对立

(1) 事件的互斥：若事件 A 和 B 满足关系式 $AB=\varnothing$，则称 A 和 B 为互斥事件.

(2) 事件的对立：若事件 A 和 B 满足关系式 $AB=\varnothing$，$A\cup B=\Omega$，则称 A 和 B 为对立事件，记为 $B=\overline{A}$ 或 $A=\overline{B}$.

2. 德摩根(De Morgan)规则

$$\overline{\bigcap_{i=1}^{n} A_i}=\bigcup_{i=1}^{n}\overline{A}_i,\quad \overline{\bigcup_{i=1}^{n} A_i}=\bigcap_{i=1}^{n}\overline{A}_i.$$

3. 概率的性质

(1) 不可能事件的概率为零，即 $P(\varnothing)=0$；

(2) 设 $A_i(i=1,2,\cdots,n)$ 是互斥的事件，则 $P\left(\bigcup_{i=1}^{n} A_i\right)=\sum_{i=1}^{n}P(A_i)$；

(3) 设 A 为任一随机事件，则 $P(A)=1-P(\overline{A})$；

(4) 设 A,B 为任意两个随机事件，则 $P(A-B)=P(A)-P(AB)$；

(5) 若 $A\subseteq B$，则 $P(A)\leqslant P(B)$；

(6) 设 A,B 为任意两个随机事件，则 $P(A\cup B)=P(A)+P(B)-P(AB)$.

4. 事件的独立与乘法公式

(1) 事件的独立：设 A,B 为两个随机事件，如果 $P(AB)=P(A)P(B)$，则称 A 与 B 相互独立.

(2) 乘法公式：设 A,B 为两个随机事件，则 $P(AB)=P(A)P(B\mid A)$.

5. 常见的典型分布

(1) 二项分布($X\sim B(n,p)$)

二项分布以 n 重伯努利(Bernoulli) 试验为背景，即：试验在相同的条件下独立重复进行 n 次；每次试验只有两个可能的结果 A 和 $\overline{A}$；A 在每一次出现的概率都相同，记为 $P(A)=p$，则 A 在 n 次试验中出现 $k(k=0,1,\cdots,n)$ 次的概率为

$$P(X=k)=\mathrm{C}_n^k p^k(1-p)^{n-k}=\mathrm{C}_n^k p^k q^{n-k},\quad q=1-p.$$

n 次试验完以后所出现的结果就是一个样本点，相当于一个样本点有 n 个位置，A 在 n 次试验中出现 k 次相应于 n 个位置中有 k 个位置是 A，其余位置是 $\overline{A}$，每个样本点的概率是

$p^k q^{n-k}$，共有 C_n^k 个样本点，且是互斥的. A 在 n 次试验中出现 k 次的概率就是 C_n^k 个样本点并的概率，把每个样本点的概率加在一起就得到所求的概率 $C_n^k p^k q^{n-k}$（参见图 1）.

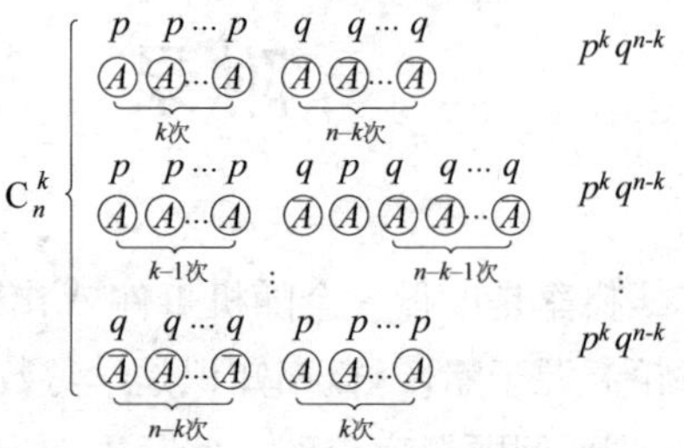

图 1

当 $n=1$ 时，二项分布 $B(1,p)$ 就变为两点分布，或 0-1 分布，0-1 分布的概率函数表示为

$$p^x q^{1-x}, \quad x=0,1;0<p<1.$$

二项分布具有线性可加性：

若 X_1 与 X_2 独立，且 $X_1 \sim B(n_1,p)$，$X_2 \sim B(n_2,p)$，则 $X_1+X_2 \sim B(n_1+n_2,p)$；

若 $X_1,X_2,\cdots,X_n$ 相互独立，且 $X_i \sim B(1,p)(i=1,2,\cdots,n)$，则 $\sum_{i=1}^{n} X_i \sim B(n,p)$.

(2) 泊松分布

若随机变量 X 满足

$$P(X=k)=\frac{\lambda^k e^{-\lambda}}{k!}, \quad k=0,1,2,\cdots,\lambda>0,$$

则称 X 服从参数为 λ 的泊松(Poisson)分布，记作 $X \sim P(\lambda)$.

泊松分布也具有可加性：

若 X 与 Y 独立，且 $X \sim P(\lambda_1)$，$Y \sim P(\lambda_2)$，则 $X+Y \sim P(\lambda_1+\lambda_2)$.

常见的例子有：一块钢板上出现的汽泡数，一本书中的印刷错误数，超市排队等候服务的人数，寻呼小姐在单位时间内接到的呼唤次数等都服从泊松分布，当二项分布中的 n 比较大，p 比较小时，可以用泊松分布对二项分布进行近似计算，此时令 $\lambda=np$，则有

$$C_n^k p^k (1-p)^{n-k} \approx \frac{\lambda^k e^{-\lambda}}{k!}.$$

(3) 几何分布

几何分布的背景可以描述为：一台设备生产正品和次品是相互独立的，若机器生产出次品则立即停机检修，假设机器生产的产品为正品的概率为 q，为次品的概率为 p，则两次检修之间生产的产品数 X 所服从的分布就是几何分布，记作 $X \sim Ge(p)$.

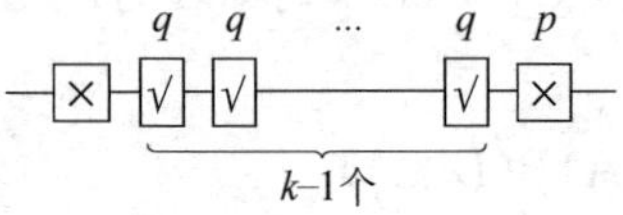

图 2

假设两次检修之间生产的产品数为 k，最后一件产品肯定为次品，概率为 p；前面 $k-1$ 件产品为正品，生产每件正品的概率为 q，由于生产每件产品是正品还是次品是相互独立的，根据事件的独立性得到几何分布的概率计算公式（参见图 2）：

$$P(X=k)=q^{k-1}p, \quad k=1,2,\cdots,0<p<1,q=1-p.$$

(4) 均匀分布

若随机变量 X 的分布密度函数为

$$f(x)=\begin{cases} \dfrac{1}{b-a}, & a \leqslant x \leqslant b, \\ 0, & \text{其他}, \end{cases}$$

则称 X 服从区间$[a,b]$上的均匀分布，简记为 $X \sim U[a,b]$，密度函数 $f(x)$ 的图形参见图 3.

(5) 指数分布

若随机变量 X 的分布密度函数为

$$f(x)=\begin{cases}\lambda e^{-\lambda x}, & x\geqslant 0,\\ 0 & x<0,\end{cases}\quad \lambda>0,$$

则称 X 服从参数为λ 的指数分布，记为 $X\sim \Gamma(1,\lambda)$. 电子元件的寿命、设备的寿命、人的寿命等服从指数分布.

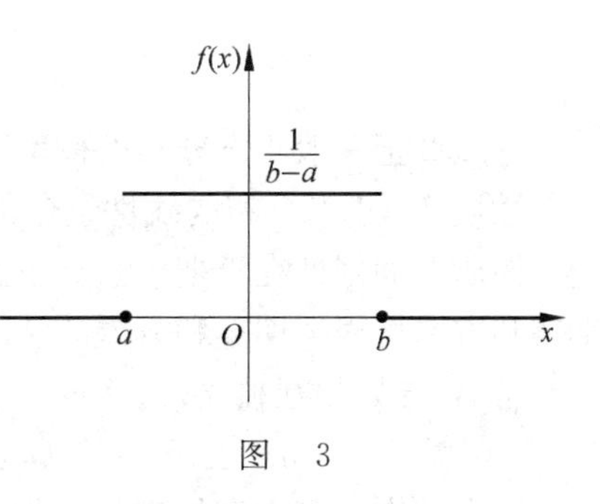

图　3

(6) 正态分布

若随机变量 X 的分布密度函数为

$$f(x)=\frac{1}{\sqrt{2\pi}\sigma}e^{-\frac{(x-\mu)^2}{2\sigma^2}},\quad -\infty<x<+\infty,\sigma>0,\mu \text{ 为常数},$$

则称 X 服从正态分布，记为 $X\sim N(\mu,\sigma^2)$，密度函数 $f(x)$ 的图形参见图 4.

特别地，当 $\mu=0,\sigma=1$ 时，正态分布的密度函数变为

$$f(x)=\frac{1}{\sqrt{2\pi}}e^{-\frac{x^2}{2}},\quad -\infty<x<+\infty.$$

此时称 X 服从标准正态分布，其密度函数 $f(x)$ 的图形参见图 5，记为 $X\sim N(0,1)$. 标准正态分布的分布函数记为 $\Phi(x)=\int_{-\infty}^{x}\frac{1}{\sqrt{2\pi}}e^{-\frac{x^2}{2}}dx$，在几何上表示为图 6 中阴影部分的面积.

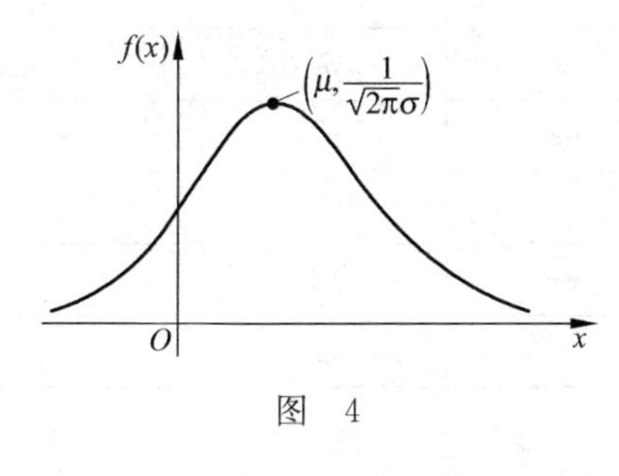

图　4

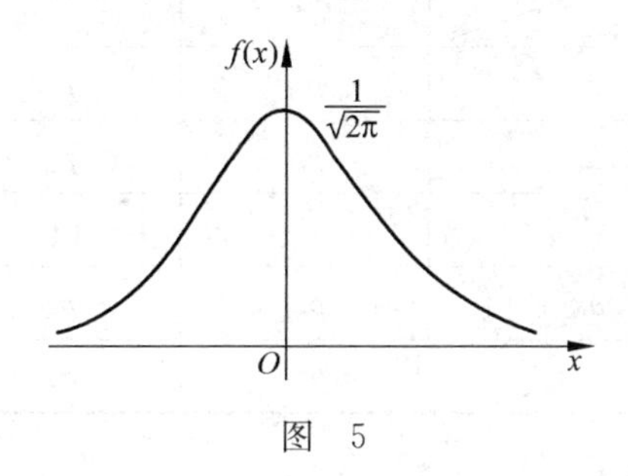

图　5

正态分布具有下面 3 个重要的性质.

性质 1　设标准正态分布的分布函数为 $\Phi(x)$，则 $\Phi(-x)=1-\Phi(x)$(参见图 7).

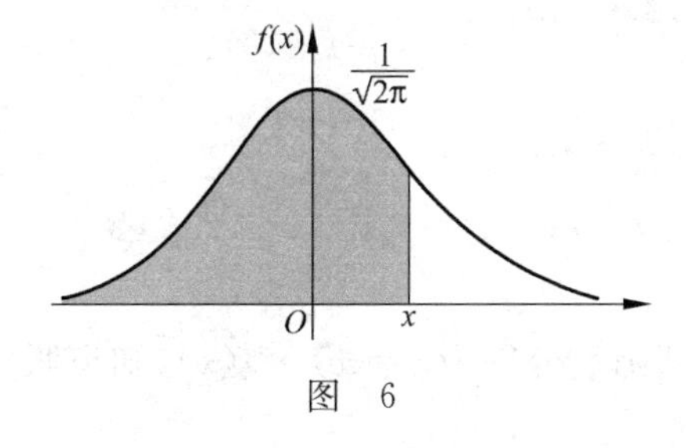

图　6

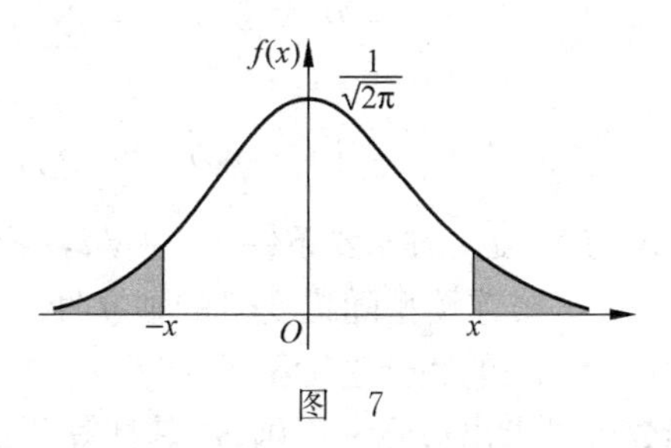

图　7

为简化标准正态分布的计算，一般制成了一张标准正态分布表，以便计算时直接查找，标准正态分布表中只给出 $x>0$ 时的一些值，若 $x>0$ 可以直接查出 $\Phi(x)$，对 $x<0$ 可以用性质 1 查出 $\Phi(x)$.

性质 2　若 $X\sim N(\mu,\sigma^2)$，则 $Y=\frac{X-\mu}{\sigma}\sim N(0,1)$，即

$$F(x)=P(X\leqslant x)=P\left(\frac{X-\mu}{\sigma}\leqslant\frac{x-\mu}{\sigma}\right)=\Phi\left(\frac{x-\mu}{\sigma}\right).$$

性质 2 把一般正态分布的概率计算转化为标准正态分布的概率计算.

性质 3 正态分布的线性组合仍然服从正态分布.

性质 3 的好处在于把求独立正态分布的线性组合的分布问题转化为求其期望和方差,期望和方差可根据期望和方差的性质求出. 以两个独立正态分布为例:

若 X 与 Y 相互独立,且 $X\sim N(\mu_1,\sigma_1^2)$,$Y\sim N(\mu_2,\sigma_2^2)$,则

$$aX\pm bY\sim N(a\mu_1\pm b\mu_2,a^2\sigma_1^2+b^2\sigma_2^2),\quad a^2+b^2\neq 0.$$

正态分布有着丰富的实际背景,如学生的考试成绩、单位职工的考核业绩、人的身高、动物的睡眠时间、产品某规格尺寸上的测量误差、某地区粮食产量等都服从或近似服从正态分布.

6. 多维随机变量的独立性

(1) 二维离散型随机变量的独立性

设(X,Y)为二维离散型随机变量,它可能的取值为$(a_i,b_j)$$(i=1,2,\cdots,m,j=1,2,\cdots,s)$,则定义二维离散型随机变量$(X,Y)$的联合分布列为表 1.

表 1 (X,Y)的联合分布列及边际分布列

X \ Y	b_1	b_2	$\cdots$	b_s	$p_{i\cdot}$
a_1	p_{11}	p_{12}	$\cdots$	p_{1s}	$p_{1\cdot}$
a_2	p_{21}	p_{22}	$\cdots$	p_{2s}	$p_{2\cdot}$
$\vdots$	$\vdots$	$\vdots$		$\vdots$	$\vdots$
a_m	p_{m1}	p_{m2}	$\cdots$	p_{ms}	$p_{m\cdot}$
$p_{\cdot j}$	$p_{\cdot 1}$	$p_{\cdot 2}$	$\cdots$	$p_{\cdot s}$	

表中

$$p_{ij}=P(X=a_i,Y=b_j),\quad i=1,2,\cdots,m,j=1,2,\cdots,s,$$

$$p_{i\cdot}=P(X=a_i)=\sum_{j=1}^{s}p_{ij},i=1,2,\cdots,m,$$

$$p_{\cdot j}=P(Y=b_j)=\sum_{i=1}^{m}p_{ij},j=1,2,\cdots,s.$$

X 与 Y 独立的充要条件为:对 $\forall i,j$ 有 $p_{ij}=p_{i\cdot}\,p_{\cdot j}$.

(2) 二维连续型随机变量的独立性

设(X,Y)的联合密度函数为 $f(x,y)$,边际密度函数分别为 $f_X(x)$,$f_Y(y)$,知道联合密度函数可以求出边际密度函数,其计算公式为

$$f_X(x)=\int_{-\infty}^{+\infty}f(x,y)\mathrm{d}y,\quad f_Y(y)=\int_{-\infty}^{+\infty}f(x,y)\mathrm{d}x.$$

需要注意的是:已知边际密度函数不一定能求出联合密度函数,除非两个随机变量 X,Y 相互独立.

$$X\text{ 与 }Y\text{ 独立的充要条件为 }f(x,y)=f_X(x)f_Y(y).$$

若(X,Y)的联合分布函数为$F(x,y)$，其边际分布函数分别为$F_X(x)$，$F_Y(y)$.

$$X\text{与}Y\text{独立的充要条件为}F(x,y)=F_X(x)F_Y(y).$$

(3) 多维随机变量的独立性

二维随机变量的独立性结论可以直接推广到多维随机变量的情形. 设$X_1,X_2,\cdots,X_n$是n维连续型随机变量，其联合分布函数和联合密度函数分别为$F(x_1,x_2,\cdots,x_n)$和$f(x_1,x_2,\cdots,x_n)$，边际分布函数和边际密度函数分别为$F_{X_1}(x_1)$，$F_{X_2}(x_2)$，$\cdots$，$F_{X_n}(x_n)$和$f_{X_1}(x_1)$，$f_{X_2}(x_2)$，$\cdots$，$f_{X_n}(x_n)$.

结论 1：$X_1,X_2,\cdots,X_n$相互独立的充要条件为：对于一切实数$x_1,x_2,\cdots,x_n$有

$$f(x_1,x_2,\cdots,x_n)=f_{X_1}(x_1)f_{X_2}(x_2)\cdots f_{X_n}(x_n).$$

结论 2：$X_1,X_2,\cdots,X_n$相互独立的充要条件为：对于一切实数$x_1,x_2,\cdots,x_n$有

$$F(x_1,x_2,\cdots,x_n)=F_{X_1}(x_1)F_{X_2}(x_2)\cdots F_{X_n}(x_n).$$

7. 随机变量的数字特征

(1) 期望和方差的计算

若一维离散型随机变量X的分布列为$P(X=a_i)=p_i(i=1,2,\cdots)$，则$X$的数学期望$EX$和$Y=g(X)$的数学期望$EY$分别为

$$EX=\sum_i a_iP(X=a_i)=\sum_i a_ip_i,\quad EY=\sum_i g(a_i)p_i.$$

若一维连续型随机变量X的分布密度函数为$f(x)$，则X的数学期望EX和$Y=g(X)$的数学期望EY分别为

$$EX=\int_{-\infty}^{+\infty}xf(x)\mathrm{d}x,\quad EY=\int_{-\infty}^{+\infty}g(x)f(x)\mathrm{d}x.$$

若(X,Y)的联合分布列为$P(X=a_i,Y=b_j)=p_{ij}$，则$Z=g(X,Y)$的数学期望EZ为

$$EZ=\sum_i\sum_j g(a_i,b_j)p_{ij}.$$

若(X,Y)的联合密度函数为$f(x,y)$，则$Z=g(X,Y)$的数学期望EZ为

$$EZ=\int_{-\infty}^{+\infty}\mathrm{d}x\int_{-\infty}^{+\infty}g(x,y)f(x,y)\mathrm{d}y.$$

随机变量X的方差DX的计算公式为

$$DX=E(X-EX)^2=EX^2-(EX)^2.$$

(2) 期望和方差的性质

性质 1　C为常数，则$EC=C,DC=0$.

性质 2　设a,b为任意实数，则$E(aX+b)=aEX+b,D(aX+b)=a^2DX$.

性质 3　设X,Y独立，则$E(XY)=E(X)E(Y)$，$D(aX\pm bY)=a^2DX+b^2DY$.

(3) 常见分布的数学期望和方差

常见离散型随机变量的数学期望与方差见表 2；常见连续型随机变量的数学期望与方差见表 3.

(4) 协方差、相关系数和矩

设X,Y为随机变量，它们的方差都存在，X与Y的协方差定义为

$$\mathrm{cov}(X,Y)=E(X-EX)(Y-EY)=E(XY)-E(X)E(Y).$$

表 2 常见离散型随机变量的数学期望与方差

常见离散型随机变量分布列	期 望	方差
单点分布 $P(X=C)=1$	$EX=C$	$DX=0$
两点分布 $X\sim B(1,p)$	$EX=p$	$DX=pq$
二项分布 $X\sim B(n,p)$	$EX=np$	$DX=npq$
泊松分布 $X\sim P(\lambda)$	$EX=\lambda$	$DX=\lambda$
几何分布 $X\sim Ge(p)$	$EX=\frac{1}{p}$	$DX=\frac{q}{p^2}$

表 3 常见连续型随机变量的数学期望与方差

常见连续型随机变量分布列	期 望	方差
均匀分布 $X\sim U[a,b]$	$EX=\frac{a+b}{2}$	$DX=\frac{(b-a)^2}{12}$
指数分布 $X\sim \Gamma(1,\lambda)$	$EX=\frac{1}{\lambda}$	$DX=\frac{1}{\lambda^2}$
正态分布 $X\sim N(\mu,\sigma^2)$	$EX=\mu$	$DX=\sigma^2$

随机变量 X,Y 的相关系数 r 定义为

$$r=\frac{\operatorname{cov}(X,Y)}{\sqrt{DX}\,\sqrt{DY}}=\frac{E[(X-EX)(Y-EY)]}{\sqrt{DX}\,\sqrt{DY}}.$$

协方差和相关系数具有如下性质：

性质 1 $\operatorname{cov}(X,Y)=\operatorname{cov}(Y,X)$；

性质 2 $\operatorname{cov}(aX+b,cY+d)=ac\operatorname{cov}(X,Y)$

性质 3 $\operatorname{cov}(X_1+X_2,Y)=\operatorname{cov}(X_1,Y)+\operatorname{cov}(X_2,Y)$

性质 4 $D(X\pm Y)=DX+DY\pm 2\operatorname{cov}(X,Y)$；

性质 5 $|r|\leqslant 1$；

性质 6 若 X,Y 独立，则 $r=0$；

性质 7 若 X,Y 是正态分布，则 X,Y 独立的充要条件是 $\operatorname{cov}(X,Y)=0$(或 $r_{XY}=0$).

矩的概念：EX^k 称为总体 X 的 k 阶原点矩；$E(X-EX)^k$ 称为总体 X 的 k 阶中心矩.

8. 中心极限定理

林德伯格-莱维(Lindeberg-Levy)中心极限定理 设 $X_1,X_2,\cdots,X_n$ 是独立同分布的随机变量序列，$EX_i=\mu,DX_i=\sigma^2,\overline{X}=\frac{1}{n}\sum_{i=1}^{n}X_i$，则对任意的 $x\in\mathbb{R}$，有

$$\lim_{n\to\infty}P\left(\frac{\overline{X}-E\overline{X}}{\sqrt{D\overline{X}}}\leqslant x\right)=\lim_{n\to\infty}P\left(\frac{\overline{X}-\mu}{\sigma/\sqrt{n}}\leqslant x\right)=\int_{-\infty}^{x}\frac{1}{\sqrt{2\pi}}\mathrm{e}^{-\frac{u^2}{2}}\mathrm{d}u=\Phi(x),$$

记为

$$\frac{\overline{X}-\mu}{\sigma/\sqrt{n}}\overset{\text{近似}}{\sim}N(0,1).$$

这个定理表示:无论$\{X_i\}$是服从什么分布的随机变量序列,随机变量$\overline{X}=\dfrac{1}{n}\sum\limits_{i=1}^{n}X_i$标准化以后的极限分布是标准正态分布.

棣莫弗-拉普拉斯中心极限定理　设$X_1,X_2,\cdots,X_n$独立同分布,且$X_i\sim B(1,p)$,则$\sum\limits_{i=1}^{n}X_i\sim B(n,p)$,$E(\sum\limits_{i=1}^{n}X_i)=np$,$D(\sum\limits_{i=1}^{n}X_i)=npq$,对任意的$x\in\mathbb{R}$,有

$$\lim_{n\to\infty}P\left(\frac{\sum\limits_{i=1}^{n}X_i-E(\sum\limits_{i=1}^{n}X_i)}{\sqrt{D(\sum\limits_{i=1}^{n}X_i)}}\leqslant x\right)=\lim_{n\to\infty}P\left(\frac{\sum\limits_{i=1}^{n}X_i-np}{\sqrt{np(1-p)}}\leqslant x\right)=\Phi(x).$$

附表　常用数理统计表

附表 1　标准正态分布表

$$\Phi(x)=\int_{-\infty}^{x}\frac{1}{\sqrt{2\pi}}\mathrm{e}^{-\frac{t^2}{2}}\mathrm{d}t=P(X\leqslant x)$$

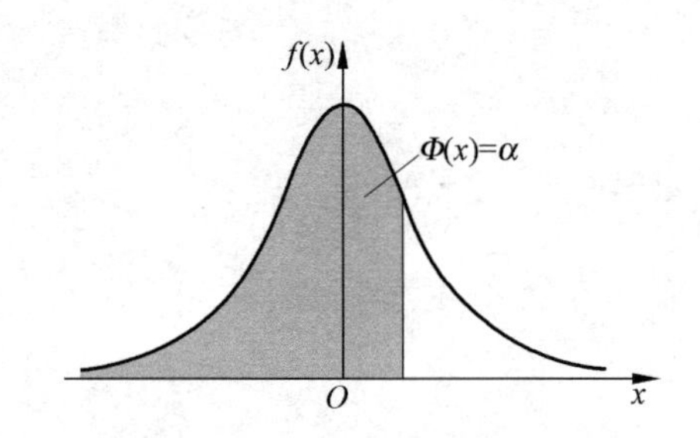

x	0.00	0.01	0.02	0.03	0.04	0.05	0.06	0.07	0.08	0.09
0.0	0.500 0	0.504 0	0.508 0	0.512 0	0.516 0	0.519 9	0.523 9	0.527 9	0.531 9	0.535 9
0.1	0.539 8	0.543 8	0.547 8	0.551 7	0.555 7	0.559 6	0.563 6	0.567 5	0.571 4	0.575 3
0.2	0.579 3	0.583 2	0.587 1	0.591 0	0.594 8	0.598 7	0.602 6	0.606 4	0.610 3	0.614 1
0.3	0.617 9	0.621 7	0.625 5	0.629 3	0.633 1	0.636 8	0.640 4	0.644 3	0.648 0	0.651 7
0.4	0.655 4	0.659 1	0.662 8	0.666 4	0.670 0	0.673 6	0.677 2	0.680 8	0.684 4	0.687 9
0.5	0.691 5	0.695 0	0.698 5	0.701 9	0.705 4	0.708 8	0.712 3	0.715 7	0.719 0	0.722 4
0.6	0.725 7	0.729 1	0.732 4	0.735 7	0.738 9	0.742 2	0.745 4	0.748 6	0.751 7	0.754 9
0.7	0.758 0	0.761 1	0.764 2	0.767 3	0.770 3	0.773 4	0.776 4	0.779 4	0.782 3	0.785 2
0.8	0.788 1	0.791 0	0.793 9	0.796 7	0.799 5	0.802 3	0.805 1	0.807 8	0.810 6	0.813 3
0.9	0.815 9	0.818 6	0.821 2	0.823 8	0.826 4	0.828 9	0.835 5	0.834 0	0.836 5	0.838 9
1.0	0.841 3	0.843 8	0.846 1	0.848 5	0.850 8	0.853 1	0.855 4	0.857 7	0.859 9	0.862 1
1.1	0.864 3	0.866 5	0.868 6	0.870 8	0.872 9	0.874 9	0.877 0	0.879 0	0.881 0	0.883 0
1.2	0.884 9	0.886 9	0.888 8	0.890 7	0.892 5	0.894 4	0.896 2	0.898 0	0.899 7	0.901 5
1.3	0.903 2	0.904 9	0.906 6	0.908 2	0.909 9	0.911 5	0.913 1	0.914 7	0.916 2	0.917 7
1.4	0.919 2	0.920 7	0.922 2	0.923 6	0.925 1	0.926 5	0.927 9	0.929 2	0.930 6	0.931 9
1.5	0.933 2	0.934 5	0.935 7	0.937 0	0.938 2	0.939 4	0.940 6	0.941 8	0.943 0	0.944 1
1.6	0.945 2	0.946 3	0.947 4	0.948 4	0.949 5	0.950 5	0.951 5	0.952 5	0.953 5	0.953 5
1.7	0.955 4	0.956 4	0.957 3	0.958 2	0.959 1	0.959 9	0.960 8	0.961 6	0.962 5	0.963 3

续表

x	0.00	0.01	0.02	0.03	0.04	0.05	0.06	0.07	0.08	0.09
1.8	0.9641	0.9648	0.9656	0.9664	0.9672	0.9678	0.9686	0.9693	0.9700	0.9706
1.9	0.9713	0.9719	0.9726	0.9732	0.9738	0.9744	0.9750	0.9756	0.9762	0.9767
2.0	0.9772	0.9778	0.9783	0.9788	0.9793	0.9798	0.9803	0.9808	0.9812	0.9817
2.1	0.9821	0.9826	0.9830	0.9834	0.9838	0.9842	0.9846	0.9850	0.9854	0.9857
2.2	0.9861	0.9864	0.9868	0.9871	0.9874	0.9878	0.9881	0.9884	0.9887	0.9890
2.3	0.9893	0.9896	0.9898	0.9901	0.9904	0.9906	0.9909	0.9911	0.9913	0.9916
2.4	0.9918	0.9920	0.9922	0.9925	0.9927	0.9929	0.9931	0.9932	0.9934	0.9936
2.5	0.9938	0.9940	0.9941	0.9943	0.9945	0.9946	0.9948	0.9949	0.9951	0.9952
2.6	0.9953	0.9955	0.9956	0.9957	0.9959	0.9960	0.9961	0.9962	0.9963	0.9964
2.7	0.9965	0.9966	0.9967	0.9968	0.9969	0.9970	0.9971	0.9972	0.9973	0.9974
2.8	0.9974	0.9975	0.9976	0.9977	0.9977	0.9978	0.9979	0.9979	0.9980	0.9981
2.9	0.9981	0.9982	0.9982	0.9983	0.9984	0.9984	0.9985	0.9985	0.9986	0.9986
3.0	0.9987	0.9990	0.9993	0.9995	0.9997	0.9998	0.9998	0.9999	0.9999	1.0000

附表 2　t 分布分位数表

$$P(t(n) \leqslant t_\alpha(n)) = \alpha$$

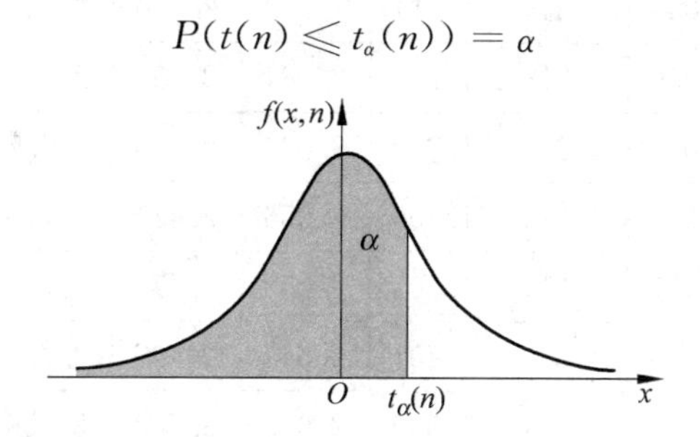

n \ α	0.75	0.8	0.85	0.9	0.95	0.975	0.99	0.995	0.9975	0.999	0.9995
1	1.000	1.376	1.963	3.078	6.314	12.71	31.82	63.66	127.3	318.3	636.6
2	0.816	1.061	1.386	1.886	2.920	4.303	6.965	9.925	14.09	22.33	31.60
3	0.765	0.978	1.250	1.638	2.353	3.182	4.541	5.841	7.453	10.21	12.92
4	0.741	0.941	1.190	1.533	2.132	2.776	3.747	4.604	5.598	7.173	8.610
5	0.727	0.920	1.156	1.476	2.015	2.571	3.365	4.032	4.773	5.893	6.869
6	0.718	0.906	1.134	1.440	1.943	2.447	3.143	3.707	4.317	5.208	5.959
7	0.711	0.896	1.119	1.415	1.895	2.365	2.998	3.499	4.029	4.785	5.408

续表

n \ α	0.75	0.8	0.85	0.9	0.95	0.975	0.99	0.995	0.9975	0.999	0.9995
8	0.706	0.889	1.108	1.397	1.860	2.306	2.896	3.355	3.833	4.501	5.041
9	0.703	0.883	1.100	1.383	1.833	2.262	2.821	3.250	3.690	4.297	4.781
10	0.700	0.879	1.093	1.372	1.812	2.228	2.764	3.169	3.581	4.144	4.587
11	0.697	0.876	1.088	1.363	1.796	2.201	2.718	3.106	3.497	4.025	4.437
12	0.695	0.873	1.083	1.356	1.782	2.179	2.681	3.055	3.428	3.930	4.318
13	0.694	0.870	1.079	1.350	1.771	2.160	2.650	3.012	3.372	3.852	4.221
14	0.692	0.868	1.076	1.345	1.761	2.145	2.624	2.977	3.326	3.787	4.140
15	0.691	0.866	1.074	1.341	1.753	2.131	2.602	2.947	3.286	3.733	4.073
16	0.690	0.865	1.071	1.337	1.746	2.120	2.583	2.921	3.252	3.686	4.015
17	0.689	0.863	1.069	1.333	1.740	2.110	2.567	2.898	3.222	3.646	3.965
18	0.688	0.862	1.067	1.330	1.734	2.101	2.552	2.878	3.197	3.610	3.922
19	0.688	0.861	1.066	1.328	1.729	2.093	2.539	2.861	3.174	3.579	3.883
20	0.687	0.860	1.064	1.325	1.725	2.086	2.528	2.845	3.153	3.552	3.850
21	0.686	0.859	1.063	1.323	1.721	2.080	2.518	2.831	3.135	3.527	3.819
22	0.686	0.858	1.061	1.321	1.717	2.074	2.508	2.819	3.119	3.505	3.792
23	0.685	0.858	1.060	1.319	1.714	2.069	2.500	2.807	3.104	3.485	3.767
24	0.685	0.857	1.059	1.318	1.711	2.064	2.492	2.797	3.091	3.467	3.745
25	0.684	0.856	1.058	1.316	1.708	2.060	2.485	2.787	3.078	3.450	3.725
26	0.684	0.856	1.058	1.315	1.706	2.056	2.479	2.779	3.067	3.435	3.707
27	0.684	0.855	1.057	1.314	1.703	2.052	2.473	2.771	3.057	3.421	3.690
28	0.683	0.855	1.056	1.313	1.701	2.048	2.467	2.763	3.047	3.408	3.674
29	0.683	0.854	1.055	1.311	1.699	2.045	2.462	2.756	3.038	3.396	3.659
30	0.683	0.854	1.055	1.310	1.697	2.042	2.457	2.750	3.030	3.385	3.646
40	0.681	0.851	1.050	1.303	1.684	2.021	2.423	2.704	2.971	3.307	3.551
50	0.679	0.849	1.047	1.299	1.676	2.009	2.403	2.678	2.937	3.261	3.496
60	0.679	0.848	1.045	1.296	1.671	2.000	2.390	2.660	2.915	3.232	3.460
80	0.678	0.846	1.043	1.292	1.664	1.990	2.374	2.639	2.887	3.195	3.416
100	0.677	0.845	1.042	1.290	1.660	1.984	2.364	2.626	2.871	3.174	3.390
120	0.677	0.845	1.041	1.289	1.658	1.980	2.358	2.617	2.860	3.160	3.373

附表 3　卡方分布分位数表

$$P(\chi^2 \leqslant \chi_\alpha^2(n)) = \alpha$$

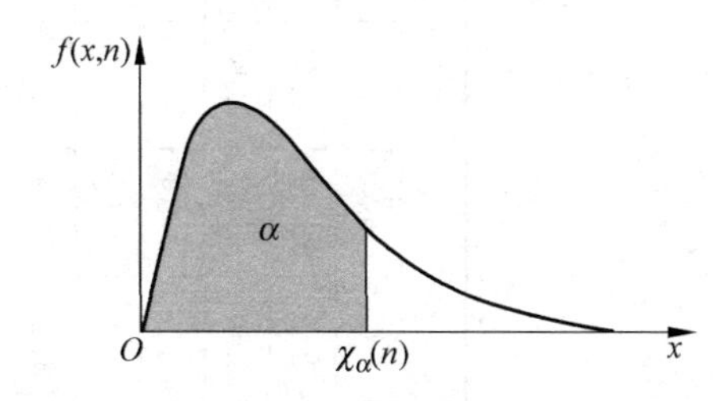

n \ α	0.005	0.010	0.025	0.050	0.100	0.250	0.750	0.900	0.950	0.975	0.990	0.995
1	0.000	0.000	0.001	0.004	0.016	0.102	1.323	2.706	3.841	5.024	6.635	7.879
2	0.010	0.020	0.051	0.103	0.211	0.575	2.773	4.605	5.991	7.378	9.210	10.597
3	0.072	0.115	0.216	0.352	0.584	1.213	4.108	6.251	7.815	9.348	11.345	12.838
4	0.207	0.297	0.484	0.711	1.064	1.923	5.385	7.779	9.488	11.143	13.277	14.860
5	0.412	0.554	0.831	1.145	1.610	2.675	6.626	9.236	11.070	12.833	15.086	16.750
6	0.676	0.872	1.237	1.635	2.204	3.455	7.841	10.645	12.592	14.449	16.812	18.548
7	0.989	1.239	1.690	2.167	2.833	4.255	9.037	12.017	14.067	16.013	18.475	20.278
8	1.344	1.646	2.180	2.733	3.490	5.071	10.219	13.362	15.507	17.535	20.090	21.955
9	1.735	2.088	2.700	3.325	4.168	5.899	11.389	14.684	16.919	19.023	21.666	23.589
10	2.156	2.558	3.247	3.940	4.865	6.737	12.549	15.987	18.307	20.483	23.209	25.188
11	2.603	3.053	3.816	4.575	5.578	7.584	13.701	17.275	19.675	21.920	24.725	26.757
12	3.074	3.571	4.404	5.226	6.304	8.438	14.845	18.549	21.026	23.337	26.217	28.300
13	3.565	4.107	5.009	5.892	7.042	9.299	15.984	19.812	22.362	24.736	27.688	29.819
14	4.075	4.660	5.629	6.571	7.790	10.165	17.117	21.064	23.685	26.119	29.141	31.319
15	4.601	5.229	6.262	7.261	8.547	11.037	18.245	22.307	24.996	27.488	30.578	32.801
16	5.142	5.812	6.908	7.962	9.312	11.912	19.369	23.542	26.296	28.845	32.000	34.267
17	5.697	6.408	7.564	8.672	10.085	12.792	20.489	24.769	27.587	30.191	33.409	35.718
18	6.265	7.015	8.231	9.390	10.865	13.675	21.605	25.989	28.869	31.526	34.805	37.156
19	6.844	7.633	8.907	10.117	11.651	14.562	22.718	27.204	30.144	32.852	36.191	38.582
20	7.434	8.260	9.591	10.851	12.443	15.452	23.828	28.412	31.410	34.170	37.566	39.997
21	8.034	8.897	10.283	11.591	13.240	16.344	24.935	29.615	32.671	35.479	38.932	41.401
22	8.643	9.542	10.982	12.338	14.041	17.240	26.039	30.813	33.924	36.781	40.289	42.796
23	9.260	10.196	11.689	13.091	14.848	18.137	27.141	32.007	35.172	38.076	41.638	44.181
24	9.886	10.856	12.401	13.848	15.659	19.037	28.241	33.196	36.415	39.364	42.980	45.559
25	10.520	11.524	13.120	14.611	16.473	19.939	29.339	34.382	37.652	40.646	44.314	46.928
26	11.160	12.198	13.844	15.379	17.292	20.843	30.435	35.563	38.885	41.923	45.642	48.290
27	11.808	12.879	14.573	16.151	18.114	21.749	31.528	36.741	40.113	43.195	46.963	49.645
28	12.461	13.565	15.308	16.928	18.939	22.657	32.620	37.916	41.337	44.461	48.278	50.993
29	13.121	14.256	16.047	17.708	19.768	23.567	33.711	39.087	42.557	45.722	49.588	52.336
30	13.787	14.953	16.791	18.493	20.599	24.478	34.800	40.256	43.773	46.979	50.892	53.672
40	20.707	22.164	24.433	26.509	29.051	33.660	45.616	51.805	55.758	59.342	63.691	66.766

附表 4 F 分布分位数表

$$P(F \leqslant F_{\alpha}(n_1, n_2)) = \alpha$$

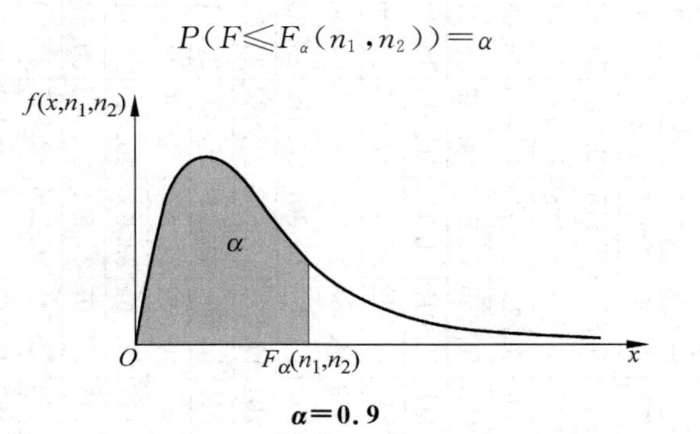

$\alpha=0.9$

n_2	n_1																		
	1	2	3	4	5	6	7	8	9	10	12	15	20	24	30	40	60	120	无穷大
1	39.86	49.50	53.59	55.83	57.24	58.20	58.91	59.44	59.86	60.19	60.71	61.22	61.74	62.00	62.26	62.53	62.79	63.06	63.33
2	8.53	9.00	9.16	9.24	9.29	9.33	9.35	9.37	9.38	9.39	9.41	9.42	9.44	9.45	9.46	9.47	9.47	9.48	9.49
3	5.54	5.46	5.39	5.34	5.31	5.28	5.27	5.25	5.24	5.23	5.22	5.20	5.18	5.18	5.17	5.16	5.15	5.14	5.13
4	4.54	4.32	4.19	4.11	4.05	4.01	3.98	3.95	3.94	3.92	3.90	3.87	3.84	3.83	3.82	3.80	3.79	3.78	3.76
5	4.06	3.78	3.62	3.52	3.45	3.40	3.37	3.34	3.32	3.30	3.27	3.24	3.21	3.19	3.17	3.16	3.14	3.12	3.11
6	3.78	3.46	3.29	3.18	3.11	3.05	3.01	2.98	2.96	2.94	2.90	2.87	2.84	2.82	2.80	2.78	2.76	2.74	2.72
7	3.59	3.26	3.07	2.96	2.88	2.83	2.78	2.75	2.72	2.70	2.67	2.63	2.59	2.58	2.56	2.54	2.51	2.49	2.47
8	3.46	3.11	2.92	2.81	2.73	2.67	2.62	2.59	2.56	2.54	2.50	2.46	2.42	2.40	2.38	2.36	2.34	2.32	2.29
9	3.36	3.01	2.81	2.69	2.61	2.55	2.51	2.47	2.44	2.42	2.38	2.34	2.30	2.28	2.25	2.23	2.21	2.18	2.16
10	3.29	2.92	2.73	2.61	2.52	2.46	2.41	2.38	2.35	2.32	2.28	2.24	2.20	2.18	2.16	2.13	2.11	2.08	2.06
11	3.23	2.86	2.66	2.54	2.45	2.39	2.34	2.30	2.27	2.25	2.21	2.17	2.12	2.10	2.08	2.05	2.03	2.00	1.97
12	3.18	2.81	2.61	2.48	2.39	2.33	2.28	2.24	2.21	2.19	2.15	2.10	2.06	2.04	2.01	1.99	1.96	1.93	1.90

续表

n_2	n_1																		
	1	2	3	4	5	6	7	8	9	10	12	15	20	24	30	40	60	120	无穷大
13	3.14	2.76	2.56	2.43	2.35	2.28	2.23	2.20	2.16	2.14	2.10	2.05	2.01	1.98	1.96	1.93	1.90	1.88	1.85
14	3.10	2.73	2.52	2.39	2.31	2.24	2.19	2.15	2.12	2.10	2.05	2.01	1.96	1.94	1.91	1.89	1.86	1.83	1.80
15	3.07	2.70	2.49	2.36	2.27	2.21	2.16	2.12	2.09	2.06	2.02	1.97	1.92	1.90	1.87	1.85	1.82	1.79	1.76
16	3.05	2.67	2.46	2.33	2.24	2.18	2.13	2.09	2.06	2.03	1.99	1.94	1.89	1.87	1.84	1.81	1.78	1.75	1.72
17	3.03	2.64	2.44	2.31	2.22	2.15	2.10	2.06	2.03	2.00	1.96	1.91	1.86	1.84	1.81	1.78	1.75	1.72	1.69
18	3.01	2.62	2.42	2.29	2.20	2.13	2.08	2.04	2.00	1.98	1.93	1.89	1.84	1.81	1.78	1.75	1.72	1.69	1.66
19	2.99	2.61	2.40	2.27	2.18	2.11	2.06	2.02	1.98	1.96	1.91	1.86	1.81	1.79	1.76	1.73	1.70	1.67	1.63
20	2.97	2.59	2.38	2.25	2.16	2.09	2.04	2.00	1.96	1.94	1.89	1.84	1.79	1.77	1.74	1.71	1.68	1.64	1.61
21	2.96	2.57	2.36	2.23	2.14	2.08	2.02	1.98	1.95	1.92	1.87	1.83	1.78	1.75	1.72	1.69	1.66	1.62	1.59
22	2.95	2.56	2.35	2.22	2.13	2.06	2.01	1.97	1.93	1.90	1.86	1.81	1.76	1.73	1.70	1.67	1.64	1.60	1.57
23	2.94	2.55	2.34	2.21	2.11	2.05	1.99	1.95	1.92	1.89	1.84	1.80	1.74	1.72	1.69	1.66	1.62	1.59	1.55
24	2.93	2.54	2.33	2.19	2.10	2.04	1.98	1.94	1.91	1.88	1.83	1.78	1.73	1.70	1.67	1.64	1.61	1.57	1.53
25	2.92	2.53	2.32	2.18	2.09	2.02	1.97	1.93	1.89	1.87	1.82	1.77	1.72	1.69	1.66	1.63	1.59	1.56	1.52
26	2.91	2.52	2.31	2.17	2.08	2.01	1.96	1.92	1.88	1.86	1.81	1.76	1.71	1.68	1.65	1.61	1.58	1.54	1.50
27	2.90	2.51	2.30	2.17	2.07	2.00	1.95	1.91	1.87	1.85	1.80	1.75	1.70	1.67	1.64	1.60	1.57	1.53	1.49
28	2.89	2.50	2.29	2.16	2.06	2.00	1.94	1.90	1.87	1.84	1.79	1.74	1.69	1.66	1.63	1.59	1.56	1.52	1.48
29	2.89	2.50	2.28	2.15	2.06	1.99	1.93	1.89	1.86	1.83	1.78	1.73	1.68	1.65	1.62	1.58	1.55	1.51	1.47
30	2.88	2.49	2.28	2.14	2.05	1.98	1.93	1.88	1.85	1.82	1.77	1.72	1.67	1.64	1.61	1.57	1.54	1.50	1.46
40	2.84	2.44	2.23	2.09	2.00	1.93	1.87	1.83	1.79	1.76	1.71	1.66	1.61	1.57	1.54	1.51	1.47	1.42	1.38
60	2.79	2.39	2.18	2.04	1.95	1.87	1.82	1.77	1.74	1.71	1.66	1.60	1.54	1.51	1.48	1.44	1.40	1.35	1.29
120	2.75	2.35	2.13	1.99	1.90	1.82	1.77	1.72	1.68	1.65	1.60	1.55	1.48	1.45	1.41	1.37	1.32	1.26	1.19
无穷大	2.71	2.30	2.08	1.94	1.85	1.77	1.72	1.67	1.63	1.60	1.55	1.49	1.42	1.38	1.34	1.30	1.24	1.17	1.00

$\alpha=0.95$

n_2	n_1																		
	1	2	3	4	5	6	7	8	9	10	12	15	20	24	30	40	60	120	无穷大
1	161.45	199.50	215.71	224.58	230.16	233.99	236.77	238.88	240.54	241.88	243.91	245.95	248.01	249.05	250.10	251.14	252.20	253.25	254.31
2	18.51	19.00	19.16	19.25	19.30	19.33	19.35	19.37	19.38	19.40	19.41	19.43	19.45	19.45	19.46	19.47	19.48	19.49	19.50
3	10.13	9.55	9.28	9.12	9.01	8.94	8.89	8.85	8.81	8.79	8.74	8.70	8.66	8.64	8.62	8.59	8.57	8.55	8.53
4	7.71	6.94	6.59	6.39	6.26	6.16	6.09	6.04	6.00	5.96	5.91	5.86	5.80	5.77	5.75	5.72	5.69	5.66	5.63
5	6.61	5.79	5.41	5.19	5.05	4.95	4.88	4.82	4.77	4.74	4.68	4.62	4.56	4.53	4.50	4.46	4.43	4.40	4.37
6	5.99	5.14	4.76	4.53	4.39	4.28	4.21	4.15	4.10	4.06	4.00	3.94	3.87	3.84	3.81	3.77	3.74	3.70	3.67
7	5.59	4.74	4.35	4.12	3.97	3.87	3.79	3.73	3.68	3.64	3.57	3.51	3.44	3.41	3.38	3.34	3.30	3.27	3.23
8	5.32	4.46	4.07	3.84	3.69	3.58	3.50	3.44	3.39	3.35	3.28	3.22	3.15	3.12	3.08	3.04	3.01	2.97	2.93
9	5.12	4.26	3.86	3.63	3.48	3.37	3.29	3.23	3.18	3.14	3.07	3.01	2.94	2.90	2.86	2.83	2.79	2.75	2.71
10	4.96	4.10	3.71	3.48	3.33	3.22	3.14	3.07	3.02	2.98	2.91	2.85	2.77	2.74	2.70	2.66	2.62	2.58	2.54
11	4.84	3.98	3.59	3.36	3.20	3.09	3.01	2.95	2.90	2.85	2.79	2.72	2.65	2.61	2.57	2.53	2.49	2.45	2.40
12	4.75	3.89	3.49	3.26	3.11	3.00	2.91	2.85	2.80	2.75	2.69	2.62	2.54	2.51	2.47	2.43	2.38	2.34	2.30
13	4.67	3.81	3.41	3.18	3.03	2.92	2.83	2.77	2.71	2.67	2.60	2.53	2.46	2.42	2.38	2.34	2.30	2.25	2.21
14	4.60	3.74	3.34	3.11	2.96	2.85	2.76	2.70	2.65	2.60	2.53	2.46	2.39	2.35	2.31	2.27	2.22	2.18	2.13
15	4.54	3.68	3.29	3.06	2.90	2.79	2.71	2.64	2.59	2.54	2.48	2.40	2.33	2.29	2.25	2.20	2.16	2.11	2.07
16	4.49	3.63	3.24	3.01	2.85	2.74	2.66	2.59	2.54	2.49	2.42	2.35	2.28	2.24	2.19	2.15	2.11	2.06	2.01
17	4.45	3.59	3.20	2.96	2.81	2.70	2.61	2.55	2.49	2.45	2.38	2.31	2.23	2.19	2.15	2.10	2.06	2.01	1.96

续表

n_2	n_1																		
	1	2	3	4	5	6	7	8	9	10	12	15	20	24	30	40	60	120	无穷大
18	4.41	3.55	3.16	2.93	2.77	2.66	2.58	2.51	2.46	2.41	2.34	2.27	2.19	2.15	2.11	2.06	2.02	1.97	1.92
19	4.38	3.52	3.13	2.90	2.74	2.63	2.54	2.48	2.42	2.38	2.31	2.23	2.16	2.11	2.07	2.03	1.98	1.93	1.88
20	4.35	3.49	3.10	2.87	2.71	2.60	2.51	2.45	2.39	2.35	2.28	2.20	2.12	2.08	2.04	1.99	1.95	1.90	1.84
21	4.32	3.47	3.07	2.84	2.68	2.57	2.49	2.42	2.37	2.32	2.25	2.18	2.10	2.05	2.01	1.96	1.92	1.87	1.81
22	4.30	3.44	3.05	2.82	2.66	2.55	2.46	2.40	2.34	2.30	2.23	2.15	2.07	2.03	1.98	1.94	1.89	1.84	1.78
23	4.28	3.42	3.03	2.80	2.64	2.53	2.44	2.37	2.32	2.27	2.20	2.13	2.05	2.01	1.96	1.91	1.86	1.81	1.76
24	4.26	3.40	3.01	2.78	2.62	2.51	2.42	2.36	2.30	2.25	2.18	2.11	2.03	1.98	1.94	1.89	1.84	1.79	1.73
25	4.24	3.39	2.99	2.76	2.60	2.49	2.40	2.34	2.28	2.24	2.16	2.09	2.01	1.96	1.92	1.87	1.82	1.77	1.71
26	4.23	3.37	2.98	2.74	2.59	2.47	2.39	2.32	2.27	2.22	2.15	2.07	1.99	1.95	1.90	1.85	1.80	1.75	1.69
27	4.21	3.35	2.96	2.73	2.57	2.46	2.37	2.31	2.25	2.20	2.13	2.06	1.97	1.93	1.88	1.84	1.79	1.73	1.67
28	4.20	3.34	2.95	2.71	2.56	2.45	2.36	2.29	2.24	2.19	2.12	2.04	1.96	1.91	1.87	1.82	1.77	1.71	1.65
29	4.18	3.33	2.93	2.70	2.55	2.43	2.35	2.28	2.22	2.18	2.10	2.03	1.94	1.90	1.85	1.81	1.75	1.70	1.64
30	4.17	3.32	2.92	2.69	2.53	2.42	2.33	2.27	2.21	2.16	2.09	2.01	1.93	1.89	1.84	1.79	1.74	1.68	1.62
40	4.08	3.23	2.84	2.61	2.45	2.34	2.25	2.18	2.12	2.08	2.00	1.92	1.84	1.79	1.74	1.69	1.64	1.58	1.51
60	4.00	3.15	2.76	2.53	2.37	2.25	2.17	2.10	2.04	1.99	1.92	1.84	1.75	1.70	1.65	1.59	1.53	1.47	1.39
120	3.92	3.07	2.68	2.45	2.29	2.18	2.09	2.02	1.96	1.91	1.83	1.75	1.66	1.61	1.55	1.50	1.43	1.35	1.25
无穷大	3.84	3.00	2.61	2.37	2.21	2.10	2.01	1.94	1.88	1.83	1.75	1.67	1.57	1.52	1.46	1.40	1.32	1.22	1.00

$\alpha=0.975$

n_2	n_1																		
	1	2	3	4	5	6	7	8	9	10	12	15	20	24	30	40	60	120	无穷大
1	647.79	799.50	864.16	899.58	921.85	937.11	948.22	956.66	963.28	968.63	976.71	984.87	993.10	997.25	1001.41	1005.60	1009.80	1014.02	1018.26
2	38.51	39.00	39.17	39.25	39.30	39.33	39.36	39.37	39.39	39.40	39.41	39.43	39.45	39.46	39.46	39.47	39.48	39.49	39.50
3	17.44	16.04	15.44	15.10	14.88	14.73	14.62	14.54	14.47	14.42	14.34	14.25	14.17	14.12	14.08	14.04	13.99	13.95	13.90
4	12.22	10.65	9.98	9.60	9.36	9.20	9.07	8.98	8.90	8.84	8.75	8.66	8.56	8.51	8.46	8.41	8.36	8.31	8.26
5	10.01	8.43	7.76	7.39	7.15	6.98	6.85	6.76	6.68	6.62	6.52	6.43	6.33	6.28	6.23	6.18	6.12	6.07	6.02
6	8.81	7.26	6.60	6.23	5.99	5.82	5.70	5.60	5.52	5.46	5.37	5.27	5.17	5.12	5.07	5.01	4.96	4.90	4.85
7	8.07	6.54	5.89	5.52	5.29	5.12	4.99	4.90	4.82	4.76	4.67	4.57	4.47	4.41	4.36	4.31	4.25	4.20	4.14
8	7.57	6.06	5.42	5.05	4.82	4.65	4.53	4.43	4.36	4.30	4.20	4.10	4.00	3.95	3.89	3.84	3.78	3.73	3.67
9	7.21	5.71	5.08	4.72	4.48	4.32	4.20	4.10	4.03	3.96	3.87	3.77	3.67	3.61	3.56	3.51	3.45	3.39	3.33
10	6.94	5.46	4.83	4.47	4.24	4.07	3.95	3.85	3.78	3.72	3.62	3.52	3.42	3.37	3.31	3.26	3.20	3.14	3.08
11	6.72	5.26	4.63	4.28	4.04	3.88	3.76	3.66	3.59	3.53	3.43	3.33	3.23	3.17	3.12	3.06	3.00	2.94	2.88
12	6.55	5.10	4.47	4.12	3.89	3.73	3.61	3.51	3.44	3.37	3.28	3.18	3.07	3.02	2.96	2.91	2.85	2.79	2.72
13	6.41	4.97	4.35	4.00	3.77	3.60	3.48	3.39	3.31	3.25	3.15	3.05	2.95	2.89	2.84	2.78	2.72	2.66	2.60
14	6.30	4.86	4.24	3.89	3.66	3.50	3.38	3.29	3.21	3.15	3.05	2.95	2.84	2.79	2.73	2.67	2.61	2.55	2.49
15	6.20	4.77	4.15	3.80	3.58	3.41	3.29	3.20	3.12	3.06	2.96	2.86	2.76	2.70	2.64	2.59	2.52	2.46	2.40
16	6.12	4.69	4.08	3.73	3.50	3.34	3.22	3.12	3.05	2.99	2.89	2.79	2.68	2.63	2.57	2.51	2.45	2.38	2.32
17	6.04	4.62	4.01	3.66	3.44	3.28	3.16	3.06	2.98	2.92	2.82	2.72	2.62	2.56	2.50	2.44	2.38	2.32	2.25

续表

n_2 \ n_1	1	2	3	4	5	6	7	8	9	10	12	15	20	24	30	40	60	120	无穷大
18	5.98	4.56	3.95	3.61	3.38	3.22	3.10	3.01	2.93	2.87	2.77	2.67	2.56	2.50	2.44	2.38	2.32	2.26	2.19
19	5.92	4.51	3.90	3.56	3.33	3.17	3.05	2.96	2.88	2.82	2.72	2.62	2.51	2.45	2.39	2.33	2.27	2.20	2.13
20	5.87	4.46	3.86	3.51	3.29	3.13	3.01	2.91	2.84	2.77	2.68	2.57	2.46	2.41	2.35	2.29	2.22	2.16	2.09
21	5.83	4.42	3.82	3.48	3.25	3.09	2.97	2.87	2.80	2.73	2.64	2.53	2.42	2.37	2.31	2.25	2.18	2.11	2.04
22	5.79	4.38	3.78	3.44	3.22	3.05	2.93	2.84	2.76	2.70	2.60	2.50	2.39	2.33	2.27	2.21	2.14	2.08	2.00
23	5.75	4.35	3.75	3.41	3.18	3.02	2.90	2.81	2.73	2.67	2.57	2.47	2.36	2.30	2.24	2.18	2.11	2.04	1.97
24	5.72	4.32	3.72	3.38	3.15	2.99	2.87	2.78	2.70	2.64	2.54	2.44	2.33	2.27	2.21	2.15	2.08	2.01	1.94
25	5.69	4.29	3.69	3.35	3.13	2.97	2.85	2.75	2.68	2.61	2.51	2.41	2.30	2.24	2.18	2.12	2.05	1.98	1.91
26	5.66	4.27	3.67	3.33	3.10	2.94	2.82	2.73	2.65	2.59	2.49	2.39	2.28	2.22	2.16	2.09	2.03	1.95	1.88
27	5.63	4.24	3.65	3.31	3.08	2.92	2.80	2.71	2.63	2.57	2.47	2.36	2.25	2.19	2.13	2.07	2.00	1.93	1.85
28	5.61	4.22	3.63	3.29	3.06	2.90	2.78	2.69	2.61	2.55	2.45	2.34	2.23	2.17	2.11	2.05	1.98	1.91	1.83
29	5.59	4.20	3.61	3.27	3.04	2.88	2.76	2.67	2.59	2.53	2.43	2.32	2.21	2.15	2.09	2.03	1.96	1.89	1.81
30	5.57	4.18	3.59	3.25	3.03	2.87	2.75	2.65	2.57	2.51	2.41	2.31	2.20	2.14	2.07	2.01	1.94	1.87	1.79
40	5.42	4.05	3.46	3.13	2.90	2.74	2.62	2.53	2.45	2.39	2.29	2.18	2.07	2.01	1.94	1.88	1.80	1.72	1.64
60	5.29	3.93	3.34	3.01	2.79	2.63	2.51	2.41	2.33	2.27	2.17	2.06	1.94	1.88	1.82	1.74	1.67	1.58	1.48
120	5.15	3.80	3.23	2.89	2.67	2.52	2.39	2.30	2.22	2.16	2.05	1.94	1.82	1.76	1.69	1.61	1.53	1.43	1.31
无穷大	5.02	3.69	3.12	2.79	2.57	2.41	2.29	2.19	2.11	2.05	1.94	1.83	1.71	1.64	1.57	1.48	1.39	1.27	1.00

$\alpha=0.99$

n_2	n_1																		
	1	2	3	4	5	6	7	8	9	10	12	15	20	24	30	40	60	120	无穷大
1	4052.18	4999.50	5403.35	5624.58	5763.65	5858.99	5928.36	5981.07	6022.47	6055.85	6106.32	6157.28	6208.73	6234.63	6260.65	6286.78	6313.03	6339.39	6365.86
2	98.50	99.00	99.17	99.25	99.30	99.33	99.36	99.37	99.39	99.40	99.42	99.43	99.45	99.46	99.47	99.47	99.48	99.49	99.50
3	34.12	30.82	29.46	28.71	28.24	27.91	27.67	27.49	27.35	27.23	27.05	26.87	26.69	26.60	26.50	26.41	26.32	26.22	26.13
4	21.20	18.00	16.69	15.98	15.52	15.21	14.98	14.80	14.66	14.55	14.37	14.20	14.02	13.93	13.84	13.75	13.65	13.56	13.46
5	16.26	13.27	12.06	11.39	10.97	10.67	10.46	10.29	10.16	10.05	9.89	9.72	9.55	9.47	9.38	9.29	9.20	9.11	9.02
6	13.75	10.92	9.78	9.15	8.75	8.47	8.26	8.10	7.98	7.87	7.72	7.56	7.40	7.31	7.23	7.14	7.06	6.97	6.88
7	12.25	9.55	8.45	7.85	7.46	7.19	6.99	6.84	6.72	6.62	6.47	6.31	6.16	6.07	5.99	5.91	5.82	5.74	5.65
8	11.26	8.65	7.59	7.01	6.63	6.37	6.18	6.03	5.91	5.81	5.67	5.52	5.36	5.28	5.20	5.12	5.03	4.95	4.86
9	10.56	8.02	6.99	6.42	6.06	5.80	5.61	5.47	5.35	5.26	5.11	4.96	4.81	4.73	4.65	4.57	4.48	4.40	4.31
10	10.04	7.56	6.55	5.99	5.64	5.39	5.20	5.06	4.94	4.85	4.71	4.56	4.41	4.33	4.25	4.17	4.08	4.00	3.91
11	9.65	7.21	6.22	5.67	5.32	5.07	4.89	4.74	4.63	4.54	4.40	4.25	4.10	4.02	3.94	3.86	3.78	3.69	3.60
12	9.33	6.93	5.95	5.41	5.06	4.82	4.64	4.50	4.39	4.30	4.16	4.01	3.86	3.78	3.70	3.62	3.54	3.45	3.36
13	9.07	6.70	5.74	5.21	4.86	4.62	4.44	4.30	4.19	4.10	3.96	3.82	3.66	3.59	3.51	3.43	3.34	3.25	3.17
14	8.86	6.51	5.56	5.04	4.69	4.46	4.28	4.14	4.03	3.94	3.80	3.66	3.51	3.43	3.35	3.27	3.18	3.09	3.00
15	8.68	6.36	5.42	4.89	4.56	4.32	4.14	4.00	3.89	3.80	3.67	3.52	3.37	3.29	3.21	3.13	3.05	2.96	2.87
16	8.53	6.23	5.29	4.77	4.44	4.20	4.03	3.89	3.78	3.69	3.55	3.41	3.26	3.18	3.10	3.02	2.93	2.84	2.75
17	8.40	6.11	5.18	4.67	4.34	4.10	3.93	3.79	3.68	3.59	3.46	3.31	3.16	3.08	3.00	2.92	2.83	2.75	2.65

续表

n_2	n_1																		
	1	2	3	4	5	6	7	8	9	10	12	15	20	24	30	40	60	120	无穷大
18	8.29	6.01	5.09	4.58	4.25	4.01	3.84	3.71	3.60	3.51	3.37	3.23	3.08	3.00	2.92	2.84	2.75	2.66	2.57
19	8.18	5.93	5.01	4.50	4.17	3.94	3.77	3.63	3.52	3.43	3.30	3.15	3.00	2.92	2.84	2.76	2.67	2.58	2.49
20	8.10	5.85	4.94	4.43	4.10	3.87	3.70	3.56	3.46	3.37	3.23	3.09	2.94	2.86	2.78	2.69	2.61	2.52	2.42
21	8.02	5.78	4.87	4.37	4.04	3.81	3.64	3.51	3.40	3.31	3.17	3.03	2.88	2.80	2.72	2.64	2.55	2.46	2.36
22	7.95	5.72	4.82	4.31	3.99	3.76	3.59	3.45	3.35	3.26	3.12	2.98	2.83	2.75	2.67	2.58	2.50	2.40	2.31
23	7.88	5.66	4.76	4.26	3.94	3.71	3.54	3.41	3.30	3.21	3.07	2.93	2.78	2.70	2.62	2.54	2.45	2.35	2.26
24	7.82	5.61	4.72	4.22	3.90	3.67	3.50	3.36	3.26	3.17	3.03	2.89	2.74	2.66	2.58	2.49	2.40	2.31	2.21
25	7.77	5.57	4.68	4.18	3.85	3.63	3.46	3.32	3.22	3.13	2.99	2.85	2.70	2.62	2.54	2.45	2.36	2.27	2.17
26	7.72	5.53	4.64	4.14	3.82	3.59	3.42	3.29	3.18	3.09	2.96	2.81	2.66	2.58	2.50	2.42	2.33	2.23	2.13
27	7.68	5.49	4.60	4.11	3.78	3.56	3.39	3.26	3.15	3.06	2.93	2.78	2.63	2.55	2.47	2.38	2.29	2.20	2.10
28	7.64	5.45	4.57	4.07	3.75	3.53	3.36	3.23	3.12	3.03	2.90	2.75	2.60	2.52	2.44	2.35	2.26	2.17	2.06
29	7.60	5.42	4.54	4.04	3.73	3.50	3.33	3.20	3.09	3.00	2.87	2.73	2.57	2.49	2.41	2.33	2.23	2.14	2.03
30	7.56	5.39	4.51	4.02	3.70	3.47	3.30	3.17	3.07	2.98	2.84	2.70	2.55	2.47	2.39	2.30	2.21	2.11	2.01
40	7.31	5.18	4.31	3.83	3.51	3.29	3.12	2.99	2.89	2.80	2.66	2.52	2.37	2.29	2.20	2.11	2.02	1.92	1.80
60	7.08	4.98	4.13	3.65	3.34	3.12	2.95	2.82	2.72	2.63	2.50	2.35	2.20	2.12	2.03	1.94	1.84	1.73	1.60
120	6.85	4.79	3.95	3.48	3.17	2.96	2.79	2.66	2.56	2.47	2.34	2.19	2.03	1.95	1.86	1.76	1.66	1.53	1.38
无穷大	6.63	4.61	3.78	3.32	3.02	2.80	2.64	2.51	2.41	2.32	2.18	2.04	1.88	1.79	1.70	1.59	1.47	1.32	1.00

附表 5 常用正交表

(1) $L_4(2^3)$

试验号 \ 列号	1	2	3
1	1	1	1
2	1	2	2
3	2	1	2
4	2	2	1

(2) $L_8(2^7)$

试验号 \ 列号	1	2	3	4	5	6	7
1	1	1	1	1	1	1	1
2	1	1	1	2	2	2	2
3	1	2	2	1	1	2	2
4	1	2	2	2	2	1	1
5	2	1	2	1	2	1	2
6	2	1	2	2	1	2	1
7	2	2	1	1	2	2	1
8	2	2	1	2	1	1	2

(3) $L_{12}(2^{11})$

试验号 \ 列号	1	2	3	4	5	6	7	8	9	10	11
1	1	1	1	1	1	1	1	1	1	1	1
2	1	1	1	1	1	2	2	2	2	2	2
3	1	1	2	2	2	1	1	1	2	2	2
4	1	2	1	2	2	1	2	2	1	1	2
5	1	2	2	1	2	2	1	2	1	2	1
6	1	2	2	2	1	2	2	1	2	1	1
7	2	1	2	2	1	1	2	2	1	2	1
8	2	1	2	1	2	2	2	1	1	1	2
9	2	1	1	2	2	2	1	2	2	1	1
10	2	2	2	1	1	1	1	2	2	1	2
11	2	2	1	2	1	2	1	1	1	2	2
12	2	2	1	1	2	1	2	1	2	2	1

(4) $L_9(3^4)$

试验号 \ 列号	1	2	3	4
1	1	1	1	1
2	1	2	2	2
3	1	3	3	3
4	2	1	2	3
5	2	2	3	1
6	2	3	1	2
7	3	1	3	2
8	3	2	1	3
9	3	3	2	1

(5) $L_{16}(4^5)$

试验号 \ 列号	1	2	3	4	5
1	1	1	1	1	1
2	1	2	2	2	2
3	1	3	3	3	3
4	1	4	4	4	4
5	2	1	2	3	4
6	2	2	1	4	3
7	2	3	4	1	2
8	2	4	3	2	1
9	3	1	3	4	2
10	3	2	4	3	1
11	3	3	1	2	4
12	3	4	2	1	3
13	4	1	4	2	3
14	4	2	3	1	4
15	4	3	2	4	1
16	4	4	1	3	2

(6) $L_{25}(5^6)$

试验号＼列号	1	2	3	4	5	6
1	1	1	1	1	1	1
2	1	2	2	2	2	2
3	1	3	3	3	3	3
4	1	4	4	4	4	4
5	1	5	5	5	5	5
6	2	1	2	3	4	5
7	2	2	3	4	5	1
8	2	3	4	5	1	2
9	2	4	5	1	2	3
10	2	5	1	2	3	4
11	3	1	3	5	2	4
12	3	2	4	1	3	5
13	3	3	5	2	4	1
14	3	4	1	3	5	2
15	3	5	2	4	1	3
16	4	1	4	2	5	3
17	4	2	5	3	1	4
18	4	3	1	4	2	5
19	4	4	2	5	3	1
20	4	5	3	1	4	2
21	5	1	5	4	3	2
22	5	2	1	5	4	3
23	5	3	2	1	5	4
24	5	4	3	2	1	5
25	5	5	4	3	2	1

(7) $L_8(4\times2^4)$

试验号＼列号	1	2	3	4	5
1	1	1	1	1	1
2	1	2	2	2	2
3	2	1	1	2	2
4	2	2	2	1	1
5	3	1	2	1	2
6	3	2	1	2	1
7	4	1	2	2	1
8	4	2	1	1	2

(8) $L_{12}(3\times2^4)$

试验号 \ 列号	1	2	3	4	5
1	1	1	1	1	1
2	1	1	1	2	2
3	1	2	2	1	2
4	1	2	2	2	1
5	2	1	2	1	1
6	2	1	2	2	2
7	2	2	1	2	2
8	2	2	1	2	2
9	3	1	2	1	2
10	3	1	1	2	1
11	3	2	1	1	2
12	3	2	2	2	1

(9) $L_{16}(4^4\times2^3)$

试验号 \ 列号	1	2	3	4	5	6	7
1	1	1	1	1	1	1	1
2	1	2	2	2	1	2	2
3	1	3	3	3	2	1	2
4	1	4	4	4	2	2	1
5	2	1	2	3	2	2	1
6	2	2	1	4	2	1	2
7	2	3	4	1	1	2	2
8	2	4	3	2	1	1	1
9	3	1	3	4	1	2	2
10	3	2	4	3	1	1	1
11	3	3	1	2	2	2	1
12	3	4	2	1	2	1	2
13	4	1	4	2	2	1	2
14	4	2	3	1	2	2	1
15	4	3	2	4	1	1	1
16	4	4	1	3	1	2	2

附表 6 符号检验临界值表

$P(s \leqslant S_\alpha(n)) = \alpha$

n \ α	0.01	0.05	0.1	0.25	n \ α	0.01	0.05	0.1	0.25	n \ α	0.01	0.05	0.1	0.25	n \ α	0.01	0.05	0.1	0.25
1					24	5	6	7	8	47	14	16	17	19	69	23	25	27	29
2					25	5	7	7	9	48	14	16	17	19	70	23	26	27	29
3				0	26	6	7	8	9	49	15	17	18	19	71	24	26	28	30
4				0	27	6	7	8	10	50	15	17	18	20	72	24	27	28	30
5			0	0	28	6	8	9	10	51	15	18	19	20	73	25	27	28	31
6		0	0	1	29	7	8	9	10	52	16	18	19	21	74	25	28	29	31
7		0	0	1	30	7	9	10	11	53	16	18	20	21	75	25	28	29	32
8	0	0	1	1	31	7	9	10	11	54	17	19	20	22	76	26	28	30	32
9	0	1	1	2	32	8	9	10	12	55	17	19	20	22	77	26	29	30	32
10	0	1	1	2	33	8	10	11	12	56	17	20	21	23	78	27	29	31	33
11	0	1	2	3	34	9	10	11	13	57	18	20	21	23	79	27	30	31	33
12	1	2	2	3	35	9	11	12	13	58	18	21	22	24	80	28	30	32	34
13	1	2	3	3	36	9	11	12	14	59	19	21	22	24	81	28	31	32	34
14	1	2	3	4	37	10	12	13	14	60	19	21	23	25	82	28	31	33	35
15	2	3	3	4	38	10	12	13	14	61	20	22	23	25	83	29	32	33	35
16	2	3	4	5	39	11	12	13	15	62	20	22	24	25	84	29	32	33	36
17	2	4	4	5	40	11	13	14	15	63	20	23	24	26	85	30	32	34	36
18	3	4	5	6	41	11	13	14	16	64	21	23	24	26	86	30	33	34	37
19	3	4	5	6	42	12	14	15	16	65	21	24	25	27	87	31	33	35	37
20	3	5	5	6	43	12	14	15	17	66	22	24	25	27	88	31	34	35	38
21	4	5	6	7	44	13	15	16	17	67	22	25	26	28	89	31	34	36	38
22	4	5	6	7	45	13	15	16	18	68	22	25	26	28	90	32	35	36	39
23	4	6	7	8	46	13	15	16	18										

附表 7 秩和临界值表

（括号内数字表示样本容量(n_1, n_2)）

	(2,4)			(4,4)			(6,7)	
3	11	0.067	11	25	0.029	28	56	0.026
	(2,5)		12	24	0.057	30	54	0.051
3	13	0.047		(4,5)			(6,8)	

续表

	(2,6)		12	28	0.032	29	61	0.021
3	15	0.036	13	27	0.056	32	58	0.054
4	14	0.071		(4,6)			(6,9)	
	(2,7)		12	32	0.019	31	65	0.025
3	17	0.028	14	30	0.057	33	63	0.044
4	16	0.056		(4,7)			(6,10)	
	(2,8)		13	35	0.021	33	69	0.028
3	19	0.022	15	33	0.055	35	67	0.047
4	18	0.044		(4,8)			(7,7)	
	(2,9)		14	38	0.024	37	68	0.027
3	21	0.018	16	36	0.055	39	66	0.049
4	20	0.036		(4,9)			(7,8)	
	(2,10)		15	41	0.025	39	73	0.027
4	22	0.03	17	39	0.053	41	71	0.047
5	21	0.061		(4,10)			(7,9)	
	(3,3)		16	44	0.026	41	78	0.027
6	15	0.05	18	42	0.053	43	76	0.045
	(3,4)			(5,5)			(7,10)	
6	18	0.028	18	37	0.028	43	83	0.028
7	17	0.057	19	36	0.048	46	80	0.054
	(3,5)			(5,6)			(8,8)	
6	21	0.018	19	41	0.026	49	87	0.025
7	20	0.036	20	40	0.041	52	84	0.052
	(3,6)			(5,7)			(8,9)	
7	23	0.024	20	45	0.024	51	93	0.023
8	22	0.048	22	43	0.053	54	90	0.046
	(3,7)			(5,8)			(8,10)	
8	25	0.033	21	49	0.023	54	98	0.027
9	24	0.058	23	47	0.047	57	95	0.051
	(3,8)			(5,9)			(9,9)	
8	28	0.024	22	53	0.021	63	108	0.025
9	27	0.042	25	50	0.056	66	105	0.047
	(3,9)			(5,10)			(9,10)	
9	30	0.032	24	56	0.028	66	114	0.027
10	29	0.05	26	54	0.05	69	111	0.047
	(3,10)			(6,6)			(10,10)	
9	33	0.024	26	52	0.021	79	131	0.026
11	31	0.056	28	50	0.047	83	127	0.053

部分习题参考答案

习　题　1

A组

1. (1) $f(x_1,x_2,\cdots,x_5)=p^{5\bar{x}}(1-p)^{5(1-\bar{x})},\bar{x}=\frac{1}{5}\sum_{i=1}^{5}x_i$；

(2) $f(x_1,x_2,\cdots,x_5)=\frac{\lambda^{5\bar{x}}}{\prod_{i=1}^{5}x_i!}\mathrm{e}^{-5\lambda}$；

(3) $f(x_1,x_2,\cdots,x_5)=\begin{cases}\frac{1}{(b-a)^5}, & a\leqslant x_i\leqslant b,i=1,2,\cdots,5,\\ 0, & \text{其他}；\end{cases}$

(4) $f(x_1,x_2,\cdots,x_5)=\left(\frac{1}{2\pi}\right)^{\frac{5}{2}}\exp\left(-\frac{\sum_{i=1}^{5}(x_i-\mu)^2}{2}\right)$.

2. $P(X_{(1)}<10)=0.5785,P(X_{(5)}<15)=0.7077$.

3. 经验分布函数为

$$F_n(x)=\begin{cases}0, & x<0,\\ 0.3, & 0\leqslant x<1,\\ 0.65, & 1\leqslant x<2,\\ 0.8, & 2\leqslant x<3,\\ 0.9, & 3\leqslant x<4,\\ 1, & x\geqslant 4.\end{cases}$$

4. 提示：根据 T 分布和 T^2 分布的定义.

B组

1. (1) $n\geqslant 40$；(2) $n\geqslant 255$；(3) $n\geqslant 16$.

2. (1) 0.8413；(2) 0.90；(3) 3.3676.

3. 利用方差和协方差的性质，且 $\mathrm{cov}(X_i,X_j)=0(i\neq j),\mathrm{cov}(X_i,X_i)=DX_i=DX$.

4. 提示：利用 t 分布和 F 分布及分位数的定义.

5. 提示：作变量代换 $Z_i=X_i+X_{n+i},\bar{Z}=2\bar{X}$，$\chi^2$ 分布的方差为它的 2 倍自由度.

习　题　2

A组

1. $\hat{\lambda}=0.05$.

2. $\hat{\alpha}_1=\dfrac{1-2\overline{X}}{\overline{X}-1}$, $\hat{\alpha}_2=-\left(1+\dfrac{n}{\sum\limits_{i=1}^{n}\ln X_i}\right)$，估计值：$\hat{\alpha}_1\approx 0.3079$，$\hat{\alpha}_2\approx 0.2112$.

3. 该星期中生产的灯泡能使用1300h以上的概率为0.

4. 平均每升水中大肠杆菌个数为1时，出现上述情况的概率最大.

5. 有效估计量$\hat{g}(\theta)=-\dfrac{1}{n}\sum\limits_{i=1}^{n}\ln X_i$，C-R下界$\dfrac{1}{n\theta^2}$，并且$\hat{g}(\theta)$还满足相合性.

6. (7.4310, 21.0722).

7. (−0.0022, 0.0063).

8. (0.2217, 3.6008).

9. $\hat{\theta}=1$.

10. $\hat{\alpha}=\dfrac{\overline{X}^2}{2\overline{X}^2-M_2^*}$, $\hat{\beta}=\dfrac{M_2^*-\overline{X}^2}{\overline{X}}$.

B组

1. 提示：将正态分布的密度函数用带a的表达式表达.

(1) $\hat{a}=\overline{X}+u_{0.95}$；(2) $\hat{a}=\overline{X}+st_{0.95}(n-1)$.

2. (1) θ的最大似然估计量为$\hat{\theta}=\dfrac{1}{n}\sum\limits_{i=1}^{n}|X_i|$；

(2) 提示：只需验证最大似然估计量的无偏性，说明最大似然估计也是有效估计，并且$D\hat{\theta}=\dfrac{\theta(1-\theta)}{n}$，$I(\theta)=\dfrac{1}{\theta(1-\theta)}$.

3. 矩法：$\hat{\theta}_M=\dfrac{2}{\overline{X}}$；极大似然估计：$\hat{\theta}_L=\dfrac{2}{\overline{X}}$.

4. (2) $k=\sqrt{n(n-1)\dfrac{2}{\pi}}$.

5. EX的置信区间为$(e^{-0.98+0.5}, e^{0.98+0.5})=(e^{-0.48}, e^{1.48})$.

6. $\hat{\beta}=X_{(n)}$；$\hat{\alpha}=\dfrac{1}{\ln X_{(n)}-\dfrac{1}{n}\sum\limits_{i=1}^{n}\ln X_i}$.

7. 提示：X_i与$Y_j(i\neq j)$是相互独立的.

习　题　3

A组

1. 可以认为现在游客的旅费发生了显著地变化.

2. (1) 总体均值有显著变化；(2) 总体方差有显著变化.

3. 不合格.

4. 可以认为总体标准差$\sigma=12$.

5. σ^2明显变大.

6. 此项新工艺没有提高产品的质量.

7. 无显著差异.

8. 甲的抗拉强度比乙的高.

9. 婚姻的稳定性与受教育程度密切相关.

10. 认为两样本来自同一总体.

11. 认为次品数服从二项分布 $B(10,0.1)$.

12. B 的画面显著比 A 好.

13. 药的疗效与年龄有关.

B组

1. (1) 提示：$\sum_{i=1}^{3} X_i \sim B(6,p)$；(2) 当 $\overline{X}=1$ 时，$p=\frac{1}{3}$. 2. 检验统计量 $\overline{X}-15$，拒绝域为 $\overline{X}-15<-\frac{3.28}{\sqrt{n}}$，$n\geqslant 11$.

4. (2) 0.671.

5. 总体 X 的分布函数是 $F_0(x)$.

6. 在乙的论文中选取 n 个词组，相当于样本分成了 n 个单元，统计乙的论文在每个单元的频数，这个频数作为期望频数，再统计甲的论文在每个单元的频数，这个频数作为理论频数. 把甲抄袭乙的论文作为原假设，采用拟合优度检验法.

习 题 4

A组

1. 没有显著差异.

B组

1. 差分析表

方差来源	平方和	自由度	样本方差	F 值
因素 A	114.67	3	38.223	6.98
因素 B	318.5	2	159.25	29.10
误　差	32.83	6	5.47	
总　和	466	11		

根据现有数据资料，有 95% 的把握推断工人和机器对产品产量有显著影响.

习 题 5

A组

1. 略.

2. $L_4(2^3)$；第 3 号实验方案是：上升温度 820℃，保温时间 6h，出炉温度 500℃；最佳试验方案：上升温度 (A_2)820℃，保温时间 (B_1)6h，出炉温度 (C_1)400℃.

B组

1. (1)

表头设计	A	B	C	
列号	1	2	3	4

第 5 号试验方案:充磁量 1100,定位角度 11,线圈匝数 90.

(2) 试验计划与试验结果

试验号 \ 因子	充磁量/$10^{-4}T$	定位角度/(π/180)	定子线圈匝数/匝	试验结果 y 输出力矩/g. cm
1	(1) 900	(1) 10	(1) 70	160
2	(1) 900	(2) 11	(2) 80	215
3	(1) 900	(3) 12	(3) 90	180
4	(2) 1100	(1) 10	(2) 80	168
5	(2) 1100	(2) 11	(3) 90	236
6	(2) 1100	(3) 12	(1) 70	190
7	(3) 1300	(1) 10	(3) 90	157
8	(3) 1300	(2) 11	(1) 70	205
9	(3) 1300	(3) 12	(2) 80	140

直观分析表

表头设计	A	B	C		
列号 \ 试验号	1	2	3	4	y
1	1	1	1	1	160
2	1	2	2	2	215
3	1	3	3	3	180
4	2	1	2	3	168
5	2	2	3	1	236
6	2	3	1	2	190
7	3	1	3	2	157
8	3	2	1	3	205
9	3	3	2	1	140
K_{j1}	555	485	555		
K_{j2}	594	656	523		
K_{j3}	502	510	573		
$\overline{K}_{j1}$	185	161.7	185		
$\overline{K}_{j2}$	198	218.7	174.3		
$\overline{K}_{j3}$	167.3	170	191		
R_j	30.7	57	16.7		

方差分析表

来源	平方和 S	自由度 f	均方和 V	F 比
因子 A	1421.6	2	710.8	12.23
因子 B	5686.9	2	2843.4	48.94
因子 C	427.6	2	213.8	3.68
误差 e	116.2	2	58.1	
T	7652.2	8	$F_{0.90}(2,2)=9.0, F_{0.95}(2,2)=19.0$	

最佳试验方案：$A_2B_2C_1$.

2. (1) 选用混合水平正交表 $L_{18}(2\times3^7)$，表头设计如下：

表头设计	E		A	B	C	D		
列号	1	2	3	4	5	6	7	8

(2) $L_{18}(2\times3^7)$的平方和计算表

表头设计	E		A	B	C	D			实验结果
试验号	1	2	3	4	5	6	7	8	y
1	1	1	1	1	1	1	1	1	240.7
2	1	1	2	2	2	2	2	2	230.1
3	1	1	3	3	3	3	3	3	236.5
4	1	2	1	1	2	2	3	3	217.1
5	1	2	2	2	3	3	1	1	210.5
6	1	2	3	3	1	1	2	2	306.8
7	1	3	1	2	1	3	2	3	247.1
8	1	3	2	3	2	1	3	1	228.3
9	1	3	3	1	3	2	1	2	237.7
10	2	1	1	3	3	2	2	1	208.4
11	2	1	2	1	1	3	3	2	253.3
12	2	1	3	2	2	1	1	3	232.0
13	2	2	1	2	3	1	3	2	209.2
14	2	2	2	3	1	2	2	3	245.1
15	2	2	3	1	2	3	2	1	234.1
16	2	3	1	3	2	3	1	2	217.7
17	2	3	2	1	3	1	2	3	209.7
18	2	3	3	2	1	2	3	1	339.8
K_{j1}	2154.8		1340.2	1392.6	1632.8	1426.7			$K=4304.1$
K_{j2}	2149.3		1377.0	1468.7	1359.3	1478.2			$Q=\sum_{i=1}^{18} y_i^2$
K_{j3}			1586.9	1442.8	1312.0	1399.2			$=1048952.57$
S_j^2	1.7		5904.1	499.0	9997.3	536.1			$S_T^2=19770.5$

方差分析表

来源	平方和	自由度	均方和	F 比
A	5904.1	2	2952.0	9.92
B	499.0	2	249.5	—
C	9997.3	2	4998.7	16.79
D	536.1	2	268.0	—
E	1.7	1	1.7	—
e	2832.3	8	354.0	
e'	3869.1	13	297.6	
总和	19770.5	17		

3. 略.

习　题　6

A组

1. $\hat{y}=4.16+0.89x$.
2. $\hat{y}=5.34+0.304t$.
3. (1) $\hat{y}=35.33+84.4x$；(2) 线性关系显著；(3)(45.55,50.48).
4. (1) $\hat{y}=3.033-2.0698x$；$\hat{\sigma}^2=0.02$；(2) 线性关系显著；

(3) $(\hat{y}-\sigma(x),\hat{y}+\sigma(x))$，其中，$\sigma(x)=0.148\sqrt{1+0.059+\dfrac{(x-0.703)^2}{0.709}}$；

(4)(0.696,0.902).

B组

1. 略.
2. 略.
3. (1) $\hat{\beta}_0=\bar{y}$，$\hat{\beta}_1=\dfrac{\sum\limits_{i=1}^{n}y_i(x_i-\bar{x})}{\sum\limits_{i=1}^{n}(x_i-\bar{x})^2}=\dfrac{L_{xy}}{L_{xx}}$；(2) $\hat{\beta}_0\sim N\left(\beta_0,\dfrac{\sigma^2}{n}\right)$，$\hat{\beta}_1\sim N\left(\beta_1,\dfrac{\sigma^2}{L_{xx}}\right)$.
4. (1) $\hat{y}=106.301+10.195\sqrt{x}$；(2) $\hat{y}=106.315+1.714\ln x$；

(3) $\hat{y}=1111.488-9.833/x$.

5. (1) 多元线性方程

$$\hat{y}=-195.9+0.5196x_1-0.7708x_2+0.0006x_3+15.9803x_4+0.3473x_5,$$

此方程的$\hat{\beta}_1,\hat{\beta}_2,\hat{\beta}_3,\hat{\beta}_4,\hat{\beta}_5$ 有明确的含义. 如$\hat{\beta}_1=0.5196$ 表示国民收入每增加 1 亿元，在其他条件不变的情况下，民航客运量增加 0.5196 万人.

(2) 对回归方程进行显著性检验，x_1,x_2,x_3,x_4,x_5 整体上对 y 有显著影响.

(3) x_1,x_2,x_4,x_5 对 y 有显著影响，而 x_3 对 y 无显著性影响. 铁路客运量对民航客运量无显著影响. 最佳线性回归方程为

$\hat{y}=-195.9+0.5196x_1-0.7708x_2+15.9803x_4+0.3473x_5$.

习 题 7

1. (1) 11个因素可分为3类,且各分类的意义很明显的:{清洁卫生,宽敞明亮,商品摆布},{商品价格,商品质量,花色品种,售后服务,营业时间,商场位置},{诚实可靠,服务态度};

(2) 分为三类:{E,F,C,D},{A,B},{G,H}.

2. 系统聚类图如下.

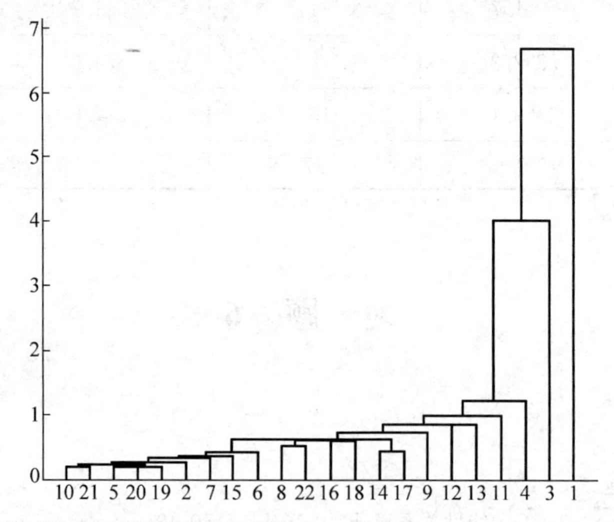

从聚类图可以看出,其中有两类开发区比较接近.

一类是商河经济开发区,临淄经济开发区,济南槐荫工业园区,齐鲁化学工业园区,博山经济开发区,青岛出口加工区,济南临港经济开发区,胶南经济开发区,济南化工产业园区.

另一类是济南经济开发区,周村经济开发区,青岛临港经济开发区,淄川经济开发区,平度经济开发区,莱西经济开发区.

此外,烟台经济技术开发区,威海经济技术开发区,济北经济开发区,明水经济开发区,胶州经济开发区,即墨经济开发区与上述两类均有差别,从量上比较可知,是中等规模的开发区.最后,青岛经济技术开发区与所有的开发区差别较大,从数据上看应该是其规模最大的一区.

习 题 8

1. 选取前面两个主成分,解释了全部方差的84.93%.两个主成分的线性组合系数分别为

变 量	x_1	x_2	x_3	x_4	x_5	x_6	x_7	x_8
第一主成分	0.3548	0.2654	0.3628	0.3713	0.2831	0.379	0.4029	0.3849
第二主成分	0.4226	−0.6288	0.0426	0.0725	−0.5821	0.2667	0.0949	0.0001

第一主成分各变量的系数符号相同,且数值上相差不大,是一个综合性的重要指标.第二主成分在食品、衣着和医疗保健方面的系数较大,体现了基本的生存消费水平.其中食品和衣着的符号相反,解释为二者在生存消费中的对立性.

2. 选取前面3个主成分,解释了全部方差的90.3%.3个主成分的线性组合系数分别为

变 量	x_1	x_2	x_3	x_4	x_5	x_6	x_7	x_8	x_9
第一主成分	0.3153	0.4256	0.3119	0.1006	0.4214	0.4389	0.1299	−0.3172	0.3526
第二主成分	0.1506	0.0939	0.1745	−0.5771	−0.2383	−0.1711	−0.6001	−0.1085	0.3836
第三主成分	0.5464	−0.0233	−0.544	−0.1185	0.1722	0.2008	−0.0612	0.5509	0.117

第一主成分各变量的系数较大的有两部分:家庭资产和非工资性收入是反映资产性收入部分;单位工资和学校教育反映的是教育水平对工资的影响.第二主成分主要以负数系数体现在年龄和家庭成员收入上,体现了年龄增长,家庭成员的变化对工资的影响.第三主成分影响力较小,主要体现在年工作时间和配偶的年收入上,两因素的符号相反,解释为配偶的年收入高,则男方就可能减少工作时间的对应关系.

3. 选取前面两个主成分,解释了全部方差的95.6%.两个主成分的线性组合系数分别为

变 量	x_1	x_2	x_3	x_4	x_5
第一主成分	−0.0508	0.5327	−0.5032	0.4671	0.4923
第二主成分	0.7881	−0.1802	−0.2962	−0.3819	0.3359

第一主成分各变量中除汽缸空间外,系数都较大.发动机马力和最高车速对应.此外,每加仑里程系数为负,说明里程油耗和整车重量是反向的关系.综合来看,这一成分反映的是汽车的油耗和速度的综合指标.第二主成分主要集中在驾驶空间这一变量上,是汽车驾乘舒适性的变量指标.其中驾驶空间对每加仑里程和最高车速都呈负相关,说明空间将对汽车行驶风阻发生影响.

参考文献

[1] Rice J A. 数理统计与数据分析[M]. 田金方,译. 北京:机械工业出版社,2011.
[2] 杨虎,刘琼荪,钟波. 数理统计[M]. 北京:高等教育出版社,2004.
[3] 贾俊平. 统计学[M]. 北京:清华大学出版社,2004.
[4] 比克尔 P J,道克苏 K A. 数理统计[M]. 李泽慧,王嘉澜,林亨,等,译. 兰州:兰州大学出版社,2004.
[5] 杜子芳. 抽样技术及其应用[M]. 北京:清华大学出版社,2005.
[6] 茆诗松,程依明. 概率论与数理统计[M]. 北京:高等教育出版社,2004.
[7] 孙荣恒. 应用数理统计[M]. 北京:科学出版社,2003.
[8] 茆诗松,等. 回归分析及其实验设计[M]. 上海:华东师范大学出版社,1981.
[9] 方开泰. 均匀设计与均匀设计表[M]. 北京:科学出版社,1994.
[10] 张尧庭,等. 数据采掘入门及应用[M]. 北京:中国统计出版社,2001.
[11] McClave S M. Probability and Statistics for Engineers[M]. 5th ed. Duxbury Press,2010.
[12] [美]Moore D S. 统计学的世界[M]. 郑惟厚,译. 北京:中信出版社,2003.